本书为国家社科基金艺术学一般项目"大数据逆向牵引的服饰设计模式研究"(批准号：21BG138)和国家社会科学基金艺术学重大项目"中国设计智造协同创新模式研究"(批准号：20ZD09)的研究成果

RESEARCH ON DIGITAL INTELLIGENCE
FASHION DESIGN PATTERNS

数智服饰设计模式研究

朱伟明　侯冠华　著

ZHEJIANG UNIVERSITY PRESS
浙江大学出版社
·杭州·

图书在版编目（CIP）数据

数智服饰设计模式研究 / 朱伟明，侯冠华著.
杭州：浙江大学出版社，2024.12. -- ISBN 978-7-308
-26149-4

Ⅰ. TS941.2-39

中国国家版本馆 CIP 数据核字第 2025P6D861 号

数智服饰设计模式研究
SHU ZHI FUSHI SHEJI MOSHI YANJIU
朱伟明　　侯冠华　著

责任编辑	杨　茜	
责任校对	曲　静	
封面设计	周　灵	
出版发行	浙江大学出版社	
	（杭州市天目山路 148 号　邮政编码 310007）	
	（网址：http://www.zjupress.com）	
排　　版	浙江大千时代文化传媒有限公司	
印　　刷	杭州钱江彩色印务有限公司	
开　　本	710mm×1000mm　1/16	
印　　张	25.75	
字　　数	409 千	
版 印 次	2024 年 12 月第 1 版　2024 年 12 月第 1 次印刷	
书　　号	ISBN 978-7-308-26149-4	
定　　价	168.00 元	

推荐序

2023 年,设计学迎来了历史性的转折点,正式成为交叉学科门类下的一级学科(学科代码为 1403)。这一里程碑标志着设计学从传统的艺术学范畴中脱颖而出,成为一门融合理学、工学、文学,贯通机电工程、艺术学、人机工效学和计算机辅助设计的新型交叉学科。在人类、物理和信息三元融合的背景下,设计学的角色正在发生深刻转变,从传统的物理产品设计逐步转向信息空间的创新设计。随着人工智能、大数据、大模型、机器人等技术的迅猛发展,DeepSeek、Midjourney、Stable Diffusion、Gemini 等大型人工智能模型的推出,以及生成式人工智能技术的显著进步,设计学科正以前所未有的速度和力度被重塑。数智技术的变革不仅为设计提供了全新的工具和方法,更催生了设计思维和模式的根本性变革。

大数据技术正在彻底改变服饰设计的传统范式。过去,设计往往依赖于设计师的经验和直觉;而今天,大数据能够从海量用户数据中洞察精准需求,为设计提供客观、理性的依据。本书以用户数据为起点,通过逆向推导设计决策,创新性地提出了"大数据逆向牵引服饰设计模式"这一课题。该模式基于电商女装设计、跨境电商服饰设计和人工智能服饰设计等领域的实践,深度整合大数据资源,深入剖析了数智技术对服饰设计模式的冲击与影响,构建了服饰设计人工智能大数据架构体系。同时,本书对数智牵引的服饰设计模式进行了深刻的伦理反思,进一步拓展了数智服饰设计方法。这一模式不仅显著提升了设计效率和精准度,而且打破了传统设计流程中的信息壁垒,完善了大数据交互服饰设计的理论模式。

本书深入探讨了数智技术与服饰设计深度融合的理论与实践问题,创新性地构建了大数据逆向牵引的服饰设计模式,为数智时代服饰设计的发展提供了全新的思路和方法。尤为难得的是,本书并未局限于技术层面的探讨,而是将艺术审美与技术伦理相融合,对数智时代服饰设计的本质、价值和未来发展方向进行了深刻的哲学思考。

本书的出版是设计学交叉学科领域的一项重要成果,不仅为服饰设计提供了新的理论框架和实践方法,也为其他设计领域应对数智化挑战提供了重要的参考和借鉴,为未来的学科发展探索了新的路径。

孙守迁

浙江大学教授

国务院学位委员会设计学学科评议组成员

教育部高等院校设计学教学指导委员会委员

2024 年 12 月

前　言

　　大数据洞察融入设计活动,引发了信息样式和思维逻辑的革新,推动设计方法从传统的经验主义转向数据驱动的客观分析,开启了数据思维与设计思维融合的新模式。面对艺术创作与技术迭代的融合,本书通过重构多维度服饰设计要素的架构体系,提出"大数据逆向牵引的服饰设计模式",剖析设计师职能边界的跨越,探索大数据交互服饰设计模式的理论,审视数智服饰设计的伦理问题。本书是国家社科基金艺术学一般项目"大数据逆向牵引的服饰设计模式研究"(21BG138)和国家社会科学基金艺术学重大项目"中国设计智造协同创新模式研究"(20ZD09)的重要研究成果之一。

　　海量数据与跨领域资源形成了动态扩张的边界,拓展了设计领域的视野,使其不仅涵盖用户行为、市场趋势等传统信息,还涉及更为复杂的社会、文化、技术等多维度数据。面对信息爆炸式增长所导致的外部环境同质化与内部治理结构不完整的问题,电商女装、跨境电商、人工智能等企业借助数据驱动,实现了运营从"野蛮生长"向"精耕细作"的转型。大数据作为创新驱动力,推动服饰企业创造协同价值。通过增强计算机辅助设计能力,拓展设计信息认知维度,大数据从设计思维、设计方法和设计模式上层层推进,减少了设计师与消费者之间的信息差,弥合了服饰供需结构的错配,最终完成"数据价值发现—数据价值创造—数据价值实现"的数据驱动设计价值链闭环。

　　本书以"数据驱动服饰设计模式"为研究对象,聚焦"大数据逆向牵引设计"的分析思路,运用数智时尚美学、人工智能设计等理论,深入探讨大数据在服饰设计领域的应用与影响。通过挖掘海量数据重塑交互设计框架,本书以数据新视角解读设计模式,解决服饰设计中的不确定性问题,并力图在以下四个方面

1

展开深入探讨。

第一,大数据技术对服饰设计模式的影响。在大数据潮流的驱动下,服饰设计正从个体的技能驱动转向群体的数据驱动,数据价值在服饰设计领域展现出巨大潜力。针对服饰供给侧不平衡不充分的结构性问题,大数据牵引设计将用户的消费习惯和行为方式转化为精准、真实、多维度的信息数据。高效利用这些数据能够增强用户与设计的交互性,提升用户参与度和体验感,推动新产品研发的迭代更新。

第二,大数据交互设计体系构建研究。以数据流作为连接纽带,从"点"挖掘消费用户的穿着喜好、审美特征、消费观念、消费模式等偏好与行为数据;利用大数据洞察从"线"制定宏观的目标消费用户画像,融入包含风格、色彩等关键元素的服饰设计信息,追踪整合线上线下动态数据;从"面"建立数字化服饰设计资源信息库,以支持服饰设计的精确决策。

第三,大数据逆向牵引的服饰设计模式研究。大数据技术引领服饰设计模式的结构性认知转变。通过剖析大数据驱动服饰设计思维的内在机制,对服饰行业大数据进行多维度系统分类,构建涵盖电商女装、跨境电商和人工智能等数据生态化协同实践的大数据逆向牵引服饰设计模式,深入探求数据驱动设计的本质问题。

第四,大数据牵引服饰设计的伦理反思。在大数据背景下,非物质信息成为设计的本体,但大数据应用局限于技术的工具价值,致使人文要素被弱化,设计师职责和能力定位发生偏移并受到钳制。针对大数据牵引下服饰设计的异化现象,本书从艺术审美与伦理价值双重视角审视大数据技术,并提出数据反牵制、审美再构建和价值正反馈的消解对策。

本书共分为九章。前三章梳理了大数据逆向牵引服饰设计的相关文献,提炼出设计专业边界跨越、传统服饰设计模式重构和数智服饰设计革新三大驱动因素,深入剖析了大数据驱动服饰设计的结构性认知转变,确定了服饰大数据交互体系的理论基础。第四至第六章整合大数据引导下服饰设计思维的内在逻辑,精练处理服饰行业大数据,通过电商女装、跨境电商和人工智能等数据驱动协作设计案例,深入探究了数字化服饰设计资源的连接、供给与配置,构建基于有限理性理论的大数据逆向牵引服饰设计模式。第七、八章引入艺术审美与技术伦理视角,通过艺术审视和探索数智艺术的本质,解析大数据牵引下服饰设计的伦理要素变革,提出设计师主体重构策略与伦理问题消解对策。第九章强调大数据作为服饰设计转译工具的重要性,从设计元素、设计思维和设计决策三个维度概括智能大数据重构服饰设计模式的特征,基于设计形式与大数据的紧密耦合,发展大数据逆向牵引的服饰设计范式。

朱伟明

2024 年 12 月

目　录

目 录

第一章　绪　论

信息的爆炸式增长致使海量数据涌现,引发信息形态与创新思维方面的质的变革,开启了数据的大规模产生、共享和应用时代。针对服饰设计的不确定性和供给不平衡不充分的结构性问题,本书运用"大数据逆向牵引服饰设计"的分析思路,剖析用户参与和用户体验在设计中的迭代作用,构建服饰大数据交互设计体系,探究大数据逆向牵引的设计模式,形成了从"完全感性"转向"有限感性",由"设计手感"转化为"数据手感"的有限理性服饰设计方案。

第一节　研究现状

大数据正在改变人们的生活方式、生活习惯和思维方式。在传统设计方兴未艾的大数据时代,设计理念产生了根本性的转变,大数据所带来的变革正在颠覆传统设计思维,改变传统设计方法,打破传统设计范畴。大数据成为设计新模式的内容要素,在设计创作过程中承担协调设计师与消费者的信息差及增强计算机辅助设计能力的功能,促使设计师从设计理念、设计思维到设计范式的层层递进转变,带动形而下的数字化服饰设计相关要素的迭代优化。国内外学者对大数据时代的设计模式及多阶段协同进行了卓有成效的研究,主要包括以下几点。

一、大数据时代设计新模式研究

大数据在设计模式的转变中起着重要作用。中心化的专家驱动设计模式转变为去中心化的群体数据驱动设计模式,在形而上的思想层面重视大数据从信息到知识的转化路径,认识论的持续更新挖掘出更多客观存在的设计方法,驱动相关设计管理的优化整合。因此,学者们从多个方向进行了深入探讨(见表 1-1):从科学哲学方向探讨大数据与知识信息的关系,分析大数据对认知思维的影响;从设计方法角度解释大数据驱动设计模式的运作机理;从设计管理角度论述大数据的设计创新价值。

表 1-1　大数据的不同研究视角

研究视角	研究内容	主要代表文献
科学哲学	基于大数据驱动第四范式的背景,通过分析数据规律与设计知识的联系,强调数据科学推动认知思维的重要性	王素芬[1]、胡雄伟 等[2]、原建勇[3]、吴泽鹏[4]、宋文婷[5]
设计方法	结合大数据技术,通过解读大数据驱动设计模式的运作机理,剖析计算数据辅助设计行为的可行性	朱铿桦[6]、余从刚 等[7]、王巍[8]、刘咏梅[9]、Dong[10]
设计管理	通过探究设计知识转化为产品设计创新的过程,探讨大数据作为优化服饰设计资源的可能性	罗仕鉴 等[11]、罗昊 等[12]、赵江洪[13]、杨焕[14]、Townsend 等[15]

(一)科学哲学

王素芬[1]认为,基于数据的信息产生了意义,而意义又进一步基于数据来实现信息,并对数据与信息的关系和交集过程进行了概述;胡雄伟 等[2]将数据态划分为数据关系、空间和时间维度,认为数据、信息和知识的变化过程是认识不断深化、价值不断增值的过程,从而丰富了数据概念的内涵;原建勇[3]认为大数据具有全局性与动态性、模糊性与关联性相统一的认知方法和路径,对大数据的认知思维特征进行了总结;吴泽鹏[4]从语境论视角研究大数据,明晰认识机理、方法论等系统的大数据哲学理论,拓展了大数据研究领域;宋文婷[5]认为大数据产生的关联思维、整体协同思维、价值思维等推动着传统思维方式的变革,归纳了大数据对思维的影响作用。基于此,学者们从科学哲学视角关注数据与信息的社会发展趋势,归纳总结了数据信息认知逻辑和数据认识机理,聚焦数据层面进行科学哲学的本体论观点和方法论观点的讨论,将科学哲学研究逐渐从纯理论研究转向具体科学实践领域的深入分析,强调科学知识是在特定的社会实践中产生的,以及数据在社会实践中的重要性,为数字化服饰设计理论奠定了研究基础。

（二）设计方法

朱铿桦[6]构建了"互动参与式"服饰设计方法库系统,立足于个性化需求,为用户提供多种可能的设计方法;余从刚[7]提出"数据—产品—数据"和"产品—数据—产品"两种设计模式,强调数据对服饰设计的作用,提供数字化设计实践思路;王巍[8]总结了设计模式最主要的变化是广泛开放的可参与性与设计职业的模糊性并存,对未来的数据支撑设计模式进行探讨;刘咏梅[9]认为设计方法与先进制造之间具有对接、支撑和融合的逻辑关系,对数智环境下的服饰设计方法论进行完善;Dong 等[10]提出了消费用户情感需求识别—设计方案生成—推荐—3D 虚拟样衣展示与评估—设计因素调整的设计方法,延伸了大数据驱动设计的实践活动。总而言之,学者们围绕设计方法的科学性进行探讨,关注大数据对设计方法的影响作用,建立了"数据—产品—数据""产品—数据—产品"和"消费用户情感需求识别—设计方案生成—推荐—3D 虚拟样衣展示与评估—设计因素调整"等系统化的设计问题求解方法,论证大数据主导的服饰设计可行性路径,确保设计方案的合理性并增强其说服力,为大数据驱动的服饰设计模式提供方法论支持。

（三）设计管理

罗仕鉴等[11]认为创新设计转译文化基因已从具象层面的产品形态创造逐渐过渡到数据层面的群智服务创新,强调设计数据互联和设计图谱共享对设计再造的重要作用;罗昊等[12]提出量化思维积极推动设计科学属性的必然演化,指出数据科学对设计创新的积极作用;赵江洪[13]表明创新方向是设计研究的趋势,关键是如何把设计知识运用于新的人造物的产生过程中,对设计研究、设计方法研究和设计方法论研究的定义进行了区分;杨焕[14]认为通过大数据分析导出用户需求有助于前期设计定位和后续成果验证,强调数据有助于推动以用户为核心的设计方法的优化;Townsend 等[15]认为数字化协同设计流程有助于加强设计师与消费用户的交流,为服饰设计方法赋予动态能力。设计管理是一门综合性研究学科,尽管学者们强调数据处理和学科交叉在设计管理领域的重要性,但设计管理在企业中的实际应用仍处于发展阶段,设计管理体系在不同企业中存在差异,相关差异对设计管理的影响还有待进一步的讨论和研究。

二、大数据牵引的交互设计研究

在人工智能发展的影响下,大数据成为数字化设计的关键要素,在设计师与用户之间扮演信息交互的中介角色,大数据驱动设计信息的迭代更新有助于提升用户体验和降低设计成本。由大小数据集和计算机辅助生成等智能化设计聚合构成智能时尚美学,数字化促使服饰设计新生态模式的形成,进而提升了服饰设计协同能力。因此,一些学者从人工智能、智能美学和设计协同三个方向进行研究,论述数智驱动设计的表达形式与审美因素,剖析设计创造与智能计算的逻辑关联(见表1-2)。

表1-2 大数据交互设计的研究视角

研究视角	研究内容	主要代表文献
人工智能	结合人工智能知识背景,通过剖析智能化设计模式的缘起与发展趋势,为大数据牵引的交互设计奠定研究基础	覃京燕[16]、银宇堃等[17]、李娟等[18]、周子洪等[19]、Chiou等[20]、Roberto等[21]
智能美学	依据大数据技术,通过解读大数据与设计行为的交互路径,为美学计算方法提供参考	周丰[22]、宋武等[23]、徐千尧等[24]、范凌等[25]、Gu等[26]、Liu等[27]
设计协同	通过聚焦设计创造与智能计算的逻辑关联,构建大数据驱动的交互设计框架	李峻[28]、Sharma等[29]、曾真等[30]、王昀等[31]、鲁晓波等[32]

(一)人工智能

覃京燕[16]通过文献对人工智能的发展历史进行梳理,对比研究人类智能与人工智能的差异关系,提出混合智能的概念,辨析人工智能与人类智慧混合作用于交互设计所带来的变化;银宇堃等[17]通过研究人工智能与艺术设计的共同点与差异性,对智能化设计模式进行分析,为设计工具、设计方式优化提供参考价值;李娟等[18]提出,以产品为载体构建良好的人与社会和环境的互动关系也将成为交互设计研究的重点;周子洪等[19]从支持设计过程和生产创意内容两角度综述人工智能赋能设计领域的研究进展和最新技术,针对需求分析、创意激发、原型设计和设计评价4个阶段分析人工智能对传统设计流程的支持和启发;Chiou等[20]通过使用图像生成器将人工智能集成到设计过程中,使设计与人工智能的集合形成一种新的自我表达和交流形式,强调人工智能增强人类创造力的潜力；Roberto 等[21]认为人工智能不同于任何其他数字技术，它不仅仅是自动化操作，更是推动学习自动化、迭代更新创新设计的核心价值所在。人工智能是当下发展最为迅速的领域之一，从专家们的观点中了解到以交互为价值特征的智能设计极具发展潜力，像 DALL-E、Stable Diffusion 和 ChatGPT 等生成式人工智能技术和大型语言模型可以辅助设计师进行设计工作，减少人工试错的可能性，推动设计科学的进步，为大数据驱动的服饰设计模式提供技术支撑。

（二）智能美学

周丰[22]提出神经美学将艺术视为一种人的感知过程的物化，阐述艺术能力的发生路径；宋武等[23]通过均衡形式的视认体验实验和对称形式的视认体验实验，探讨审美因素对界面信息可视化体验的影响；徐千尧等[24]论述了基于美学计算的智能设计方法，包括设计知识与规则的提炼及设计方案生成的设计方法和路径，并对设计师如何应对基于美学计算的机会和挑战进行了阐述；范凌等[25]通过分享实践项目"智能技术活化金山农民画"的架构设计、数据集建构、智能生成、人机交互的过程，来探讨智能技术如何赋能传统工艺美术的传承与发展；Gu 等[26]利用智能计算技术将时尚研究划分为低级时尚识别、中级时尚理解和高级时尚应用，对数字化服饰设计知识类别进行整合；Liu 等[27]针对 3D 服饰设计中的关键技术和研究难点，构建了基于卷积神经网络和虚拟现实的 3D 服饰设计模型，实现虚拟现实技术与服饰设计的创新联动。智能美学是一个结合人工智能和美学研究的跨学科领域，学者们通过数字化服饰设计的具体实践探讨数字技术发展引发的人与工具关系的变革，探索关于人工智能的设计美学风格。神经美学设计路径、美学计算的智能设计方法和 3D 服饰设计模型等研究成果，从方法论层面推动智能美学设计体系的搭建，为大数据驱动的服饰设计研究奠定了理论基础。

（三）设计协同

李峻[28]认为，数字化设计协同有助于提高服饰设计效率，人的创造力与机器的大规模计算能力相结合，能促进美学计算的发展，丰富互联网数字空间群体智能的多元体验；Sharma 等[29]提出了一种数据驱动的交互设计系统架构，设计师可以根据持续的数据更新机制和新的数据集成改进系统架构，强化消费用户与设计师之间的互动；曾真等[30]从智能系统的计算愿景和活动类型两个维度对人工智能与增强智能进行了概念区分,从思考性活动与实施性活动两方面对设计进行了解读,提出基于增强智能理念的人机协同设计概念;王昀[31]提出面对从服务到场景的发展趋势,需要重视由追求个体发挥转化为重视基于网络的群体智能,强调从大数据中快速提取有价值的创新想法、行为和过程,构建高效整合设计资源的设计闭环;鲁晓波等[32]从设计实践和专业建设两方面梳理信息设计研究现状,认为设计实践全过程需要合理计划和构建信息呈现的内容及形式。关于设计协同的研究进展,学者们聚焦设计智造对设计协同的创新作用,通过解读大数据在服饰交互设计中所发挥的整合作用,认为需要从解决用户需求和群体协同创新两方面考虑设计协同研究问题,结合智能美学的发展趋势,判断设计协同在智能设计领域具有一定的研究潜力。

三、大数据时代服饰设计思维研究

大数据思维与设计思维融合让设计师不再只依靠直觉经验,而是利用大数据分析洞察用户需求并指导、验证设计。数据的相关性特征拓展了信息认知维度,赋予设计理念新的价值内涵,重新诠释了数智时代的服饰设计思维,从实践环节出发,构建适应数字经济时代的新服饰设计范式。因此,一些学者从设计理念、计算思维和设计范式三个方向剖析大数据洞察对设计思维创新的优化作用(见表1-3)。

表1-3 大数据洞察对设计思维创新的优化作用

研究主题	研究内容、视角	主要代表文献
设计理念	通过多角度分析设计审美优化的意义,叙述设计师思维迭代更新的必要性	李泽厚[33]、李超德[34]、王港等[35]、孔祥天娇[36]、郝凝辉[37]
设计思维	通过聚焦数字时代下设计发展的新形态,强调计算思维与设计思维结合对创新设计的辅佐作用	谷丛等[38]、宋懿[39]、武洪滨[40]、罗建平等[41]、罗仕鉴[42]
设计范式	通过剖析设计范式的转型与重构,着重探讨数字化趋势对设计创新的影响	方晓风[43]、刘妙娟[44]、王国胜[45]、Kelly等[46]

(一)设计理念

李泽厚[33]认为美是感性与理性、形式与内容、真与善、合规律与合目的的统一,美的历程是指向未来的;李超德[34]表明,在大数据时代,设计师应该具备先锋设计观念,设计前沿能够反映设计发展的新观念与新实践;王港等[35]提出设计师应加强对从设计学科到交叉学科的跨学科知识的理解与转化,以及从技术创新到围绕"用户需求"和"价值创造"的产品化认知,进而更好地推动设计师设计出更多真正有用的智能化产品;孔祥天娇[36]通过构建联结模型实现思维数据的结构性转化和设计推理过程中的信息挖掘,将复杂设计思维可视化从而解决设计问题;郝凝辉[37]认为设计的本质是帮助用户理解复杂性因素并将其简化和人性化,通过将无形创意转化为有形产品的过程,简化人类与外界的互动,说明设计师需要顺应时代变化来调整设计理念。由此可见,设计理念研究正朝着跨学科、技术融合等方向发展,学者们通过总结梳理数智时代对设计师的新要求,赋予设计理念新的价值内涵,重视不同领域的知识和方法相互融合,促进创新思维的发展,从形而上层面建立起数字化服饰设计的认知框架,为新时代设计学科的发展路径奠定研究基础。

(二)设计思维

谷丛等[38]认为计算思维与设计思维融合可以扩展设计的边界,提升设计的能力;宋懿[39]认为数字平台是以数字技术为核心串联价值通路,通过快速的信息交换可以搭建开放式协作体系;武洪滨[40]讨论了在大数据时代逻辑范式从求证思维转向数字思维的过程,说明数字化设计思维的重要性;罗建平等[41]提出设计问题的复杂性体现在多学科交叉性及人的行为和感性因素的不确定性两方面,肯定了设计思维的整合特性;罗仕鉴[42]通过整合多学科跨领域资源,从单线条和多线条的创新设计模式向网络状的协同整合创新设计模式转型,构建新的设计思维体系。设计思维属于一种创新和解决问题的方法论,学者们从设计思维的外在表现和影响因素等方面进行深入探讨,认为计算思维与设计思维结合是设计思维研究的重要方向,关注数字化技术对设计思维的影响作用和价值创造。开放式协作数字平台的构建协同整合创新设计模式转型等研究成果体现了设计思维的系统化发展趋势,为数字化服饰创新设计奠定了研究基础。

(三)设计范式

方晓风[43]认为新范式需要求真、求知和求解,在真实可靠和总结规律的基础上还原过程、分析现象并解决问题,阐述新范式的研究思路;刘妙娟[44]认为学科范式思维贯穿着整个设计活动,范式的转型和再构可以推动设计创新;王国胜[45]通过阐述网络社会影响新设计范式的发展背景,认为以信息技术和互联网技术为特征的新经济范式正逐渐成形;Kelly等[46]认为设计思维与计算思维并不互相排斥,而是在解决方案和框架这两个本体论类别方面互为镜像,为设计思维与计算思维融合形成新设计范式提供了发展思路。综上,学者们通过深入分析思维范式对设计活动转变的影响,阐明了设计思维范式转型的必要性和跨学科思维融合的重要性,强调了数字化技术在设计思维的演变过程中所发挥的重要作用,说明设计学科正在不断吸收新的设计理念和技术,推动设计范式研究朝多元化方向发展。

四、数字化服饰设计要素研究

大数据驱动的服饰设计路径提高了服饰设计领域的可塑性。在传统的服饰设计模式中,设计师往往依赖自身的审美经验进行创作,而大数据的融入使设计元素的表达形式更加丰富和多元,大数据的运作逻辑和数字化三维设计表达为设计师提供了更多的创作灵感,凭借大数据对设计元素的挖掘和整合提高了服饰设计资源管理的效率水平。在此基础上,一些学者从设计元素、数字时尚和设计资源三个方面对大数据在服饰设计领域的应用进行了深入探索(见表1-4)。

表1-4 大数据在服饰设计领域的应用

研究视角	研究内容	主要代表文献
设计元素	围绕色彩、结构等设计元素领域,利用计算机技术捕捉设计元素应用规律,有助于提升设计效率	刘蓓贝等[47]、胡国生[48]、雷鸽等[49]、陈金亮等[50]
数字时尚	联系数字化设计发展背景,通过剖析数字时尚等设计活动内涵,为数字化服饰设计带来新的研究视角	刘晓刚[51]、曹霄洁[52]、Baek等[53]、Choi[54]
设计资源	通过分析服饰产品现有的数字化设计资源管理,突出设计资源数据化的发展潜力	杨小艺[55]、蒋雯忆[56]、何俊桥[57]、Struwe等[58]

（一）设计元素

刘蓓贝等[47]通过研究大数据时代下产品色彩的设计方法,探究大数据与产品色彩设计相结合的价值,为设计提供新的思路和方向,从而创新性地提升产品色彩设计的效率;胡国生[48]通过分析影响色彩认知的感性因素,建立适合计算机处理与计算的色彩感性因素模型,为计算机辅助设计的色彩计算奠定基础;雷鸽等[49]认为数字化服饰结构设计技术在简化制版、摆脱经验依赖、实现可视化三维造型与二维平面转化等方面具有巨大潜力,而提高制版准确率、建模精度与效率是未来数字化结构设计的发展方向;陈金亮等[50]通过对产品感性意象设计的研究进展进行梳理和分析,着重分析了感性意象设计中针对产品造型、产品色彩及产品材质的研究方向,这有助于提高用户感性意象映射的精准性。随着技术的进步和设计理念的更新,设计师不断地探索新的表达方式和创作手法,而学者们则进一步从形而上层面探究数字化服饰设计元素的技术应用空间,提出基于计算机技术辅助的色彩感性因素模型和产品感性意象映射规律等研究成果,从色彩、结构和情感等设计层面关注数字化技术在服饰产品设计元素中的应用实践。

(二)数字时尚

刘晓刚[51]通过建立计算机推理机制量化设计元素,提出服饰风格量化的概念;曹霄洁[52]提出时尚数据挖掘的概念,通过信息技术对时尚资源进行优化管理;Baek 等[53]将数字时尚定义为通过计算机生成的设计进行虚拟创作、生产和表达个人身份;Choi[54]将 3D 动态时尚服饰这一术语引入数字时装设计中,阐述 3D 虚拟仿真系统中编程的动态表达和技术,拓展了数字化时尚服饰设计领域。数字时尚是一个融合了时尚与数字技术的新兴领域,可穿戴设备和实时模拟计算机辅助设计等数字技术的发展使其不断演进和扩展。学者们提出服饰风格量化、时尚数据挖掘等设计概念,集中从宏观的层面定义数字时尚的构成内容,加强了数字技术与服饰设计的联结,但针对数字时尚应用场景拓展等具体的数字化设计实践内容仍有许多值得挖掘的创新点。

(三)设计资源

杨小艺[55]通过构建数据仓库、多维数据挖掘来优化针织服饰的设计开发,强调数据对设计的科学作用;蒋雯忆[56]构建与设计了一款海量服饰灵感数据可视化看板系统,为服饰设计师如何运用数字化技术提供了参考;何俊桥[57]利用服饰虚拟仿真技术和数据库技术构建了中国李宁品牌的设计信息数据库,为设计开发的具体实践提供参考;Struwe 等[58]认为在交互过程中,协调能力可以促进异质参与者之间的资源有效整合,而应对能力则确保这些交互的持续运作,承受和管理固有的复杂性,提供资源的有效管理方法。设计资源由多个方面的设计知识内容构成,学者们关注大数据在服饰设计协同过程中的影响作用,得出数据仓库和数据可视化看板系统等研究成果,从数据视角剖析设计环节中资源的流动和进化,论证资源系统整合促进设计创新的可行性,为大数据交互下的服饰设计资源效能管理提供理论支持。

结合大数据驱动设计的时代发展背景,学者们在设计模式、交互设计、设计师思维和服饰设计要素等方面取得了一定的研究成果,体现出设计师职能边界的变化和设计上下游重心的迁移,现有成果可以拓展延伸至服饰设计研究领域,为大数据驱动的服饰设计模式研究的展开提供了借鉴思路。

1. 设计角色转换重新审视设计师的专业边界

大数据应用于服饰设计实践引发了设计师角色的转变,设计师不能只依靠创造力和主观审美来进行服饰设计工作,还需要重新审视其专业边界。通过分析大数据,设计师可以了解关于消费用户喜好、趋势预测、市场需求等方面的信息,从而深入分析消费用户的购买行为、流行趋势及不同地区的文化偏好,从而更好地满足市场需求。

设计师的角色可以从单纯的创意者转变为数据分析师和市场研究者。设计师可以利用大数据分析工具来挖掘潜在的设计灵感和趋势,同时也可以将消费用户反馈和市场需求融入设计中。这种角色转换使设计师能够更加客观地评估设计方案的可行性,并更好地适应快速变化的市场环境。然而,尽管大数据在服饰设计中扮演了重要的角色,设计师的创造力和审美依然是不可或缺的。大数据只是提供了额外的信息和参考,最终的设计仍需要融入设计师的创意和个人风格。因此,设计师需要学会将大数据与自己的专业知识和审美相结合,找到平衡点,以创造出更具有市场竞争力的作品。

2. 构建大数据交互设计体系

在数字化的时代趋势影响下,构建基于流行趋势、市场决策和数据挖掘的服饰大数据交互设计体系,可以帮助服饰企业更好地应对市场的变化和满足消费用户的需求。该设计体系需要建立基于大数据的流行趋势分析模型,通过收集、分析和挖掘各种数据,如社交媒体上的话题、搜索引擎上的热门关键词、时尚杂志的报道等,来预测未来的流行趋势。同时需要建立一套完整的流行趋势标准库,并将其与企业的产品线和品牌形象进行匹配,以确定设计方向和产品定位。

首先,在大数据市场决策分析模型的基础上,通过分析消费用户的购买行为、偏好、需求等数据,以及竞争对手的市场表现和趋势,来制定企业的产品规划、市场营销策略和渠道选择等决策。其次,需要建立一套完整的市场分析指标库,以衡量企业在市场上的表现和优劣势,从而帮助企业制定决策。最后,该设计体系需要建立基于大数据的数据挖掘分析模型。通过运用机器学习和人工智能技术,对大量的消费用户数据进行挖掘和分析,以挖掘出消费用户更深层次的需求和偏好,并为设计师提供具有参考价值的数据支持。

3.大数据驱动设计结构性认知重构

大数据驱动设计结构性认知重构是一种通过大数据分析和挖掘,重新组织和理解服饰设计的结构和模式。这种认知重构可以通过数据逆向牵引来实现,即从数据的角度出发,推动服饰设计模式的转变和创新。通过对大量的服饰数据进行分析,包括消费用户喜好、购买行为、流行趋势等,设计师可以获取更全面、准确的信息,了解市场需求和消费用户的偏好。基于这些数据,设计师可以进行结构性认知重构,重新思考和调整服饰设计的模式和框架。

一方面,大数据驱动设计结构性认知重构,进而加强智能技术辅助设计的能力。结合人工智能和大数据技术,设计师可以借助智能设计工具进行辅助设计。这些工具可以根据大数据分析的结果,提供设计建议、自动生成设计方案,帮助设计师快速、高效地进行设计创作。另一方面,利用大数据分析消费用户的个体差异和特点,设计师可以将个性化定制融入服饰设计中。通过了解消费用户的喜好和需求,设计师可以进行更加个性化、符合其身体特征和风格的服饰设计。

五、研究意义

(一)理论意义

1.新视角解读设计模式

"大数据逆向牵引设计"是一种新兴的设计模式,开创性地从大数据分析的角度出发,对服饰设计问题进行深入研究,以期找到相对确定的解决方案和设计方法。在当前信息化、数据化的社会背景下,这种设计模式具有重要的现实意义和广阔的应用前景。服饰设计领域一直面临着不确定性,这种不确定性既来自市场的瞬息万变,也来自消费用户需求的多样化和个性化。针对如何提高设计的准确性和市场适应性的设计问题,本书提出了大数据逆向牵引设计模式。

大数据逆向牵引设计模式要求建立一个全面、庞大的数据集合,包括服饰市场的销售数据、消费用户的购买行为数据、社交媒体上的时尚趋势数据等。这些数据涵盖了服饰行业的各个环节,有助于设计师全面了解不同时期、不同地区的服饰需求和流行趋势。设计师需要运用数据挖掘和机器学习等技术,对收集到的数据进行深入分析和挖掘。例如,通过聚类算法将消费用户划分为不同的群体,从而了解不同群体的服饰喜好和购买行为。这种方法有助于发现潜在的市场需求和趋势,为设计提供有力的数据支持。此外,大数据逆向牵引设计还强调对设计过程的实时调整和优化。在设计过程中,设计师可以根据新的数据反馈,及时调整设计策略和方向,使设计更贴近市场和消费用户需求。这种灵活的设计模式有助于提高设计的成功率和市场占有率。

2.拓展服饰设计方法论

在数字化服饰设计的影响下,设计资源数据化已成为一种不可逆转的趋势。本书旨在探讨大数据在服饰设计中的地位和作用,以期为设计师提供更具针对性和实效性的指导,从而推动服饰设计行业的创新发展。

大数据作为一种信息资源,可以为设计师提供丰富的设计素材和灵感来源。通过分析海量的数据,设计师可以深入了解消费用户的需求和市场趋势,评估设计方案的可行性和市场潜力,从而更好地把握设计方向;通过对历史数据的挖掘和分析,设计师可以发现潜在的设计规律和趋势,为创新服饰设计提供科学依据;通过对社交媒体平台的时尚话题和时尚达人的关注度进行实时监测和分析,设计师可以挖掘新兴的潮流元素和流行趋势,从而及时把握市场机遇,实现对设计元素的快速检索和智能匹配,提高服饰设计效率水平。

(二)实践意义

1.多环节精准运行

当下,大数据技术已经深入服饰行业,运用大数据分析,企业可以在款式设计、销售策略等多个环节实现精准运行,提高设计的确定性,减少盲目性。这不仅为大数据在设计研发领域的应用提供了实践指导,也为服饰行业创新发展带来了新的机遇。

第一,大数据助力精准设计。充分利用大数据的优势,设计师可以更好地了解市场需求,从而创造出更具竞争力和价值的服饰设计产品。通过对历史销售数据和消费用户反馈的分析,运用关联规则挖掘等技术,发现不同款式之间的关联性和搭配效果,有助于设计师获得丰富的创意灵感并进行创新和改良设计。

第二,大数据助力优化销售策略。通过对销售数据和消费用户购买行为的深入分析,设计师可以了解产品的销售热点和不同销售渠道的效果,有助于企业调整销售策略,优化营销活动,从而提高销售业绩。同时,设计师可以凭借大数据构建消费用户画像,以便更好地了解目标用户的需求和喜好,进一步提升产品的市场竞争力。

第三,大数据助力提升用户体验。通过对消费用户反馈数据的分析,企业可以及时了解消费用户对产品的评价和建议,进而优化产品和服务。此外,大数据技术还可以为企业提供消费用户在消费过程中的行为数据,帮助企业优化消费环境,提升消费用户的消费体验。

第四,大数据助力产业链协同发展。大数据技术可以将服饰产业链上的各个环节进行整合,实现产业链的协同发展。从原材料采购、生产制造到物流配送、销售环节,大数据都可以发挥重要作用。通过优化资源配置、提高生产效率、降低运营成本,大数据技术助力服饰企业实现可持续发展。

2.打破信息孤岛

大数据技术以其信息传递速度快的优势,为服饰行业数字化转型提供了新的思路。通过运用大数据,企业能够实现更高效、更精准和更可持续的发展,进而推动产业升级和创新发展。大数据设计是一个关键环节,通过建立数据集成和共享平台,使设计、生产、销售等各个环节的数据实现无缝连接和交互,使工作效率和准确性得到显著提高。

大数据技术能够帮助服饰企业缩短产品研发周期。在传统的研发模式下,服饰企业通过市场调查、用户反馈等途径来获取信息,然后对产品进行改进。这种模式耗时较长,容易导致产品设计滞后于市场需求。而大数据技术可以实时收集和分析市场数据，为服饰企业提供精准的用户需求信息，从而帮助设计师快速调整产品策略，缩短产品研发周期。

大数据技术能够帮助服饰企业降低库存。设计师可以通过大数据分析更准确地预测市场走势和用户需求，从而实现产销平衡。这种预测性分析可以帮助服饰企业避免过度生产，降低库存成本，提高资金周转率。

大数据技术能够提高服饰企业的市场占有率。通过对海量数据的挖掘和分析，设计师可以深入了解市场结构和竞争对手动态，制定更有效的市场策略，帮助服饰企业实现精准营销，提高消费用户满意度，从而提高服饰企业的市场份额。

第二节　研究内容

本书以大数据逆向牵引服饰设计为切入点，首先，从大数据时代设计新模式、大数据牵引交互设计、大数据时代服饰设计思维和数字化服饰设计元素四个方面剖析大数据逆向牵引服饰设计研究现状，揭示基于大数据驱动设计的结构性认知转变。其次，通过理论梳理和实证调研，归纳总结大数据牵引下设计专业边界跨越、传统服饰设计模式转变与重构和数字时代服饰设计革新三大数据驱动服饰设计的新表现，以此作为构建服饰大数据交互体系的理论基础。再次，结合大数据牵引服饰设计思维融合的内在机理，分析用户洞察的服饰交互设计模式、多维要素服饰设计创新、线上线下动态数据服饰设计模式和数字化价值协同网络四个方面的作用影响，结合电商女装、跨境电商和人工智能等多个领域的发展现状，对电商女装、跨境电商和人工智能等大数据进行多维度梳理分类，以此形成大数据逆向牵引的服饰设计模式。最后，从微观层面阐述电商女装、跨境电商和人工智能等大数据驱动服饰设计模式的动态演化和运作机制，实现大数据多向赋能协同价值创造，推动不同电商文化环境迎合服饰设计，并对大数据和人工智能影响下的艺术定义进行多重视角探讨，反思数智化设计嬗变带来的伦理问题，从而构建大数据逆向牵引的服饰设计范式。本书的研究路线见图 1-1。

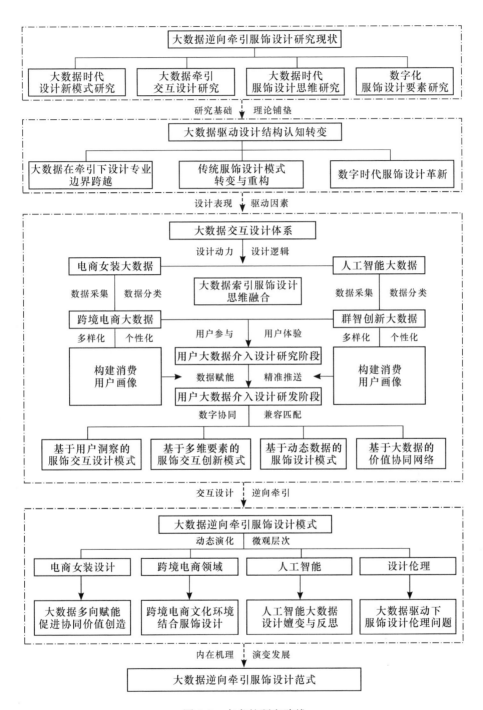

图 1-1 本书的研究路线

一、大数据技术对服饰设计模式的影响

（一）大数据背景下服饰设计创新的必要性

从数量级别来看，尽管大数据分析能力确实已超过了人类大脑个体所能接受的运算处理范围，但并没有突破人类大脑的思维框架[59]。通过复杂的系统或平台得到的大数据，直接反映出一个个孤立的数据和分散的链接，这些链接整合起来的网络便折射出数据背后的共性问题[60]。利用云计算等大数据技术能够对巨量级别数据进行分析与计算，服饰企业由此从巨量数据流中提取所需的数据，从而分析数据背后隐藏的信息。

服饰产品开发的成功与否是不可预知的，但通过对数据所反映的目标用户群需求进行深入洞察和理解，将会对其开发过程有很大的帮助作用[61]。一方面，大数据作为获取设计过程所需数据的一种来源，其目的和传统服饰设计是一致的，两者都是为了获取更接近消费用户的调研数据，尽可能还原消费用户的活动真相及真实动机，并转化为指导设计活动的真实性数据。另一方面，在高频率的互联网活动及各类传感器生成的无限量级别的数据资源背后，在设计相关人员对设计问题进行求解的过程中，这些数据可以帮助其提高设计创新效率及设计方案的可行性，降低设计风险，避免设计人员依靠自身设计经验查找相关设计知识而造成的设计不确定性[62]。

（二）大数据牵引下设计专业边界的跨越

设计本身是一种具有创新性的艺术活动，如果将其立足于严谨的数据之上，可以在利用数据分析解决问题的同时，以优雅又具吸引力的方式呈现设计成果[63]。设计师在设计流程中能否灵活应用大数据技术工具，是其设计专业水平高低较为直观的表现。面对以海量数据为基础的服饰设计素材，除了利用大数据验证服饰设计判断，设计师对于大数据技术的主观能动处理也是提高服饰成品设计创新水平的重要因素。

在大数据时代，设计师的职责发生了显著变化，与其他人员的职责出现重叠。面对设计前移的趋势，设计师需要更深入地参与需求分析等研发工作。设计前移意味着设计师角色在项目中的地位更加重要，需要更早地介入项目，以便更好地了解用户需求和市场趋势。设计前移也成为设计师面临的新挑战。

设计师不仅要关注产品的视觉呈现效果,还要掌握前端开发技能,以便将设计理念融入产品创作。这意味着设计师需要具备跨学科的知识结构,需要在传统的学科知识结构基础上,不断拓展自己的技能边界,以适应不断变化的市场需求。同时,设计师还需要具有随时跟进行业动态的学习意识,提升自己的专业素养。

(三)传统服饰设计模式的转变与重构

大数据作为数字化时代的典型要素,已经潜移默化地渗透到社会生活的各个领域。大数据技术通过数据挖掘技术和数据运算能力分析消费用户行为,实施消费用户细分,挖掘潜在消费用户需求,进而加强商业运营。通过降低搜索成本、复制成本、运输成本和验证成本,使产品的触及范围和质量都有所提升,催生出各行业消费的新产品、新模式和新业态。同时,随着消费用户消费观念的转变及互联网经济的发展,消费态势呈现出从有形物质消费转变为注重无形服务消费、从模仿型排浪式消费向个性化多样化消费等一系列转变[64]。

传统服饰设计模式存在用户反馈信息不足、完全依赖于设计师直觉经验等不确定性因素,而大数据技术通过快速挖掘与连续迭代,以数据价值赋能设计,实现设计模式重构。为了满足消费用户的个性化需求,设计师重视以用户为导向的服饰设计。凭借用户大数据逆向牵引服饰设计,进而推动服饰行业由过去的单向的线性关系转变成为网状的协调关系[65],服饰企业利用云计算等大数据技术,能够对巨量级别数据进行分析与计算,一个个孤立的数据和分散的链接被整合起来形成数据网,反映出大数据背后的具有相似特征的共同问题,服饰企业由此从巨量数据流中提取所需的目的数据,从而分析大数据背后隐藏的信息。

二、大数据交互设计体系构建研究

(一)基于用户洞察的服饰交互设计模式

在大数据时代,服饰产业的设计环节同样应该有用户的参与。数据作为用户和设计者之间的纽带,它基于用户行为产生,并呈现出多模态特征。用户在网络平台上的数字足迹也折射出其行为习惯和态度偏好。通过大数据思维与工具,对用户数据进行最大限度的采集、整理、挖掘及分析,将这些数据进行快速整合归类并进行标签权重处理,高度凝练用户特征,可以形成精准的用户画像数据库[66]。该数据库主要包括用户的人口统计学数据、用户行为数据、用户偏好数据及用户销售数据等四部分内容。

这四类数据包含了服饰行业用户关键数据的基础信息,设计师可以利用这四类数据,从社会背景信息、用户行为层面特征、用户心理偏好特征三个角度对消费用户进行深入剖析,以准确把握消费用户的需求。人口统计学数据包括消费用户的年龄、性别、职业、教育程度、收入水平等,有助于设计师了解消费用户的生活状态、消费能力和消费观念。用户行为数据涵盖了消费用户的购物习惯、浏览行为、购买力、复购率等,帮助设计师分析消费用户的购物偏好和消费趋势。用户偏好数据关注消费用户的审美观、价值观、个性特质等,帮助设计师更好地满足消费用户的精神需求,打造富有特色的服饰产品。

在了解这四类数据信息的基础上,设计师可以对销售数据进行趋势分析,从而调整产品结构和品类,以满足消费用户的实际需求。此外,用户大数据作为服饰设计流程的引导因素,将用户数据融入服饰设计的信息交互过程,实质上是消费需求与服饰知识不断统一的过程(见图1-2)。

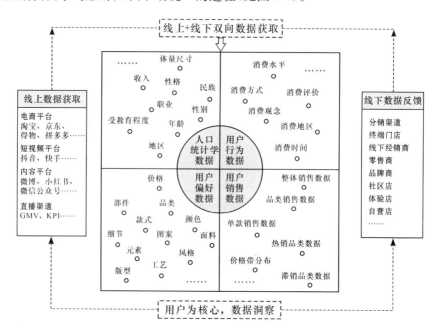

图1-2　用户大数据的采集分类

(二)基于多维要素的服饰设计创新模式

基于多维要素的服饰设计创新模式是一种将多元化的设计理念和技术手段应用于服饰设计中的创新模式。这种创新模式将包括设计调研等多个环节的信息和技术融合在一起,从而实现更具创新性和差异化的服饰设计,为消费用户提供更加符合个性化需求和时尚潮流的服饰选择,促进服饰产业的发展和升级。

在服饰设计前期的调研计划阶段,通过目标用户调研和市场调研获取的用户大数据,可用于商品企划(见图1-3)。市场调研作为服饰设计的开端,可以为设计定位及后续服饰设计过程提供前提保证。用户大数据充分反映了用户的潜在需求,决定着市场调研的准确度,因此在调研阶段,在市场调研部分加入目标用户行为数据及偏好数据,能够更加科学、精准地进行目标用户分析与需求预测,并节省大量人力资源和时间。另外,将目标用户调研数据加入往期用户销售数据分析中,通过对比分析整体销售数据,调整品类结构的差异,可以为后续制定商品企划和设计企划提供目标用户的客观数据。

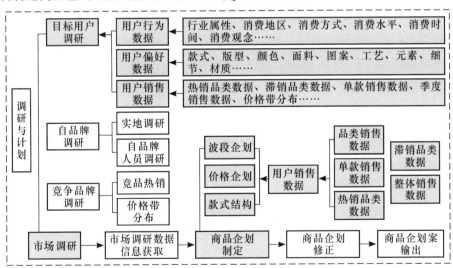

图1-3　用户大数据介入调研与计划阶段

在服饰设计后期的商品企划阶段,将用户销售数据融入其中,结合市场调研所获得的用户各项数据,能够提高商品企划的科学合理性,使产品架构、款式结构、波段及价格企划更加符合用户消费需求,从而实现最大的经济效益。在具体的交互过程中,通过对销售数据从整体、单款、品类、热销、滞销的维度进行分析,指导波段品类结构企划及价格企划。结合对目标用户行为数据中消费价格及产品销售情况的分析,制定符合目标用户需求的价格带企划,促进产品销售。另外,通过品类销售数据指导波段企划、单品销售数据优化款式结构,改善后期选款定款环节出现的款式结构、价格策略不合理的弊端,从深度和广度两个方向提升商品企划的科学性,有利于提高后续产品从设计到销售的投资回报率。

(三)基于线上线下动态数据的设计模式

基于线上线下动态数据的设计模式是一种利用实时收集的线上和线下用户数据指导和推动服饰设计创新的模式。这种设计模式将数据驱动的思维应用于服饰设计过程中,通过对消费用户行为、偏好和趋势的深入分析,为设计师提供有针对性的设计方向和灵感,以满足不断变化的市场需求。

在设计与研发阶段,单款产品销售数据、用户偏好数据等可以得到充分利用(见图1-4)。在设计阶段,设计企划的制定可以参考用户偏好数据,以此指导设计主题及风格企划,使设计企划中的产品定位和产品架构更有效;通过对用户销售数据中的热销品类的分析,总结用户认同的产品畅销元素,不断丰富用户画像,使后续的设计更加符合用户需求。在具体设计中,可将从用户销售数据分析挖掘出的热销产品的版型、细节特征运用到款式设计中,并融入个人主观创意想法及流行趋势;结合用户偏好数据,包括图案、面料、款式等方面的数据,优化服饰款式和细节设计。

由于前期设计阶段已经提高了产品设计的准确性,因此在产品研发阶段可以降低样衣的制作成本,缩短样衣反复筛选和审核的时间。在内部审核过程中,企业可以根据用户各项数据对新产品进行市场评估和市场预测,避免因主观因素而筛选掉富有创意的设计,为审核人员提供评测的客观依据。在选款订款环节,可根据以往的用户销售数据,选定热销及长销产品,使产品结构更合理。

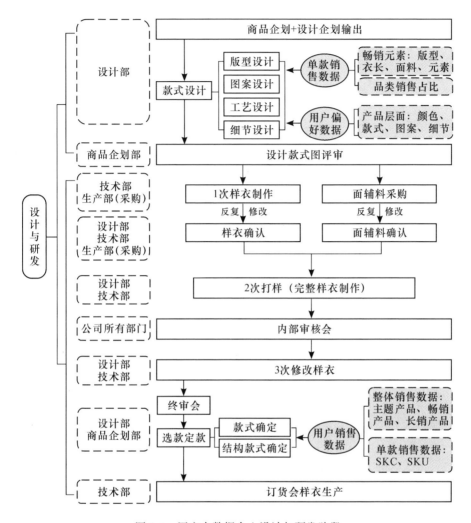

图 1-4 用户大数据介入设计与研发阶段

三、大数据逆向牵引的服饰设计模式研究

(一)大数据逆向牵引的服饰设计优化

传统的服饰设计过程依赖于设计师的主观意识和创造力,设计师根据品牌形象和风格进行服饰产品的设计。这种设计方式虽然能够体现设计师的独特个性,但往往存在一定程度的盲目性,无法全面满足消费用户的多元化需求。随着大数据技术的不断发展,大数据逆向牵引的服饰设计重视大数据在服饰设

计中的指导作用,通过挖掘海量数据中的消费用户需求信息,将实时消费用户数据融入设计流程中,对传统设计方法进行调整和改进,借助客观数据降低市场未知风险。

运用逆向思维发挥主动创造性,促进服饰设计的多元化发展[67]。面对大数据逆向牵引的服饰设计,设计师需要培养逆向思维,从反方向寻求设计思路。在充分考虑用户心理及自身品牌理念的基础上,将用户需求摆在设计前端,提升产品设计的准确性。大数据与服饰设计的有机结合并不意味着要完全摒弃传统的服饰设计方法,而是设计师运用逆向思维,充分发挥主动创造性,根据消费用户需求和市场变化,灵活调整设计策略,推动服饰设计的多元化发展。

(二)大数据牵引服饰设计的结构性认知

大数据是服饰设计的重要辅助工具。一方面,大数据作为获取设计过程所需数据的一种来源,其目的和传统服饰设计的数据获取目的是一致的,两者都是为了获取更贴近消费用户的调研数据,尽可能还原消费用户活动真相及活动真实动机,并转化为指导设计活动的有效数据。另一方面,借助高频率的互联网活动及各类传感器生成的无限量级别的数据资源,可以帮助设计师减少因设计经验不足而产生的主观臆断,提高服饰设计创新效率和设计方案的可行性,提升服饰设计的确定性。

设计是服务于用户的创意性行为,在消费导向的市场环境下,消费用户成为设计中心,而数据挖掘正是了解消费用户的一种途径。通过深度挖掘并分析大量消费用户产生的各项数据,观察并模拟消费用户行为,进而制定设计决策,改善"盲目设计",可以使设计活动更加有据可依。服饰设计师在设计过程中借助强大的消费用户数据支撑,能够使设计更加贴近消费用户需求,从而提高服饰设计的精准度。

(三)大数据逆向牵引的服饰设计模式

大数据逆向牵引的服饰设计模式是一种基于大数据分析和挖掘的创新设计方法。它通过对海量的消费用户数据进行深入分析,从中发现潜在的需求和趋势,并将这些数据逆向引导到服饰设计过程中,以满足消费用户的个性化需求。基于海量数据采集、汇聚、分析的交互设计体系,研究设计资源连接、供给和配置,在服饰设计过程中引入大数据以消除其中的不确定性,进而构建有限理性的设计模式。

设计师通过对消费用户数据的细分和个性化分析来了解不同消费用户群体的需求差异,为其提供专属的服饰设计方案。这种利用数据驱动的设计创新和决策可以帮助设计师发现隐藏的设计灵感和新颖的创意,更好地满足消费用户的多样化需求,提高产品的市场竞争力和用户满意度。基于数据的量化分析还可以帮助设计师评估设计方案的市场潜力和风险,提供科学的决策依据。

(四)大数据逆向牵引的服饰设计实践

由于大数据驱动服饰设计带来了成本效益的提升,许多服饰企业愈发重视大数据在服饰设计实践中的应用,利用大数据多向赋能各个环节,为设计师创造多场景的协同设计价值。大数据思维与服饰设计思维的融合重塑了数字化服饰设计概念,海量、多样等数据特征带来的多维度视角大数据洞察丰富了服饰设计样本,对潜在设计信息的数据化挖掘有助于提高具体服饰设计实践的精准水平,为服饰企业带来发展活力。

受数字经济发展和数字化转型趋势影响,跨境电商、电商女装和人工智能等具体领域的设计实践迅速发展,完善了服饰设计大数据的信息内容,辅助设计师高效完成精准用户画像、智能设计生成等设计工作,推动趋势预测、图案设计、服饰设计和服饰展示空间等方面的大数据逆向设计框架创新。

大数据逆向牵引服饰设计模式的全面发展推进了服饰设计的具体实践探索。为了解决电商女装产品设计组合不健全和品牌定位不清晰的问题,设计师通过多元化数据构建用户画像和信息数据化,完成女装款式筛选和针对新款预售的款式修改及下单生产,提高了电商女装产品的迭代更新效率,实现了大数据赋能电商女装设计优化。为了增强跨境服饰电商的市场竞争力,设计师应重视大数据与设计交互,通过分类梳理跨境市场数据、跨境用户数据和跨境企业数据,并将其应用于分析跨境服饰流行趋势、设计流程和用户画像构建,构建基于用户数据体系的流行趋势预测机制,进而实现设计审美趋向的跨境服饰逆向设计机制创新。为了分析人工智能大数据在艺术创作中的角色和创造力,设计师通过 Midjourney、Stable Diffusion 等人工智能大数据训练获得多样化的服饰设计方案和全新的创作思路,这表明通过不断地学习和优化,人工智能可以模拟出人类设计师的思维方式,甚至在某些方面超越人类设计师的创造力,进而探讨设计个性化与隐私的权衡问题。

四、大数据牵引下服饰设计模式的伦理反思

(一)大数据驱动的数智艺术概念重构

设计的本质在于满足需求和实现价值。在大数据与人工智能技术的推动下,符号互动理论与结构功能主义理论交织的中西古典艺术现象获得了更宽广的解释,计算机软件与算法也成为艺术设计构想的重要组成部分,通过多元数智赋能设计方法,聚合多个背景、技能和视角的个体共同参与设计过程,形成"千人设计"的创作语境,突出创新设计思维和设计策略对满足用户需求的重要性,从而提升用户体验并优化设计方式。大数据技术赋权使技术逻辑、文化编码和社会影响成为数智艺术的新内容,智能设计超越了纯粹的实用功能,图像从静态视觉记录转变为基于算法生成和交互体验等手段产生的动态、可参与的智能内容体,引领人们深思技术与人类、自然与文化之间微妙的平衡关系。

数智艺术蕴含着物质与精神的双重意涵,其背后体现出文化象征与价值构建的复杂互动。大数据与人工智能对艺术领域的影响,不仅体现在对传统艺术哲学的解构上,也同样表现在对数字时代新艺术观念的重构上。面对艺术创造过程中的异化困境和人机的复杂式微关系,对技艺协同解决究竟是数智技术引领设计,还是发挥艺术主体性影响设计等问题进行思考,有助于我们对技术与艺术的和谐共存之道进行积极探索,使艺术与技术、效率与人性达到最大限度的统一。

(二)大数据时代对设计人文精神的影响

在传统的服饰设计模式中,产品开发前端的设计理念研究、市场调研及技术工艺研究需要花费大量的时间和精力完成,而现在大数据技术可以在网络上轻松捕获和抓取这些信息。一方面,大数据采集信息大大缩短了研究采风的时间,并且在市场数据的收集上具有突出效果;另一方面,从设计理念研究和人文采风的效果来看,其功用仅局限于相关关键词和概念的层面上,有关设计前期的人文调研并不只是一个将诸多文化概念拼凑计算的解法,而是基于设计师在进行相关体验之后,对文化现象和人文理念的深度理解与解读。

现今,大数据主导服饰设计产品开发的流程,主要集中于开发前端的流行

元素预测采集和开发后端的对以往市场反馈的数据反哺上。其中前期的流行元素预测主要集中于流行图案采集、流行色和流行款式采集等视觉体系下的设计元素,其表达方式和形式相比服饰产品开发流程中的其他模块更为直接和有冲击力,完全服务于人的视觉和感官印象。但同时由于这样的特性,也使视觉元素相比其他元素更容易在大数据主导下产生的泛滥化和同质化的趋势中产生感官疲劳,这种同质且疲劳的局面一旦囿于群体圈层间,并以奇观化的个体向其他圈层随机流动或被审视,就很容易形成大众审美向审丑的转变。

（三）大数据牵引服饰设计思维的融合

大数据中的重要思维变革之一就是由过去对因果关系的关注转向对相关关系的寻求。相关性思维作为大数据思维中的重要维度之一,强调事物之间存在相互影响、彼此制约的内在原理,同时强调内在系统各部分之间的连锁反应,是一种"横向思考"[14]。传统的因果性思维即直线思维在大数据时代已不足以解释世间万物的关联形态。在大数据思维下,通过复杂的系统或平台得到的大数据,虽然在形态上是一个个孤立的数据和分散的链接,但这些链接整合起来的数据网络能折射出数据背后的共性问题[61],这不仅可以帮助获取用于设计活动的某项事物的数据信息,还可以帮助分析各项数据所含信息之间的关联性。而在开展服饰设计活动的过程中,创意性想法的迸发也受到许多不确定性因素的关联影响,所以相关性思维和服饰设计活动在一定程度上是不谋而合的。

服饰设计产品的成功与否是不可预知的,但通过相关性思维对数据折射出的目标用户群需求进行关联性洞察和理解,可以降低服饰设计产品的试错成本,提高设计产品的精准性[68]。大数据技术具有的相关关系基础特征,能够帮助挖掘消费用户更多的需求信息。一方面,从历史销售数据中总结整体销售数据、单品销售数据、热销产品数据和滞销产品数据,并对这些数据进行不同维度的分析,总结畅销及长销产品的关键元素,在新一季的产品开发中,为商品企划与设计活动提供参考。另一方面,通过归纳数据之间的相关关系,对未来的趋势进行预测分析,在设计层面获取流行色彩趋势、图案工艺趋势、元素风格趋势,在消费用户层面获取消费者偏好趋势、消费用户行为趋势、消费价格趋势等。

（四）大数据时代服饰设计的伦理治理

大数据在为服饰设计行业赋能的同时，不可避免地带来了一些由技术派生而来的负面影响与消极作用。虽然大数据技术的应用让传统的服饰设计模式变得更为智能高效，但数据和技术本身都承载着一定的价值，并非价值中立的，因此需要对大数据应用过程中的诸多现状与内涵做出价值判断和审视。在进行大数据分析时，需要确保消费用户的个人隐私得到充分保护。设计师和企业应遵守相关法律法规，明确收集、存储和处理个人信息的目的，并获得用户的明确同意；同时，要采取适当的安全措施，防止数据泄露和滥用等。

当前对大数据伦理的看法既包括倡导技术的积极影响，也包括侵犯隐私、歧视、技能无产化、负面经济影响、基础设施安全风险等对社会长期的负面影响。正因为技术系统的这些特质，才应该要求它们合乎人类的伦理道德原则和价值，系统才能充分实现其益处，规避其风险。因此，针对这些技术可能会造成的技术本身之外的影响，并就此开展技术批判下的设计伦理的对话和探讨，在当下，对设计产业的整体可持续发展研究显得格外重要。大数据时代的服饰设计伦理治理需要设计师和相关机构共同努力。通过确保隐私保护、提升数据使用透明度、避免偏见和歧视、进行社会影响评估及担负责任和道德义务，可以有效地引导服饰设计朝着更加可持续、多样化和包容的方向发展。

第三节　研究思路

一、基本思路与方法

本书聚焦"大数据逆向牵引的服饰设计模式"，基于"数据驱动设计"的分析思路，深入探讨大数据在服饰设计领域的应用和影响。运用服饰设计管理、智能时尚美学、数字设计协同、人工智能设计等研究理论和数字技术，探讨大数据时代服饰设计师对专业边界的跨越；通过挖掘和分析海量数据库，重构基于大数据的交互设计模式；结合电商女装、跨境电商和人工智能等领域对数据融入服饰设计实践进行深入研究，反思大数据驱动服饰设计模式引发的伦理问题和人文精神缺失现象(见图1-5)。

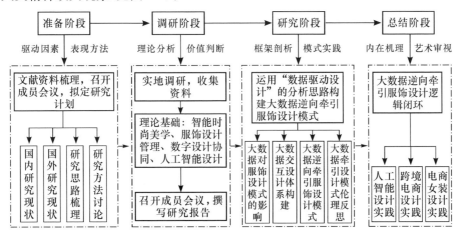

图1-5 本书的技术路线

二、主要观点

(一)从个体的技能驱动转向群体的数据驱动

面对数字化服饰消费市场的变化与冲击,设计模式正从传统以个体专家知识为基础的中心化模式转为去中心化的自组织模式,从个体的技能驱动转向群体的数据驱动。在传统的服饰设计模式运作影响下,服饰产业设计创新由设计师主导,每个阶层的服饰设计和时尚趋势都由设计师引领,这是一个设计权威自上而下传播的过程,服饰产业最顶端的动向受世界范围内各大品牌秀场和时装周的引导并持续向下扩散影响力,设计师的经验在服饰设计流程中是主要因素,进而推动服饰设计的中心化趋势。然而,在数字化服饰新消费的影响下,流通渠道拓宽,服饰产品同质现象加剧,消费用户群体需求变得丰富而多元,促使服饰设计亟须以消费用户为中心,不断调整设计内容构成,以提升服饰品牌的市场竞争力。

区别于中心化的服饰设计所造成的各个消费群体的圈层壁垒隔阂,群体数据驱动的去中心化表现在设计信息通过自下而上及平行的方向进行传播,以捕捉用户数据的方式弥补设计信息传递的滞后问题。设计师有一定的认识局限性,其凭借自身对服饰产品功能的了解和审美认知,在服饰设计过程中发挥感性思维,产出的作品往往只是一种自我意志表达的艺术产物,无法与消费用户需求相适配,也难以适应线上线下的服饰消费市场环境。

数据与经验有机统一的基础是科学研究过程中的研究对象与探究程序、逻辑展开的统一性[69]。服饰设计追求去中心化并不是说明设计师不再重要,而是更考验设计师对群体数据的利用水平,在此基础上激发设计创造力。比如网络社交平台的阅读量、点赞量、转发次数和访客量等数字媒介数据成为数字消费下的新群体数据,设计师通过采集、筛选群体数据,能够对服饰产品进行客观的市场验证。群体数据所反映的市场热度和销售情况等信息,能帮助服饰品牌进行服饰产品的迭代优化,及时调整设计策略,为新一期的服饰设计研发提供信息参考,发挥群体数据的价值。

(二)大数据洞察提升服饰设计精准水平

传统的服饰设计在调研与计划阶段耗费了大量的信息调研时间,包括实地市场调研、问卷调查分析、资料整理等诸多烦琐环节。而数字化环境下的现代服饰设计开发,对产品开发的快速反应能力的要求越来越高。所以,通过对品牌目标消费群体的大数据进行消费倾向及需求预测,以用户数据为导向,调整产品结构、优化设计方案和进行精准营销,可以克服传统的产品开发模式的弊端,缩短产品开发周期。由此,可以在调研与计划、设计与研发、投产与上市三个阶段对消费用户数据进行高效整合,以最大的优势形成整体化、高效率的产品开发过程,提高运营效率,缩短产品开发周期,增强市场竞争力。

大数据时代的服饰设计应结合用户数据去挖掘用户的显性和隐性需求,通过构建基于用户大数据的服饰设计交互框架来改善传统服饰设计中的盲目性问题。大数据具有极强的可预见性这一特点,可以用于获取服饰设计的数据化趋势,弥补传统服饰设计调研过程的局限性,如数据时效短、数据数量少、调研耗时耗力等。比如,跨境电商通过建设独立站或者与第三方电商购物平台合作等方式对数据进行采集和处理,构建基于大数据驱动的反向设计模式和跨境服饰反向设计创新机制。

(三)大数据深度分析强化服饰设计的快速响应能力

大数据与服饰设计领域的交叉融合创新趋势是客观存在的,针对两者的理论研究和实践研究,不仅顺应了大数据与设计深度融合发展之势,而且延伸了大数据的应用领域。在数字化服饰设计环境下,数据作为支撑设计活动的工具或环境,将是设计模式创新的新途径。数据作为未来设计相关从业者与海量数据之间对话的传播媒介,更多的是作为一种手段或者方式,它并不是对经典传统理论和方法的颠覆,而是作为一种新的"使能"条件。

通过大数据深入分析消费用户行为及偏好,能够精准地挖掘消费需求,为设计师预测时尚流行趋势提供客观依据。结合大数据构建消费用户画像,可以指导设计师进行前期调研与后续设计,满足不同消费用户群体的特定需求,实现个性化的服饰设计目标。凭借分析信息维度广和传递速度快的优势,大数据可以帮助服饰企业识别潜在的市场风险,提炼综合设计、销售和库存等有效信息,进而优化服饰设计资源管理,方便设计师提前做出设计调整,提高服饰设计的快速响应水平。

三、研究创新点

随着科技的不断发展,大数据技术已经逐渐渗透到各个行业,为企业的决策提供了更加精准、科学的数据支持。在服饰设计领域,传统的设计模式往往依赖于设计师的直觉和经验,缺乏科学的数据支撑,导致设计结果的不确定性和风险性较高。因此,如何将大数据技术引入服饰设计,构建一种基于数据驱动的设计模式,成为当前服饰设计领域亟待解决的问题。

(一)数据驱动设计的视角创新

本书从大数据逆向牵引的视角出发,通过挖掘和分析大量数据,为服饰设计提供精准的实践指导。具体而言,分别对电商女装、跨境电商等领域的大数据驱动服饰设计模式进行了深入剖析,从消费定位、流行预测、款式设计和销售策略等环节,探讨大数据在服饰设计模式中的重要意义,比如探索数据可视化在电商女装大数据分析领域的应用方式、构建基于大数据驱动的跨境服饰逆向设计框架和分析人工智能大数据驱动下的服饰设计决策等。

在消费定位方面,大数据技术可以帮助企业精准地把握消费用户的需求和偏好。通过对消费用户购买记录、浏览行为等数据的分析,企业可以了解消费用户的年龄、性别、地域、职业等信息,进而对目标市场进行细分,为设计研发提供更加精准的定位;在流行预测方面,大数据技术可以通过对历史数据的挖掘和分析,预测未来的流行趋势。比如,通过对往年销售数据、社交媒体上的话题热度等数据的分析,可以预测未来一段时间内的流行色、流行款式等信息,为设计师提供有力的参考。在款式设计方面,大数据技术可以通过对消费用户喜好、市场趋势等数据的分析,为设计师提供更加精准的设计灵感和方向。同时,设计师也可以通过大数据技术对设计方案进行快速迭代和优化,提高设计效率和质量。在销售策略方面,大数据技术可以帮助企业精准地制定销售策略,提高销售额和市场占有率。比如,通过对消费用户购买行为、消费心理等数据的分析,可以制定更加精准的促销策略、定价策略等,提高销售效果和顾客满意度。

大数据技术的应用为服饰设计领域带来了巨大的变革和机遇。通过数据驱动的方式来构建不确定性服饰设计问题的确定性解决方案,不仅可以提高设计效率和质量,还可以帮助企业打破信息孤岛、缩短产品周期、降低库存、提高市场占有率,为产业数字化改造和高质量发展提供思路。

(二)学科交叉的方法创新

在大数据时代的浪潮下,设计师的职责发生了明显的变化,不再仅仅局限于传统的设计工作,而是需要与其他职能领域的人员紧密交融,这主要受到设计前移和设计后移两大趋势的影响。设计前移意味着设计师需要更深入地参与项目的需求分析、研发等阶段,以便更好地把握项目的整体方向,要求设计师具备更为全面的专业知识和敏锐的市场洞察力,从源头上确保设计方案的科学性和前瞻性。设计后移则要求设计师具备前端开发工程师的技能,以便在具体的交互过程中实现设计理念,设计师需要不断学习新技术、新工具,以满足日益丰富的交互需求。

在大数据背景下,设计师的知识结构也需进行相应的调整。除了关注传统学科知识与大数据相适配的发展路径,还要了解设计流程管理、有限理性学说、艺术学创作理论、数据挖掘和智能制造等多学科方法,关注前端开发和交互设计,具备共享资源和共创价值的跨领域合作意识,实现设计价值的最大化。

(三)艺科融合的特色鲜明

艺术与科学的融合是推动创新和进步的重要力量,从科学的角度进行数据驱动,从艺术的角度进行感性驱动,将两者综合起来,获得有限感性下的设计策略和设计方法。在大数据时代,随着技术的发展和创意的多元化,艺术与科学的融合可以激发设计师的创意灵感,创作出既符合市场需求又具有独特个性的作品,不仅丰富了文化的内涵,也拓展了科学的边界。艺科融合的特色愈发鲜明,共同构建了一个多维度、跨学科的创新生态系统。

面对不确定性和供给不平衡不充分的结构性问题这一设计背景,设计师需要借助数据技术对用户的消费数据进行深度挖掘和整合分析。通过对用户消费数据的收集和整合,设计师可以洞察消费需求及其背后的客观规律,从海量数据中挖掘出有价值的信息,进一步了解消费用户的真实需求,使服饰设计更具针对性和实用性,从而提高市场竞争力。通过分析数据与用户之间的相关性,设计师可以规避设计活动中主观意识所导致的固有偏见。大数据时代的服饰设计不再仅仅依赖于设计师的个人经验和审美,而是借助数据驱动的科学方法,使设计更加客观、理性。这有助于提升设计的品质和市场适应性。

第四节 本章小结

在大数据的浪潮下,服饰设计领域正经历着一场深刻的变革。本章立足于大数据逆向牵引服饰设计模式的研究,从大数据时代设计新模式、大数据牵引的交互设计、大数据时代服饰设计师思维和数字化服饰设计要素四个方面梳理国内外相关研究现状,通过深入分析大数据技术对服饰设计模式的影响、大数据交互设计体系构建、大数据逆向牵引的服饰设计模式和大数据逆向牵引服饰设计的伦理反思,对研究内容进行拓展。围绕数据思维和设计思维融合的新模式,凝练大数据逆向牵引服饰设计的研究思路,提出个体的技能驱动转向群体的数据驱动、大数据洞察提升服饰设计精准水平和大数据深度分析强化服饰设计快速响应的主要观点,从数据驱动设计的视角创新、学科交叉的方法创新和艺科融合的特色鲜明三个层面阐述研究创新点,为进一步的研究探讨奠定理论基础。

第二章　大数据技术对服饰设计模式的冲击与影响

第一节　传统服饰设计模式的转变与重构

一、传统服饰设计模式的现状剖析

(一)串形流程放大了服饰设计的不确定性

当下,大多数服饰企业的工作流程按职能划分,部门与部门之间的分工合作形成了自上而下的串形服饰设计模式,具有垂直且固化的信息流通特点(见图 2-1)。为了进一步了解消费用户的喜好与需求,服饰企业需要深入研究消费市场的动向,获取精准高效的用户信息,这是服饰设计市场化的基础。但出于对技术和成本的考量,服饰企业只是对流行服饰设计元素进行简单的拼凑,没有有针对性地剖析消费用户需求,在服饰设计流程的起点就忽略了市场调研中有效信息的重要性,并且随着设计流程呈现出串形的运作特征,层层放大了设计信息的不确定性。

调研与计划、开发与设计是整个产品开发周期的重要环节。但在传统的服饰设计流程中,无论是初期的流行趋势分析、中期的产品设计研发还是后期的投产上市,设计师等工作人员的主观经验都在串形的服饰设计模式中发挥着主导作用。尽管服饰设计属于偏感性的创意艺术表达,但从产品与市场角度出发,将设计市场化并获得经济利润才是服饰企业的最终目的。因此,服饰设计需要理性思维与感性思维的结合,而传统的串形服饰设计流程则缺乏对消费用户信息的精准收集和分析。

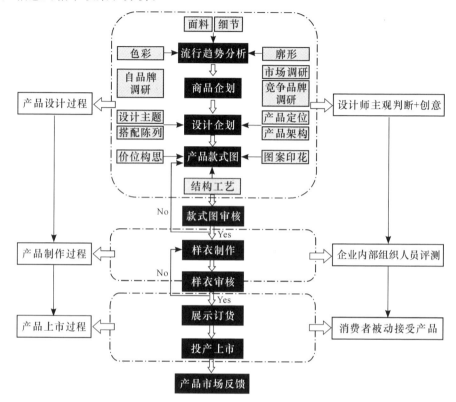

图 2-1　串形服饰设计模式

（二）经验式设计导致产品细分缺失

经验式设计是一种以用户体验和反馈为基础的产品设计方法，设计师凭借自己的经验审美，通过观察用户的行为、需求和偏好来指导产品的开发和改进，有助于提高产品的易用性和用户满意度水平。在服饰设计领域，设计师经验主导的服饰设计倾向于迎合主流用户的需求和习惯，而忽视了一些潜在的细分市场或用户群体。随着消费用户个性化、多元化的需求转变，经验式设计决策存在一定的盲目性，使服饰设计缺乏科学性和准确性。

因此，越来越多的服饰设计师开始探索将经验式设计与数据分析相结合的新方法。通过收集和分析大量用户数据，设计师可以更准确地理解不同用户群体的需求和偏好，从而在产品设计中做出更为科学的决策。这种方法不仅有助于提升产品的市场竞争力,还能更好地满足用户的个性化需求,推动服饰设计行业的持续发展。

二、大数据冲击下服饰行业的用户现状

(一)大数据重构消费者主权

移动终端消费方式的出现和自媒体等新型媒体的迅速发展,使大数据的价值日益凸显。用户在新技术下通过互联网得到了前所未有的话语权,加之电子媒介和当下火热的直播平台对消费市场的影响,用户在互联网环境下可以跨越时间和空间界限,随时主动地选择网络空间中的海量商品。移动互联网给用户提供了行使主动权的技术手段,用户被海量信息包围,他们能低成本地获取信息且高效率地交换信息。

网络信息变得越来越透明,互联网企业与用户之间的话语权逐渐发生倒转,"用户至上"成为铁律。消费者主权时代的到来,逐渐打破了企业以往利用信息不对称而成为中心话语权掌控者、主导服饰产品设计与运营的业务模式。企业转变为以用户意愿来定义其自身职能的角色,消费用户和企业的角色发生了转变。

(二)数字化消费渠道多元

除了传统的线下消费方式,互联网等数字化渠道已经成为用户消费方式的主流。从淘宝、京东等电商平台到抖音、快手等线上直播平台,线上消费渠道的多元化不断打破传统购买的时空界限,逐渐成为传统消费渠道的补充。自媒体及线上直播发展迅猛,网络购物平台成为重要的消费场所,数字化消费渠道成为用户消费过程的有机组成部分。

用户的线上消费也从一开始的新奇使然转向习惯使然。线上服务、线下体验及现代物流的深度融合,使用户拥有更广泛的消费渠道,其消费的自主性得到进一步提升。时尚消费渠道也由传统单一的线下渠道向多元的线上线下一体化并重转变,商品的生产、流通与销售过程在多元化渠道冲击下正在升级改造,重塑着业态结构。

(三)数字化消费数据暴增

在这个以数字网络为基本信息载体的时代,互联网技术下的万物互联成为

人们不可缺少的生活工具。在互联网改变消费用户生活习惯的同时,消费用户也逐渐适应了互联网背景下的消费场景转化。随着网络社交媒体的应用和各类电商平台的兴起,用户的线上消费意识不断增强,他们通过数字化手段进行消费、购物分享和信息交流,并且越来越习以为常。

用户在缤纷的消费场景中直观感受到了数字经济给消费过程带来的情感体验,消费数据也在复杂的网络环境中呈爆炸式增长。在消费数据暴增的背景下,通过对消费用户数据进行有效分析,可以总结服饰消费用户群体在网络平台上的消费路径和购买偏好,从而帮助企业后续对产品进行优化设计和精准营销。

三、服饰设计模式转变的必要性

(一)服饰新业态突出数据价值

随着互联网技术的发展,数字化转型成为服饰行业适应数字经济发展的必然趋势。数字化技术革新推动着服饰消费市场涌现新的商业运作模式,服饰设计能力升级与大数据赋能紧密联系。大数据逆向牵引服饰设计为消费用户提供了全新的智能场景,服饰企业愈发重视在服饰设计环节与消费用户的互动,比如大多数服饰企业通过打造垂直直播间,拓展出全职能对接的数字化协同运作模式,转变了过去单一的第三方团队对接的运营方式,增强了消费用户的互动与体验。

数据作为辅助知识服务,能够帮助设计人员进行设计活动,可以使服饰相关从业者在设计流程中更加客观地进行设计决策。一方面,大数据作为获取设计过程所需数据的一种来源,其目的和传统服饰设计是一致的,两者都是为了获取更贴近消费用户的调研数据,尽可能地还原消费用户活动的真实情况和动机,将其转换为指导设计活动的有效数据。另一方面,高频率的互联网活动及各类传感器生成的海量数据资源,在设计相关人员对设计问题进行求解的过程中,可以帮助其提高设计创新效率及设计方案的可行性,降低设计风险,避免设计人员依靠自身的设计经验查找相关设计知识而造成的设计不确定性。

(二)数据相关属性整合设计信息

传统的因果性思维即直线思维在大数据时代已不足以解释世间万物的关

联形态。在大数据思维下,通过复杂的系统或平台得到的大数据,虽然在形态上为一个个孤立的数据和分散的链接,但这些链接整合起来的数据网络折射出了数据背后的共性问题,这不仅可以帮助获取用于设计活动的数据信息,还可以帮助分析各项数据所含信息之间的关联性。

这种思维上的变革,推进了新的认知方式的形成,可以帮助设计由传统的"聚合思维"的桎梏中解脱出来。相关性思维强调打破了固有的思维定式,从新的思维角度诠释新概念,是多样多元的发散性思维。而在开展服饰设计活动的过程中,创意性想法的迸发也受到许多不确定性因素的关联影响,所以相关性思维和服饰设计活动在一定程度上是不谋而合的。大数据技术具有的相关关系基础特征,能够帮助挖掘消费用户更多的需求信息。

四、大数据库重构服饰设计模式

(一)群智大数据推动服饰设计去中心化

传统的服饰设计模式以串形设计流程为主,设计师主导的设计组织与协同以服饰设计端为起点层层传递设计信息,放大了服饰设计的不确定性,服饰设计的中心化特征不能精准剖析消费用户的真实服饰需求。在数字创新发展趋势的影响下,消费用户群体通过多种参与模式产生的数据信息,联结线上数字媒介与线下移动感知的信息科学技术,使日常生活行为与消费轨迹同时存在于虚拟与物理空间,形成含有用户信息价值的群智大数据,拓展了设计参考信息的广度与深度。

目前,服饰行业中出现了以知衣科技为代表的第三方大数据分析平台,这些平台为服饰企业提供采集与管理自品牌大数据和群智大数据等服务,对大数据进行系统化分析,还对消费用户数据按照不同的规则标准进行预处理,包括对数据的筛选和分类,并根据不同数据需求对数据进行交叉分析、关联分析,然后根据数据挖掘所呈现出的数据特征将消费用户进行深度细分,可以使消费用户的行为数据、偏好数据和基本背景属性数据有效地结合起来,辅助建立更加精准的用户画像数据库,为服饰设计流程提供更加准确的数据指导。经过群智大数据规律验证的服饰设计信息使设计师将产品设计重心回归消费用户,依据服饰消费市场的需求变化而进行服饰设计的迭代优化,推动服饰设计向去中心化的趋势发展。

（二）基于大数据的数字化环式价值网

数字化的环式价值网以消费用户为核心，以数据作为反映消费用户需求的核心，以数据作为服饰设计前中后期的流通血液，构成联合各部门协同共享的环式价值网（见图2-2）。基于大数据的数字化环式价值网贯穿于整个服饰产业链中，无论是大数据市场调研、大数据设计研发、大数据精准营销还是最后的大数据反馈环节，相关设计决策都有大数据作为辅助参考，数据思维与设计思维相互联结，突出大数据在服饰设计模式中的指导作用。以大数据反馈为例，可以从整体销售数据、单品销售数据、热销品类数据和滞销品类数据等多个数据维度进行分析，总结畅销及长销产品元素，在新一季的产品开发中，为商品企划与设计活动提供参考。

设计师通过分析大数据剖析用户的服饰消费行为特征，依据消费水平、消

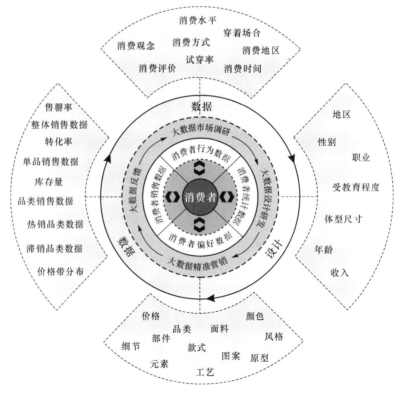

图2-2　数字化环式价值网

费偏好、消费价格和消费地区等相关数据信息构建消费用户画像,辅助服饰企业全面洞察消费用户需求,了解数据所反映的过去的设计产品状态,获取用于未来设计的趋势规律,进行设计决策。对比传统线性模式与数字化的环式价值网,可以发现消费用户由过去被动接受设计结果转为主动参与设计过程,设计从业者由主观判断转为依靠大数据精准分析预测,形式由传统数据孤岛转为消费用户人群画像与数据分析,组织流程由上下串行转为各部门网状协同。

第二节 消费升级下服饰设计创新的紧迫性

一、大数据牵引服饰设计环境的转化

(一)数据思维融合设计思维

数据思维具有客观性、科学性和时效性,而服饰设计思维本质上是依靠个体的主观能动性进行的创意思维。在数据量爆发式增长的大数据时代,利用数据技术对用户的消费数据进行采集与整合分析,再加以合理预测,可以分析数据背后所蕴含的消费需求及消费用户行为的客观规律。通过分析数据与用户两者之间的相关性,可以规避设计活动中依靠主观意识所导致的固有偏见。因此,数据思维与设计思维的融合是理性与感性的融合,两者互为纽带。以客观理性指导感性创作,让设计思维在数据指导下有限制地迸发,可以使设计过程不再只依靠传统的主观设计经验,设计结果也变得更加客观和高效。

(二)用户数据指导精准设计

数据的核心意义是,人们可以通过数据中"已知"的现实问题总结问题和规律,从而预测"未知"的多种可能性。设计作为服务于用户的创意性行为,在消费用户导向的市场环境下,用户成为设计中心,而数据挖掘正是了解用户的一种途径。通过深度挖掘并分析大量消费用户产生的各项数据,观察并模拟消费用户行为来制定设计决策,改善"盲目设计",可以使设计活动更加有据可依。服饰设计者在设计过程中利用强大的消费用户数据,能够使设计更加贴近消费用户的需求,提高设计的精准性。

二、消费升级提高设计管理要求

(一)多元消费渠道整合线上线下服饰体验

在数字化浪潮的推动下,消费用户获取服饰产品信息的渠道已从传统的实体店铺扩展至社交媒体、电商平台、直播带货等多种类型。这种多元化消费渠道的出现,一方面为消费用户提供了前所未有的便利性和选择性,另一方面也对服饰品牌提出了整合线上线下体验的新要求。消费用户不再满足于单一的购物方式,他们期望能够在不同渠道间无缝切换,获得一致的品牌体验和服务质量。

为满足此需求,服饰品牌必须构建全方位的零售策略,确保消费用户无论是在线上还是线下,均能获得一致且高品质的品牌体验。这涵盖了对线上购物平台的优化,提升用户界面的亲和力与互动性,以及优化线下门店的购物环境,使其与线上体验相得益彰。同时,品牌亦需关注在社交媒体及直播带货等新兴渠道中的形象塑造,通过高品质的内容与互动,提升消费用户对品牌的认知度与忠诚度。

(二)海量消费数据丰富设计素材

在传统的服饰设计流程中,设计产品的话语权始终掌握在服饰企业手中,消费用户并未参与其中,设计产品的风格、品类、款式等依靠设计人员来确定,直到产品定价上市,消费用户只能被动地接受设计产品。这种产品设计模式容易导致产品与消费用户之间的供需失衡,产品不能满足消费用户需求从而导致库存量上升,企业利润下降。

大数据技术一方面以大范围、低成本、增量累积的方式获取设计驱动与约束的相关数据,另一方面以开源、众筹、社会化的组织形式使实现设计构想成为可能[8]。海量消费数据是设计师创作过程中的宝贵资源,可以为设计提供丰富的灵感和素材。这些数据包括用户喜好、购买行为、趋势分析等,可以帮助设计师了解市场需求、产品特点和目标受众。此外,在利用设计素材方面,设计师可以借助数据中的信息,将原始素材进行改编和重新组合,以创作出更加个性化和符合市场需求的作品。例如,通过分析用户购买记录,设计师可以发现某一款热门产品的特点,然后将这些特点运用到设计中,从而吸引更多的目标用户。

(三)大数据洞察提高设计科学水平

信息技术的蓬勃发展推动着业务新场景的换代升级,数据应用需求逐渐增加,越来越多的数字化娱乐 App 出现并影响着消费用户的日常生活,社交网络化蕴藏着商业潜能,互联网中讨论的热门话题、图像和视频等非结构化数据蕴含着丰富的信息价值,因此对非结构化数据进行挖掘有助于增强服饰企业设计决策的合理性。非结构化与结构化大数据一并作为客观事实依据,可以从综合角度对服饰消费市场进行判断与分析,提高服饰设计在数据应用方面的效率。

大数据融入设计流程有利于其形成指导设计框架,促进资源的高效利用并且优化产品生产模式[70]。面对服饰产品流行周期短和产品款式众多等设计管理难题,大数据辅助的信息集成能帮助服饰企业提高对设计资源的利用效率,实现数据共享,完善线上和线下的资源配置。许多品牌在线上天猫旗舰店设置了与线下商场同款系列设计的产品栏目,通过强化大数据的洞察能力来对产品库存管理进行动态调整,推动线上与线下女装产品流通的良性循环,综合运用线上与线下的销售端数据反哺女装产品的设计研发和生产制造,以大数据赋能时尚产业,推进女装产品的迭代优化。

三、群智创新拓展服饰设计发展路径

(一)资源数据化增加服饰设计的确定性

开放创新思潮强调知识和资源的共享,鼓励不同领域的专业人士和普通用户共同参与创新活动,开放式的创新环境推动了群智设计的发展。在数字资源日渐丰富的今天,大量的数据信息应用会对服饰设计活动的开展起到很好的协助作用。大数据平台能从大量的网络信息中筛选出企业的目标市场信息,这些数据可以按照不同时间段、不同渠道等来显示行业情况。以服饰企业的设计调研环节为例,在调研的过程中,调研的精度和调研样本的容量呈正相关关系,样本越多,调研误差越小,精度越高,调研的结果越准确。传统的市场调研通常采用以人为主导的方式,一般包括对自品牌的调研、对消费用户的调研和对竞争品牌的调研。对于进行市场调查的人员来说,工作量巨大且冗杂,耗时耗力,对调研内容、指标、结果的分析带有很强的主观性;对于被调研人员来说,其信息反馈存在潜在的不确定性。

目前服饰"小单快反"的市场情况对服饰产品开发的快速迭代提出了更高要求,大数据在服饰设计中的参考价值愈发突出。设计师可以通过数据软件和大数据趋势预测平台分析交易数据、消费用户数据、行业趋势数据等自有品牌和竞争品牌的信息,利用数据计算与统计等方式提取有价值的信息。通过对服饰设计的量化处理,可以有效筛选贴近用户审美的设计风格;凭借大数据洞察全部信息,可以提高服饰设计审美的科学感知水平。这不仅降低了众多人力、物力的消耗,也提高了市场调研的准确度和客观性。

(二)基于个性化的服饰供应链模式

目前,中国服饰消费市场原有的"生产商—品牌商—代理商—零售商"模式已经无法反映真实的消费用户需求,过去以量取胜的方式已经无法适应市场的变化。在传统商业模式下,零售商通过建立库存来实现大规模的商品销售,代理商通过订购较多的商品来防止断货,而品牌商通过储存更多的商品以备补货,种种需求叠加及可能出现的生产环节风险促使生产商扩大生产规模。在这样的模式下,信息在从产业下游的顾客端向产业上游的生产商传递的过程中不断扭曲和失真,而需求信息出现了失真和滞后,这就是服饰生产过程中的"牛鞭效应"。所以,原有的供给模式是以商品为构建基础的,供需信息扭曲,无法有效实现信息共享,导致服饰供需双侧结构性错配与生产要素配置扭曲。具体表现在:一方面,中低端服饰产品同质化严重,产能过剩,关店潮等现象时有发生;另一方面,符合消费升级需求的个性化中高端服饰供应不足,抑制了消费潜能的释放,消费外流现象严重。

在传统制造业时代,依据"微笑曲线"原理,企业只要把"设计研发端"或"销售与服务端"做到位,便可形成核心竞争力,但这一观点忽视了处于"微笑曲线"最低位置的制造端。在全球制造业数字化转型的背景下,一个重要的变化就是"微笑曲线"将会变平[71]。服饰企业通过智能化生产,充分利用物联网、大数据、工业云、人工智能等新一代信息网络技术和智能制造技术的全方位融合与渗透,变革生产组织方式、创新商业模式、重塑价值链分布和竞争战略,改变全球产业链制造端的低端位置,实现由"微笑曲线"到"数字化曲线"的根本性反转[72]。互联网平台推动信息透明化,使顾客跨过渠道商总代理、区代理、批发终端、零售商中的专卖店、连锁店、百货商场等不必要环节,能够直接与制造商、设计师连接,他们可以便捷地选购优质平价、性价比高、个性化的产品(见图 2-3)。

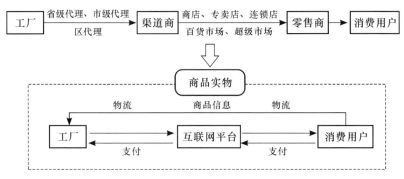

图 2-3　以消费用户为中心的服饰产业价值链

(二)群智创新挖掘服饰设计新潜能

随着数字化技术和互联网的快速发展,人们之间的沟通和协作变得更加便捷和高效,便利的平台和工具使大规模的群体协作成为可能。人工智能时代,群智创新设计是将创新设计同下一代互联网、人工智能、大数据、区块链等新兴数字技术结合,以解决社会复杂设计问题的综合创新手段[73]。群智创新设计是一种以集体智慧和合作为基础的设计方法,旨在通过广泛的参与、开放的交流和灵活的协作来解决复杂问题和挑战。为了激发更多的创意,群智创新设计需要不同领域、不同背景、不同专业的参与者的加入,面对开放性问题,鼓励参与者提出各种不同的观点和想法,以便融合多种思维方式和知识经验,更加全面、深入地讨论和生成更具创新性的解决方案。

在数字时代,群智创新信息直接存在于海量数据的动态过程中,这些数据蕴含着丰富的创新资源和潜力,它们通过特定的算法和模型被挖掘、分析和利用。群智创新的过程不再局限于传统的静态知识积累,而是转变为一种基于数据流动和交互的动态智慧生成。数据的每一次更新,都代表着创新信息的最新进展,为决策者提供了实时、精准的设计依据。

基于群智创新设计基础,设计师可以从历史销售数据中总结整体销售数据、单品销售数据、热销产品数据和滞销产品数据,通过对这些数据进行不同维度的分析,总结畅销及长销产品元素,在新一季的产品开发中,为商品企划与设计活动提供参考;通过归纳数据之间的相关关系,可以对未来的趋势进行预测分析。在设计层面,可以获取流行色彩趋势、图案工艺趋势、元素风格趋势,通过数据分析获取消费用户偏好趋势、消费用户行为趋势、消费价格趋势等信息,设计从业者或企业获得了前所未有的全面深刻的洞察消费用户的能力,可以了解过去的设计产品状态,并获取用于未来设计的趋势规律,进行设计决策。

四、基于用户大数据的服饰设计与传统服饰设计的差异

(一)以用户需求为中心,提高款式设计的科学性

相比于传统的服饰设计,基于用户大数据的服饰设计最大的特点便是将消费用户置于设计开发的中心位置,将消费用户的需求深入体现在产品设计的各个环节。传统的设计是由人为主观因素引导,结合自身品牌形象风格进行产品设计。基于用户大数据牵引的设计是将即时的消费用户数据融入设计过程中,对传统的设计方式做出调整与改进,凭借客观数据降低市场未知风险。基于用户大数据牵引的服饰设计要求设计师合理运用逆向思维,从反方向寻求设计思路。在充分考虑用户心理及自身品牌理念的基础上,把用户需求摆在设计前端,提升产品设计的准确性。需要注意的是,这并不是要求设计者违反传统的服饰设计方法,而是在大数据应用的背景下不断深化自身认知。因此,服饰设计者必须在不断演化的数据牵引的服饰产品设计创新模式下,运用逆向思维发挥主动创造性,促进服饰设计的多元化发展。

(二)以用户数据为中心,提高设计流程的循环性

传统的消费用户数据收集需要终端门店进行人工统计,花费时间较长且缺乏即时性。而网络信息技术为数据收集提供了多种渠道,企业通过专业的网络爬虫技术查看和筛选所需的消费用户数据信息,解决了传统反馈的时效性不足问题。在基于用户大数据的服饰设计交互框架中,除了采集用户数据之外,也可根据线上渠道收集用户的意见与建议。以用户意见与建议为基础建立引导因子,在筛选之后,将其融入服饰设计的各环节,使各个环节都能够灵活变通。在整个过程中,用户信息反馈及时并贯穿始终,实现了从设计端到终端的用户信息联动,使产品整体运营更加成熟。

(三)以用户反馈为中心,缩短产品开发周期

传统的服饰设计在调研与计划阶段耗费了大量的信息调研时间,包括实地

市场调研、问卷调查分析、资料整理等诸多烦琐环节。而数字化环境下的现代服饰设计开发面临着诸多挑战,对产品开发的快速反应要求越来越高。所以,通过对品牌目标消费群体的大数据进行消费倾向及需求预测,以用户数据为导向,调整产品结构、优化设计方案和进行精准营销,可以消除传统的产品开发模式的弊端,缩短产品开发周期。由此,可以在调研与计划、设计与研发、投产与上市三个阶段对消费用户数据进行高效整合,形成整体化、高效率的产品开发过程,提高运营效率,缩短产品开发周期,提高市场竞争力。

第三节　大数据时代服饰设计的新思维新模式

一、大数据重塑服饰行业思维与模式

(一)IDA 方法论发挥数据的设计价值

IDA 方法论,即整合(integration)、探索(discovery)、行动(action),是一种起始于数据信息的整合,进而探索数据的应用,最终转化为支持决策活动的实践过程。该方法论由美国天睿公司提出,主要服务于大数据的分析与整合,旨在助力企业塑造独特的竞争优势。

社会技术的快速发展为数据的生成提供了丰富的条件,凸显出数据科学的重要性,进而对设计领域的创新产生深远影响。一方面,无线通信、电子商务、移动应用、社交网络、物联网和智能设备等新兴技术为数据科学提供了原始数据的积累和采集手段。同时,云计算、人工智能模型、神经网络遗传算法、推荐算法、聚类分析及模型识别等社会技术为数据的清洗、存储和挖掘提供了必要的渠道支持。另一方面,多样化的海量数据分析工具和不断进化的可视化数据信息软件为数据的分析、评估和应用提供了强大的技术支持。这些技术为设计创新过程中的资料研究、创作素材的获取,以及对用户行为模式、目标用户需求、消费动机与情感需求的深入挖掘提供了坚实基础。此外,它们还为设计商业活动的决策输出、精细化的用户体验服务及快速优化迭代的管理机制提供了有力支撑,从而引发了数据价值的巨大变革。

以往,设计活动中常常存在忽视数据的现象,导致产品设计和运营管理缺乏针对性和实效性。随着技术的发展和工具的持续进步,以及数据日益渗透到设计领域,两者共同为设计的创新提供了多维度、高度预测性且易于标签化的数据化信息参考。这些资料不仅丰富了设计活动的内涵,还提高了其精确性。设计师通过对这些数据的挖掘,可以深入了解消费用户的行为模式、偏好和需求,从而更精准地预测市场趋势并优化设计流程,进而提高生产制造和运营决策的效率和准确性。在服饰设计领域,服饰作为直接服务于广大消费用户的产品,其设计需要紧密围绕消费用户需求展开。传统的设计思维方式和设计模式必须向以数据为驱动的方向转变。设计师通过数据洞察,可以更准确地了解消费用户的需求和偏好,从而为他们提供满意且多样化的产品。这种转变不仅有助于提升服饰设计的质量和水平,还有助于增强企业的市场竞争力。

(二)商业智能优化服饰设计管理

商业智能(business intelligence)是一种支持数据挖掘、管理和可视化的技术,也是企业现代化发展的重要标志。商业智能概念最初由加特纳集团提出,其认为商业智能技术通过从企业各个业务系统采集相关数据,将其处理并转化为有效信息,最后将数据统一集合在数据仓库,实现企业数据的系统化整合与可视化呈现。这有助于企业高效使用数据,提高决策的科学水平。

用户需求是服饰设计的核心构成要素。在数字化消费浪潮之下,直播带货成为服饰产品的重要销售模式,不少服饰品牌进驻抖音、小红书和淘宝等互联网平台,通过在线互动营销提升服饰产品的曝光率。关于服饰产品的支付用户和交易金额等消费信息连接着平台后端业务,数据化信息流动间接影响着服饰产品的库存变动,促使企业对服饰产品的销售、物流等流动信息进行系统化管理。

为了适应数字化消费市场的快速反馈,服饰企业需要收集海量数据以支撑产品开发创新工作。但面对不同业务要求涉及多个流程环节的多种数据类别,设计师应该注意对数据信息进行有效整合与管理,减少业务信息反馈混乱的情况,避免信息资源浪费。

二、大数据技术对服饰行业的影响

（一）大数据赋能服饰品牌升级

虽然服饰行业是我国的传统制造产业，有着丰富的开发与生产经验，但行业利润主要集中在产品附加值较低的制造环节，导致服饰产品的设计含量不高，严重的同质化现象造成产能过剩和库存积压等消极情况，不利于服饰行业的长期发展。并且，在数字经济全面发展的影响下，彰显自我风格的消费模式成为市场主流，价格竞争的优势在数字化服饰消费市场中并不突出。

以电商女装企业为例，其在发展初期采用批发市场进货的运作模式，凭借低价与大众审美在消费市场中占据了一席之地。随着电商女装行业进入慢增长的新常态，中心化的设计师审美引发消费用户产生消费疲劳，消费市场的同质化竞争促使电商女装企业进行数字化转型。一方面，电商女装企业运用大数据进行优化，提升服饰设计能力，将经过大数据规律验证的市场审美与设计师经验相结合，提高电商女装设计的科学水平。另一方面，电商女装企业从品牌价值建设角度出发对消费用户群体重新进行定位，通过大数据赋能树立电商女装的品牌内涵，以此增强消费用户对品牌价值的共鸣。

互联网技术的快速发展改变了服饰行业的业务运作模式，泛化的设计师审美和过低的产品定价与数字化消费环境下的消费用户需求并不契合。以服饰跨境电商为例，为了提高服饰设计效率，其重视大数据分析等数字化建设，通过数据化信息管理整合服饰设计资源，对消费用户群体进行高效精准定位，利用人工智能和大数据协助智能服饰设计，全方位提高服饰设计的差异化水平。此外，大数据牵引的服饰设计新范式有助于设计师明晰产品设计定位与企业品牌规划，立足于服饰产品的设计价值，增强服饰企业的品牌竞争力。

（二）信息集成整合服饰供应链

受成本上升和消费需求低的影响，服饰产业链出现上游集中、下游分散、中间链路长及低效、供需不匹配等痛点问题。在数字化时代，区别于传统制造企业重点关注生产设备和流水线运作的做法，服饰企业重视大数据资产沉淀，通过数据信息共享提高服饰设计的快速反应能力。比如，领猫是一家服饰供应链数字化服务平台公司，以"链接"为核心，打破了原有业务部门、各系统数据及供应链资源之间相互闭塞的状态,以商品和订单为核心,将企业内、外部资源统一连接起来,构建了一个"高效、信任、共赢"的供应链协同网络,以近 100% 的续约率服务近 400 家时尚企业,连接超 10 万家代工厂、物料供应商,在服饰行业形成了初步的规模效应。

除了国内服饰供应链的信息集成创新,互联网思维也影响着时尚跨境电商的快速发展,时尚跨境互联网销售与智能智造相结合,可以提高服饰企业的柔性快速反应能力,有助于推动传统服饰外贸销售模式的升级转型。在竞争激烈的时尚跨境电商行业,供应链的整合能力是时尚企业走多品牌发展路线的重要影响因素。以 SHEIN、子不语和森帛等时尚跨境电商企业为例,它们重视大数据技术在服饰供应链中的指导作用,凭借数据技术升级凝练品牌核心能力,通过企业的信息化管理系统打通终端、生产等服饰产业链全流程,大数据赋能带动按需定产的"小单快反"运作模式,有利于缩短产品生产周期,提高服饰产品的上新成功率。

(三)运用大数据思维优化服饰设计流程

随着收入水平的提高及对生活品质追求的提升,人们的消费需求也不断升级。人们的消费层次、消费品质、消费方式和消费行为不断发生变化,更倾向于服饰产品能体现自己的个性,对于产品的需求也从刚需向个性化需求转化。而传统服饰设计流程自上而下的设计模式并没有充分考虑到消费用户即需求端的真实需求,设计研发端掌握不了消费用户真实的服饰产品需求,造成服饰产品研发端与消费用户需求端这两端的失衡。

服饰企业可以通过大数据对时尚流行趋势进行精准预测,利用大数据挖掘高频消费的影响因素。区别于传统的靠设计师的经验在服饰设计调研等环节发挥主导作用,企业可以将原本松散化、无序化、碎片化的设计信息数据有机整合成有序化、协调化、关联性的设计信息并运用于服饰的产品设计开发中,分析产品评价关键词等消费用户的相关数据,有效降低设计产品开发的盲目性。将大数据思维融入服饰设计流程有助于服饰企业实现精细化管理,丰富私域消费用户画像,提高服饰企业的设计效率。

三、大数据技术对服饰设计思维的影响

(一)设计思维的转化

大数据思维背景下,数据的应用不仅可以优化设计过程,还可以促使设计从业者在大数据背景下的设计思维发生转变。面对快速更迭的消费市场、个性和多元的消费需求,全域洞察消费用户成为现在服饰设计活动中至关重要的一环。大数据在消费用户与服饰设计之间充当了一种媒介,同时数据思维具有的客观性、科学性和时效性等理性特点,可以弥补传统服饰设计思维中依靠个体的主观能动性进行创意活动的感性特质[74]。数据思维和设计思维的融合,为服饰设计的主观设计思维提供了客观的观察视角,助力解读数据背后的现象和趋势(见图 2-4)。

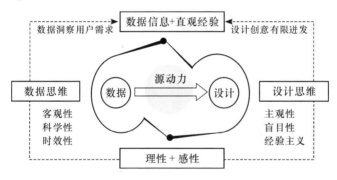

图 2-4　数据思维融合设计思维

在设计的调研与计划阶段,通过大数据趋势预测平台获取当下服饰流行趋势和行业数据,并对消费用户进行需求预测和分析,可以节省传统服饰设计流程在调研环节耗费的大量时间及人力成本,也可使调研和预测结果更加客观理性,符合市场发展趋势。在设计的产品研发阶段,根据前期的数据趋势预测和上一季度消费数据的反馈,大数据可以帮助设计师在感性创作的同时理性地判断,使设计的产品落地性更强。在设计产品的定价与上市阶段,通过相关数据反馈预测可能出现的问题,可以帮助降低产品风险;消费用户产生的销售数据及消费评价也能够以数据量化的方式重新流转至新一季设计的调研与计划中,满足下一季设计开发的消费需求。

（二）设计方式的改变

从设计方式上看，传统设计从业者凭借前瞻性的视角，根据流行趋势及自身产品定位设计产品，挖掘市场空间从而创造并引领消费用户潮流，但在这个过程中数据被束之高阁，并未发挥真正的价值。大数据思维使设计方式发生了改变。消费用户行为形成的巨量数据流，借助数据分析技术，能够挖掘潜在的数据价值，进而指导设计活动。服饰设计中心的话语权由企业导向转为消费用户导向的变化，也促使设计从业者需要利用大数据洞察消费用户的显性和隐性需求。

大数据所蕴含的强大的可预测性特征，在服饰设计活动中，可以将趋势数据蕴含的设计要素转化为设计作品，同时可以用于制定服饰设计的数据化趋势规划，弥补传统服饰设计过程的局限性，如市场调研的耗时耗力、数据搜集困难等，加快设计流程的节奏，将数据引入服饰设计的过程中，令其发挥主导价值[75]。

（三）设计模式的创新

设计模式是面对抽象的问题或现象提供具象的设计解决方案，设计思维和设计方式的转变给设计模式带来了创新性的视角和诸多优势，以往依靠设计师个体知识为中心展开服饰设计活动的模式正转向去中心化的设计模式，随着大数据在服饰设计舞台上扮演的角色的重要性递增，设计也由之前靠个体知识技能驱动转为数据驱动[63]（见图2-5）。

大数据缩短了传统服饰设计模式在前期市场调研的周期，提高了市场调研内容的精确度，使中期的设计规划更符合消费用户的个性化需求，同时后期消费数据的再反馈，使由大数据牵引的设计模式形成从数据到设计的闭环。对比传统服饰设计模式，设计模式的创新主要以数据为主导要素，以数据为服饰设计活动提供支持，实现设计产品的优化迭代。

四、大数据技术对服饰设计模式的影响

（一）离散消费需求的增加推动服饰设计个性化

随着收入水平的提高，居民消费需求不断升级，主要表现在消费层次、消费

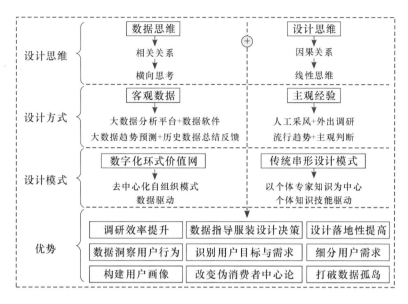

图 2-5　设计思维、设计方式、设计模式转变优势分析

品质、消费方式和消费行为等诸多方面。主流消费用户群体正在发生迁移,人口结构、城市化进程和人均可支配收入变化等正在影响中等收入群体崛起的数量和质量,引致消费品渗透率持续上升,供需不平衡、不协调、不匹配的矛盾日益凸显。

在消费升级背景下,消费用户对服饰产品的消费支出不再局限于购买生活必需品,开始追求精神上的满足,个性化、定制化、多样化的消费逐渐成为主流。消费用户的个性化需求促使服饰行业从早期的量体裁衣、批量生产、大规模定制往如今"一人一版"的高级定制方向变迁,而服饰个性化需求表现为高级定制、半定制、成衣定制、互联网定制、网红 IP 定制和原创设计师定制等多种离散型需求。以往服饰企业设计的产品总是在引导消费用户需求,而如今,随着用户消费观念转变及互联网经济的发展,消费用户需求开始逆向引导企业的设计和生产,其个性化需求也越来越多样化。

(二)市场更新速度快要求服饰柔性化设计

区别于"小品种、大批量"生产的服饰设计,依托互联网平台发展的服饰电商更多地采用"多品类、小批量"的柔性服饰设计。一方面,随着消费市场需求呈现出多样化和个性化发展趋势,柔性化设计帮助服饰企业快速响应市场变化,提供定制化的产品和更具灵活性的应变调整服务,满足消费用户的特定需求。另一方面,通过柔性化设计,服饰企业可以在不增加额外生产线的情况下,实现多品种产品的生产,在降低投资成本和运营成本的前提下增加具有个性化和创新性的服饰品类,增强服饰企业的市场竞争力和品牌价值。

设计迭代与反馈是服饰产品开发和改进过程中的两个关键环节,它们共同推动服饰设计产品从概念到最终形态的转变,并确保产品能够满足消费用户的需求和期望。在服饰设计流程中,设计师通过大数据及时发现、快速反馈并修正设计中的问题,对服饰产品不断进行测试和修改,以减少产品上市后可能出现的风险,降低成本,同时根据消费市场和用户的需求变化进行设计策略调整。

五、数据赋能的服饰企业设计创新

(一)报喜鸟数字化服饰定制模式

在科学技术的推动下,云计算、大数据、物联网等新兴技术得到了广泛应用,在此基础上,数字经济成为经济发展的主流趋势,并逐渐从互联网产业拓展到服饰等各个行业中。在数字经济的刺激下,社会需求呈现多元化趋势,各种新兴产品层出不穷,不仅有效满足了消费用户的个性化需求,而且转变了产业模式和行业发展理念,实现了产业自身结构的优化调整和不断升级[76]。报喜鸟公司以数字驱动智能制造的模式满足了消费用户的个性化需求、解决了供需结构性错配的问题。

1.报喜鸟企业简介

2001年6月,报喜鸟公司成立,注册地为浙江,主营业务为服饰,包括服饰的设计、生产、销售等,同时该公司还在金融、投资、物流等领域有所涉足。2007年8月,公司在深交所成功上市。上市后,公司对业务做了进一步细分,主要包括四大模块:报喜鸟本部、报喜鸟创投、凤凰国际本部及宝鸟本部[77]。2015年,报喜鸟正式转型C2B(customer to bussiness,消费者到企业)个性化私人定制,同时实施"一主一副、一纵一横"的发展战略,即以服饰为主业,以互联网金融为副业;主张纵向做深品类个性化私人订制,横向做广引进趋势性的休闲品牌,以合资、合作、代理、收购等方式进行优秀品牌的引入和品牌版图的扩张。

2.报喜鸟云翼智能平台

2015年,报喜鸟积极打造智能化生产,实现智能化制造的转型发展目标。

公司着手发展云翼互联智能系统,以实现工业 4.0 体系的有效构建,将传统生产加工模式转化为 MTM(methods time measurement,预定时间方法)智能模式,以打造智能工厂,实现企业智能化发展。"一体两翼"是该公司构建云翼智能平台的核心,在智能工厂构建中,MTM 智能体系是实现工程智能化的关键要素,并以数据共享、私享定制作为辅助手段。

在智能化工厂构建过程中,公司主要利用 PLM(product lifecycle management,产品生命周期管理)工具实现对产品整个生命周期的有效管理,同时还构建了对应的计算机辅助设计(computer-aided design,CAD)智能版型模型库,借此确保工厂生产的自动化、标准化、自主化、智能化发展。此外,公司还在排产系统方面不断研发,加大力度构建智能数字体系,以满足工厂的高级生产需求,且利用可视化技术对整个生产流程实施监督管理,并针对问题进行及时调整,以确保生产目标的顺利实现。其中 CAM(computer-aided manufacturing,计算机辅助制造)系统是一种自动裁剪系统,能够按照工厂设定的指令对接收的信息进行自动化执行,根据信息数据中的版型、款式等自主实现布料的裁剪。在数字化技术(包括自动裁床、射频识别、智能 ECAD 等)的作用下,工厂实现了自动化、智能化、标准化运行,生产效率大幅提升,有效节约了企业运行成本(见图 2-6)。

在生产过程中,工人或操作人员将生产过程中的信息进行记录和汇报,以便于管理者了解生产进度和生产效率,即生产报工。报工的内容包括生产数量、生产时间、工序、工人等信息。报工是生产过程中不可或缺的一个环节,它能更加精准地获取生产过程的数据和情况,为企业的管理者提供决策依据和参考。

基于 SAP(system applications and products,思爱普)的明星产品,公司通过引进 Hybris 全渠道电子商务平台与大数据精准营销的方式提供进一步的个性化服务。报喜鸟私享云定制平台构建了 PLM、CRM 等系统(见图 2-7)。该平台通过互联网定制,使顾客可结合线上线下多渠道查看产品详情、体型历史、订单评价,比较咨询细节,体验换装渲染功能,可在线下单支付、量体预约、查询订单状态等。利用中台系统的商品、订单、库存、会员的数据集合功能,形成具有 SOA(service-oriented architecture,面向服务的架构)的数据中心,为前台全渠道销售提供业务支撑。利用后台 SAP、WMS(warehouse management

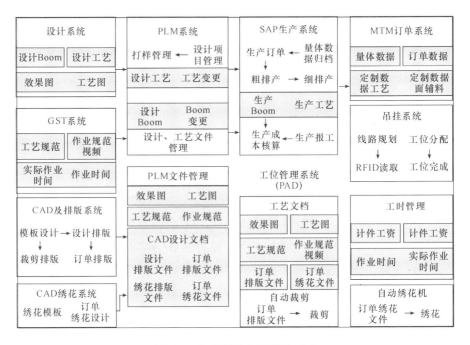

图 2-6　数据驱动的透明云工厂

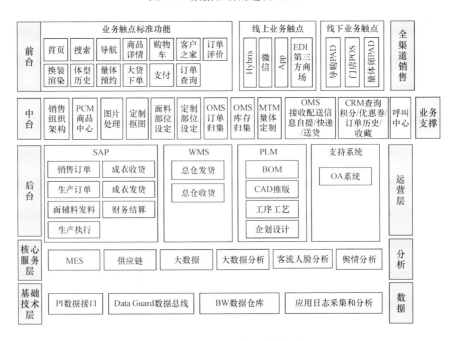

图 2-7　报喜鸟私享云定制平台

system，仓库管理系统）、PLM 等运营层系统对接收到的订单进行智能企划设计、发料、生产执行、推版、发货等工序。基础技术层能快速收集顾客分散、个性化的需求数据，形成强大的数据仓库，通过 MES（manufacturing execution system，制造执行系统）、客流人脸分析等技术整合数据，达到精准智能服务的目的。

报喜鸟从 2003 年开始在国内服饰行业率先推出个性化定制服务，开辟了服饰行业个性化定制发展之路，并于 2013 年推出全品类个性化定制服务。至今，报喜鸟已搭建了包含多种流行元素的版型、款式、工艺等部件数据库，利用互联网＋大数据分析技术与智能制造平台的系统融合，积累服饰行业数据高达十几亿条，能提供不同人体版型组合 20 万亿款，可提供面料、配件数据 20 万条，形成了报喜鸟分享大数据云平台（见图 2-8）。利用分享大数据云平台形成的面料库、Boom 库、版型库、工艺库、规格库和款式库，在满足小微企业、设计师实现创业需求方面发挥着积极作用。分享大数据云平台同时具有向第三方工厂输出整套技术并实施改进的能力，对产业链相关方开放共享。通过摄像系统规划与实施，集成 Hybris 的内容管理和社交媒体，分享和传播个性化定制的独特感受，吸引了更多消费用户，形成独特的报喜鸟定制文化。

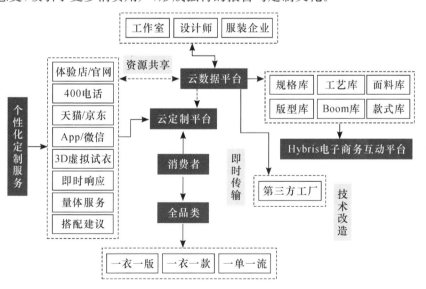

图 2-8　报喜鸟分享大数据云平台

(二)SHEIN服饰快速设计创新模式

数据赋能带动流通渠道多元化,服饰市场的产品上新速度提高,消费产品出现供大于求的情况,垂直细分品类的产品市场通过数字化营销手段吸引消费流量,用户愈发重视互动式消费模式,用户需求成为新设计的重心,推动服饰设计思维的转变。设计师在数字化服饰设计中如何精准了解用户需求,并将其应用于设计实践,成为一个设计问题。创新研究需要回归问题并解决问题。面对快速变化的服饰消费环境,重视数字化设计工具和数据分析技术可以帮助设计师在设计思维上明晰用户消费形象、审美认知,协助服饰企业进行产品设计定位、快速调整设计模式等工作,提高设计决策的精准水平。

1. SHEIN服饰品牌简介

作为一家国际B2C快时尚电子商务公司,SHEIN通过大数据技术跟踪时尚流行趋势,收集用户消费数据并分析其消费行为特征,采用数据驱动设计的时尚预测方式,并凭借数字化技术打造快时尚新生态布局。SHEIN拥有敏捷的产品供应链系统,可以将产品信息快速反馈给设计、生产环节,以数字化技术覆盖供应链上中下游的各个流通环节,使其每日产品上新数量破千。公司有计划地拓宽产品设计范围,比如居家、母婴、运动等垂直品类,覆盖全价位和消费群体,在设计效率和用户体验方面凸显优势,以全数字化服饰设计模式实现为用户而设计的企业目标。

2. 大数据细化SHEIN用户形象

不同国家和地区有着不同的服饰文化,如何满足具体区域用户的消费需求成为设计的关键。用户画像的确定可以帮助设计师跳出"为自己设计"的惯性思维,尽可能减少主观臆测,理解用户真正需要什么。为了进一步熟悉区域用户的消费喜好,SHEIN不仅启动了"SHEIN X"项目招募当地设计师参与设计开发工作,还通过社交网络等互动方式收集、分析区域用户的着装数据,比如色彩、廓形、面料和风格等服饰特点,并时刻关注区域流行趋势的变化。

SHEIN采用大数据驱动服饰设计的运作模式,基于区域用户的体型特征、着装喜好和区域服饰文化等信息建立区域用户的服饰设计素材库。在服饰设计素材库中,每款服饰的设计元素都会被拆分为袖子、口袋、廓形等多种元素,在此基础上每种元素都会通过数据技术支持自动生成不同类别的细分服饰设计素材,设计师只需要变换服饰设计元素并重新组合,就可以形成新的服饰设计款式,从而提高服饰新产品的开发速度。同时,素材库也发挥汇集、分析区域用户消费数据的功能,由此形成区域用户服饰设计信息流,方便设计师了解用户设计喜好并将其融入设计思维,立体感知区域消费用户形象,及时对服饰设计的风格、版型等进行修改,在区域服饰文化的基础上实现服饰设计差异化的市场目标。

以 SHEIN 的女裙产品为例(见图 2-9):针对美国市场的设计风格多元,色彩缤纷,剪裁大胆,多为露肩、吊带的细节设计,满足不同群体用户的消费需求;针对英国市场的设计偏向温柔风格,多采用碎花等田园装饰图案,剪裁保守,多为泡泡袖等细节设计;针对法国市场的设计体现优雅风格,面料呈现出光滑的特点,剪裁细致,色彩以纯色为主,追求细节与整体平衡的设计感;针对日本市场的设计趋向于校园风格,展示小巧、可爱的设计感,符合亚洲人的身材比例;

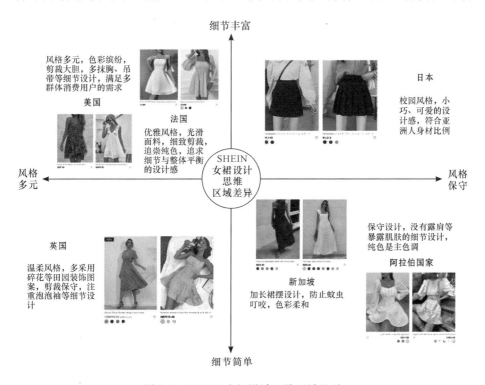

图 2-9　SHEIN 女裙设计思维区域差异

61

针对新加坡市场的设计通过加长裙摆来防止蚊虫叮咬,并采用柔和的色彩;针对阿拉伯国家的设计较为保守,没有露肩等暴露肌肤的细节设计,主要色彩是黑、白等纯色。在各区域地理环境、服饰文化的现实基础上,SHEIN 服饰设计师通过汇总本土用户女裙消费数据,分析女裙的本土流行设计元素、款式风格等细节,形成区域女裙消费用户的具体形象,运用客观的数据信息指导女裙设计的思维运作,从而推动 SHEIN 针对不同区域的流行风格开展产品设计工作。

3. 大数据辅助 SHEIN 审美判断

综合的设计是一种需要通过多学科筹划的行为,它会在各学科交叉的界面上持续不断地展开。随着数智化技术的发展,流量数据成为用户审美的另一种象征,SHEIN 通过大数据洞察用户信息,以用户需求为核心的数据驱动力作用于数字化服饰设计,从而提高设计审美的市场判断力,为产品设计提供用户审美参考价值。SHEIN 通过研发的数据算法对产品图片点击率、产品讨论热度等海量数据进行智能分析,生成爆款、滞销等不同维度的设计指标,引导设计师完成服饰元素的协调与产品设计的组合(见图 2-10)。同时,SHEIN 利用大数据算法关注竞争品牌的数据流量,了解相近服饰品类的产品开发趋势,从多角度了解用户的服饰消费喜好,引导服饰设计方向,提高 SHEIN 设计选款的市场适应水平。经验式的设计决策不再具备优势,数据驱动设计的模式使设计师在设计思维中增加了理性框架,规避过度主观的感知悖离用户审美的设计风险。用户数据融入服饰设计的信息交互过程,实质是消费用户需求与服饰知识不断统一的过程[78]。"小单快反"式的产品淘汰机制可以节省大量时间、降低生产和库存成本;销售数据的阶段性快速反馈帮助设计师整合设计思维,多次修正对用户审美的感知并及时调整设计策略,得以适应服饰市场多变的用户需求。

虽然 SHEIN 基于大数据的"设计实验—市场实践"产品设计模式与传统服饰企业追求的标准化、规模化服饰设计模式截然不同,但其凭借大数据赋能服饰设计全流程,让设计师通过数字化信息协同系统进行快速设计,淘汰购买率低的服饰产品,并依托大数据反复验证开发设计的市场可行性,推动 SHEIN 数字化设计思维的灵活迭代。这种模式有利于提高服饰设计效率和减少服饰设计资源的浪费,为个性化、多元化的服饰消费端提供更有针对性的服饰设计服务。

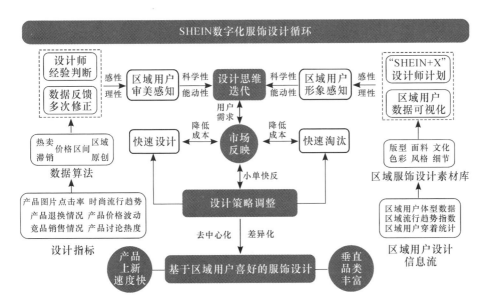

图 2-10　SHEIN 数字化服饰设计模式

第四节　本章小结

　　传统服饰设计模式采用的是串形服饰设计流程,服饰产品开发周期长、效率低,从产品的调研计划到设计开发再到定价与上市,中间经历了漫长的时间和过程,且设计师在新产品开发的过程中依赖于自身的主观判断,流行预测结果缺乏客观性及准确性。通过数据洞察消费用户需求,建立以消费用户需求为驱动的服饰设计模式是今后大数据环境下服饰设计发展的方向。

　　本章围绕大数据技术对服饰设计模式的冲击与影响,分析串形流程、经验式设计等放大设计不确定性的传统服饰设计现状,深入分析传统服饰设计模式转变与重构的必要性。通过分析大数据牵引服饰设计环境转化、消费升级提高设计管理要求和群智创新拓展服饰设计发展路径,对比基于用户大数据的服饰设计与传统服饰设计的差异,归纳总结消费升级背景下服饰设计创新的紧迫性。同时,结合深度调研报喜鸟数字化服饰定制模式和 SHEIN 服饰快速设计创新模式,说明大数据在服饰设计新思维新模式中的价值潜力。

数据不仅可以对过去的现象进行客观总结,还可以反映未来的发展趋势,通过数据反映出的消费用户的各项信息,可以为品牌的消费用户定位、市场细分、产品风格提供更加客观的数据支持,从而帮助企业或品牌进一步洞察消费用户需求,挖掘潜在的消费用户群体。

第三章　大数据牵引下的
服饰设计思维嬗变

　　设计思维是创新设计活动的重要影响因素，其水平高低是服饰产品创造力的重要体现。设计师通过收集、整理大脑活动中的碎片化灵感和想法，在对共鸣现象的思考中挖掘设计个性审美，并将个性审美思考映射于具体服饰设计作品中。设计元素、设计款式、设计风格等服饰设计实践的具体考量离不开设计师对创造性思维的运用。

　　传统的服饰设计思维源于设计师的经验，存在感性与理性难以平衡的设计问题，从而导致设计师的设计效率不高。人类在处理信息的过程中受时间、自身记忆和所处空间环境等影响，属于有限理性的行为机制[79]。作为感性艺术思维的衍生物，设计师经验是服饰产品设计要素的重要灵感源之一，由于服饰产品的市场消费属性，在服饰设计流程中注入更多针对用户消费的市场考量有助于提高服饰产品的精准设计水平，只依赖设计师的经验不足以支撑完整的服饰设计思维闭环，服饰设计思维需要主观能动地吸收相关数据参考信息。

　　在人工智能趋势的影响下，出现了 Sora 和 ChatGPT 等智能生成工具辅助设计，设计师思维的更新迭代不仅体现在对设计成品的认知创新上，还体现在利用数字化设计工具辅助服饰设计，使服饰设计产品在形式表达层面实现创新，艺术创作与技术跃进的相互联结为数字化服饰设计奠定了良好的发展基础。伴随新的数据审美认知的产生，研究服饰设计思维的发展嬗变有助于我们更好地思考如何划分数字化服饰设计与设计师的边界。设计思维拓展带来新的数字化服饰设计生态，进而推动时尚造物思想的转变。

第一节　服饰设计模式的思维解码

一、设计思维促成设计定位

(一)形象、逻辑思维促成设计文本

形象思维与逻辑思维在设计思维模式中是相辅相成的[80]。在形象思维的范畴中,设计师的艺术灵感、创作动机等主观感知会发挥能动性,形成抽象的服饰设计概念。逻辑思维是构建服饰设计框架的重要组成部分,其映射的一般规律需要借助数理化工具进行判断、分析和验证,使抽象的服饰设计概念具象化。形象思维和逻辑思维在服饰设计思维中同等重要,两者的相互作用推动着从无到有、从抽象到具象的服饰设计思维的发展过程。

传统的服饰设计流程强调因果关系[81],逻辑思维映射于有序的设计分工中,可以给设计师带来清晰的指令,但只要某个因果环节出错,就会影响服饰设计效率。形象思维的滥用会放大设计师的能动性,因果环节的作用失衡会使服饰设计缺乏严谨性,形成服饰产品同质化趋势。例如,设计师盲目跟风抄袭服饰市场中出现的热门设计款式,导致其形象思维局限于固有服饰设计形象,并且缺乏对服饰流行动态趋势的把握,使服饰产品在设计过程中对服饰市场运行逻辑的理解出现偏差,服饰产品流入服饰市场的时间超过爆款设计的有效期限,重复设计元素的利用会减少服饰产品的竞争优势,造成市场滞销的消极影响。因此,在服饰设计过程中需要重视形象思维与逻辑思维的结合,将服饰设计文本清晰传达给消费用户,推动服饰品牌发挥最大的设计价值。

(二)设计思维依托用户审美

设计思维和用户审美之间存在紧密的关联。设计思维是一种以人为中心的解决问题的方法论,强调通过观察、理解用户需求和情境,发现创新的解决方案。用户审美则是对美的感知和评价,包括对形式、结构、功能和情感等方面的审美体验。设计思维强调解决问题的功能性,而用户审美反映流行审美趋势。设计师需要在满足产品功能需求的同时,通过审美的元素和原则来创造出美观

的设计。

服饰设计体现着设计师对客观物象的理解水平[82]，设计师通过发挥设计思维的主观能动性对设计元素进行整合，达成服饰产品的设计目标。用户的服饰审美观建立在服饰成品之上，包含个人的消费偏好特征，并反映了服饰设计风格的群体消费趋势，这对于服饰设计来说，具有借鉴意义。设计师需要重视用户审美对设计思维的影响作用。在具体的服饰设计实践中，设计师通过自身设计实践和个人设计经验来获取对服饰美的认知，感性因素在设计思维中发挥作用并推动服饰设计的进行。通过分析用户消费行为、构建消费用户画像等解读用户审美并将其反映于设计思维，有助于设计师了解服饰消费市场的真实需求。通过理性与感性因素的相互作用有效筛选出贴近用户审美的设计风格，提高服饰设计效率，降低服饰产品在消费市场滞销的风险。

二、设计思维在服饰设计中的应用价值

(一)跨界思维优化设计主题

框架是设计师解读设计方式的组成部分，针对问题情境进行框架设计是设计实践中重要的环节[83]。对于从挖掘灵感到投入设计的服饰设计流程，其设计逻辑以设计师的经验为中心。在此基础上，服饰产品的设计价值源自设计师通过洞察时尚趋势进行设计预测，并以设计为服饰产品创造价值。但随着数字经济对服饰消费市场产生影响，服饰品牌通过直播带货等产品内容化形式与消费用户建立联结，服饰设计的智能场景化打破了原有的服饰设计原则，对服饰产品设计逻辑有着更高的要求。

面对数字时代，在设计营商范畴，服饰品牌为具有社交需求、互动需求、体验需求、共创需求的消费用户及合作伙伴提供除了服饰创意设计产品之外的体验、参与以及交互服务[84]。跨界思维将不同领域的知识、思维方式和经验进行整合和应用，以创造出创新的解决方案。跨界思维打破了传统设计领域的边界，可以将不同领域的知识和经验结合起来，使设计问题得到较全面的分析和解决，通过引入不同领域的观念和方法，帮助设计师发现新的设计空间和可能性，避免其陷入狭隘的思维模式。

（二）思维整合促进有效设计

设计思维存在于设计流程的所有阶段，对设计师提高工作效率至关重要[85]。一件服饰产品从灵感诞生到概念成型，是服饰设计思维数次迭代的过程：服饰设计师在某个片刻得到灵感刺激，大脑活动将刺激信号转换成信息输出，形成抽象的设计思维，然后通过绘制服饰效果图等方式将其转化为具象的设计思维。当进入设计团队决策环节时，设计思维侧重从整体性、有效性等设计因素出发进行判断，考虑服饰产品进入服饰市场的综合竞争水平。服饰设计思维不是静态思维的产物，而是在服饰设计过程中不断进行整合，削弱设计师个人偏好对设计思维的影响，筛选符合市场用户喜好特征的设计元素并应用于产品组合设计。随着服饰设计同质化现象的加剧，面对多元化的服饰消费需求，以设计师为中心的设计审美仍有一定的视野局限性。

赫伯特·西蒙认为人类在做决策时仅具备有限的信息和认知能力，因此不能完全理性地评估和选择最优的行动方案。设计师、服饰品牌和体验者三方都存在着异质性、动态化的决策偏好，各自都不具备一套明确固定的偏好系统，因此，理性的预期存在客观结果上、主观心理上的偏差、不确定性和差异性[86]。为了解决服饰市场消费与服饰设计产品之间的平衡问题，设计师需要重视服饰产品设计的系统化和科学化，设计思维在系统整合转化的过程中有助于使产品设计理念与消费用户需求相契合，提高服饰产品的市场认可水平。

三、创新思维对服饰设计的启发与实践

（一）服饰设计理念的创新与传承

服饰设计理念的创新与传承是服饰设计领域中的核心议题，它涉及如何在尊重历史和文化传统的同时，不断引入新的设计思维和技术，以满足现代社会的需求和审美趋势。艺术设计理念革新是艺术设计整体发展的重要内容[17]。创新思维强调的是打破常规，追求独特性和个性化。这包括对面料的创新使用、对剪裁和结构的重新定义、对色彩和图案的大胆尝试等。服饰设计创新思维不仅仅是形式上的变革，更是对服饰功能、穿着体验和可持续性等方面的深入思考。

服饰设计理念的创新与传承是一个动态的过程，它要求设计师既要有深厚

的文化底蕴,又要有敏锐的市场洞察力和创新能力。通过不断的探索和实践,设计师可以在尊重传统的同时,创造出符合现代审美和功能需求的服饰作品,推动整个服饰产业的发展。在服饰设计实践中,传承与创新并不是相互排斥的,而是可以相互融合和促进的。在创新过程中,设计师首先需要深入理解这些传统元素的内涵和价值,并从中汲取灵感,将这些元素以现代的设计语言重新诠释和展现,使设计作品既有历史的厚重感,又不失现代的时尚感。

（二）突破传统框架的新设计理念

设计的价值随着时代价值观的变化而变化,设计不能只囿于实用、美观、经济等传统范式,应重新思考"设计的载体与组织实现、结果与输出成效"等价值实现的基本方式,厘清当代设计研究及其价值演化之道[87]。面对服饰市场消费升级和设计工具数字化的发展趋势,服饰设计审美感知多维度迸发,进而对设计师提出新的要求。设计师不能只局限于传统的设计思维和方法,而应通过创新的思考和实践,探索出全新的设计理念和表现形式。

艺术设计融合多领域层面的知识,既包含美学的表现,又包含哲学理念中的逻辑思维[86]。创新思维与新设计理念相辅相成。以人为本的创新思维打破了设计师经验导向的绝对权威,使新设计理念重视以用户为中心,关注消费用户的个性化需求和穿着体验。设计师通过深入了解目标用户群体的生活方式、价值观和审美偏好,来创造更具吸引力的服饰产品。新技术应用也是新设计理念的重要支撑,帮助设计师突破传统设计框架,比如数字化三维服饰建模和人工智能机器学习等新技术提高了设计的效率和创新性,推动了设计理念的不断发展与演变,增强了服饰设计思维的可塑性,为服饰创新设计提供无限可能。

第二节　数字化服饰设计的思维迭代

一、从传统到数字化的思维模式转变

（一）服饰设计思维模式的驱动因素

赫伯特·西蒙首次提出设计科学的概念,认为设计科学是一门关于设计过程和设计思维的知识性、分析性、经验性、形式化、学术性的理论体系[13]。近年来,在人工智能发展趋势的影响下,许多设计师开始使用三维仿真设计软件来完成服饰产品设计工作。服饰设计数字化趋势从单一强调生产效率、重视计算机辅助设计到支撑服饰设计链数智运作,体现出数字化技术是服饰创新适应时代发展的重要动力,服饰设计赋予了数字化技术拟人化的创作价值。

技术的快速发展是推动思维模式转变的主要驱动力之一。随着计算机处理能力的提升、互联网的普及和移动设备的广泛使用,人们可以更加便捷地获取信息、沟通交流和处理数据。这些技术的进步不仅改变了人们的生活方式,也改变了工作和创造的方式,促使人们采用更加灵活和高效的数字化思维模式。对于服饰行业来说,服饰设计不只是纯粹的时尚艺术,还是聚焦产品的设计活动,离不开对受众用户和消费市场的综合分析,需要相当的技术工具作为设计活动运作的基础。数字化服饰设计是设计科学在具体服饰领域的一种映射,既是智能技术人性化的表现,也是服饰设计顺应时代需求的发展与演变。

(二)协同设计促进设计思维的张力跃迁

在服饰设计过程中,设计目标的达成需要多方面的紧密合作与协调,涉及频繁的信息交流与共享,确保各个参与方能够同步更新和响应设计需求。由于其设计需求与协同设计的核心特性高度吻合,将两者有效结合,可以显著提高设计工作的效率和质量。基于协同设计的工作,设计师可以确保设计理念的流畅传达和实施,同时促进创新思维的碰撞与融合,最终达到优化设计流程和提升产品价值的目的。

交互设计的社会性特征日益凸显,以产品为载体构建良好的人与社会和环境的互动关系也将成为设计研究热点[88]。近年来,受元宇宙等三维数字化交互技术发展影响,设计师凭借三维数字化设计工具可以创造出不受服饰面料材质等物理限制的创意设计,使主观设想与艺术审美的联结发挥最佳效果。消费用户通过体验三维数字化服饰设计交互,与服饰设计艺术感知产生联结,形成服饰设计交互与个性化设计的逻辑闭环,塑造设计思维的双向流动模式。

二、数智时代下服饰设计思维的新表现

（一）计算技术加快设计思维重组

随着互联网经济的发展,满足用户需求成为新消费模式下的竞争优势。用户对设计的影响不断加深,设计师在进行设计决策的过程中更加关注用户的消费喜好,感性的艺术表达不再能完全涵盖设计思维的全部内容,用户需求成为设计思维不可或缺的组成部分。设计师通过收集、分析信息来实现与产品用户的间接对话,减少设计思维中不确定的因素。但在设计师的有限理性影响下,设计思维难以判断心理、审美等抽象、模糊的用户因素,影响了设计信号的传递。

人工智能是智能技术与认知思维结合的产物,其依据通用的学习策略,读取海量大数据,从中发现规律、联系和洞见,可根据新数据自动调整,无需重设程序。区别于过往历史中的实验、理论、计算和数据密集的科学研究范式,人工智能发展所衍生出的三维仿真设计等技术手段,为设计师带来了设计智能、感知增强和体验计算等多种丰富的个性化、强交互的设计生成能力,从认知思维和使用工具等多角度有针对性地还原消费用户的使用情景,提高了精准设计的效率水平。

技术智能化推动着设计数字化,设计思维融合数据思维扩展着设计的边界和能力[38]。数据思维通过计算机管理信息并进行操作的逻辑架构,代表着一个服饰设计程序的总体架构,是整个服饰设计过程的基本骨架。计算机技术通过数据形式汇集、传递用户信息,数据融入设计思维时发挥着引导作用,经数据验证的信号能为设计提供明确的规律参考,大脑以此淘汰无效设计想法。信号的循环更新加快设计思维的系统化整合,输出思维作用于设计实践,从而提高设计环节的运行效率。

（二）多维度数据立体感知用户形象

在数字化时代,数据赋能设计成为了解用户需求的重要手段。传统用户画像通常包含定性特征,但存在客观性欠缺的问题[89]。现在的数字化服饰设计仍停留在基础的消费数据收集和处理等阶段,容易产生混乱,模糊真实的用户需求,造成为设计而设计的假象。比如爆款数据等设计指标,只是针对阶段性的指定消费用户行为和消费场合,需要设计师根据数据信息所处的条件差异进行

内容区分,避免进入逻辑思维的误区,导致数据对服饰设计思维起到反作用。

尽管服饰设计工作收集用户的基础信息只反映出阶段性的用户行为,但设计师可以凭借大数据的相关、客观属性对设计参考信息进行系统化整理,从数据维度入手对用户信息进行类别划分,从多维度视角分析产品数据与流量的转化,整合数据资源,提取核心内容,生成用户个性化标签。多个用户标签有效筛选、反馈阶段信息,形成动态信息的良性循环。

以多维度销售数据为例的挖掘用户形象感知思维,可以划分出用户、产品和时间三个维度的数据,其中性别、体型和职业等数据属于用户维度,热销、滞销和库存量等数据属于产品维度,日、月、季和年度销售量等数据属于时间维度。基于区域消费偏好影响设计差异,维度归类的数据可以细分为不同的垂直消费情景,在设计思维中构建立体的用户形象、清晰的消费用户认知可以增加服饰设计的确定性(见图 3-1)。

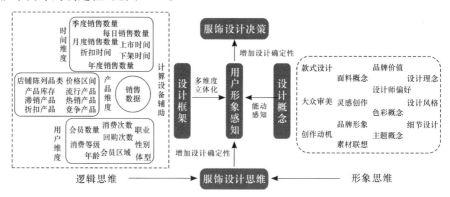

图 3-1　多维销售数据挖掘的用户形象感知思维

(三)大数据科学感知用户审美

因果经验的设计思维放大了设计的不确定性范围,而经过相关性大数据佐证的设计思维则不断缩小了设计的不确定性范围。在传统的服饰设计流程中,设计经验作为整合设计思维的主要依据,尽管经过了时间和实践的验证,但本质上仍然是一种设计惯性,局限于设计师的视野,在因果经验联系和设计师权威思想的影响下,设计思维容易偏离用户审美,造成设计中心化的现象,对市场服饰产品的消费需求判断不够准确。

数据成为设计的原动力,设计模式正在从中心化向去中心化转变[90]。为了缩小用户需求不确定的范围,设计师可以通过数字化设计平台的数据辅助工具分析市场上现有的服饰热销产品,对色彩、款式、风格和面料等流行服饰产品信息进行数据可视化处理,避免设计师过度主观地解读设计信息,从而提高设计的科学感知水平,客观判断用户的审美感知,以感性与理性相结合的设计思维推动设计去中心化的实现。数据思维与设计思维相结合,使设计师处理信息的方式由"接收信号—设计经验—思维束缚"转变为"接收信号—数据求证—思维整合",打破了设计惯性对设计思维的束缚,设计经验不再是服饰设计的重点,代表用户消费喜好的数据取代了设计思维中设计师的绝对权威地位。区别于设计师过于感性的设计联想,数据带来的相关主题的大量设计元素,为设计师提供了丰富的联想素材,提高了服饰设计的创新水平(见图3-2)。

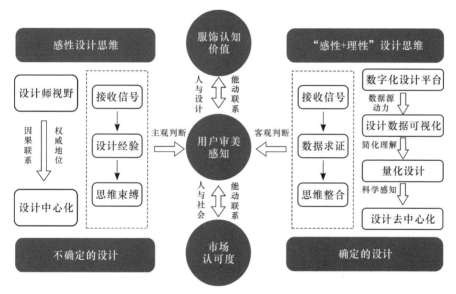

图 3-2 设计思维认知迭代对比

　　基于社会、人类和物体三者的能动联系,服饰设计思维贯穿于服饰认知价值、用户审美感知和市场认可度三个方面。感性的设计思维受限于狭隘的服饰认知价值,容易使设计师对用户审美的判断主观化,衍生出不确定的设计产品,缺乏市场认可度。与之相反,在服饰设计流程中,数据技术协助对服饰设计思维进行系统化整合,促使感性与理性融合的设计思维出现。依据客观数据事实的服饰认知价值能较好地代表用户审美感知,从而使感性与理性结合的设计思维能够客观判断用户的审美感知。设计去中心化推动了需求确定的设计产品的出现，以获得市场认可度。

三、大数据牵引下的淘系连衣裙设计思维嬗变

数字经济迸发新活力，为连衣裙消费市场创造潜能。为了探究大数据对连衣裙设计思维的影响，本书通过总结淘系连衣裙消费市场的趋势，进而剖析大数据驱动的连衣裙设计思维范式。结合淘系女装 S 品牌连衣裙设计案例，从数据转译、设计逻辑和品牌价值三个层面切入，探讨大数据对连衣裙设计思维创新的理念引领，提炼大数据驱动的淘系女装新设计思维，提高女装设计管理水平。

对任何一个特定对象来说，都存在技术、肖像和文字三种结构，相应地，也存在三种转换语言，即从现实到意象、从现实到语言及从意象到语言的转换[91]。设计思维贯穿于连衣裙设计全过程，在连衣裙设计、消费用户形象和设计知识三个维度中转换充当转译工具，是连衣裙设计创新的重要影响因素。设计师通过收集、整理大脑思维活动中的灵感和想法，在共鸣现象思考中挖掘设计个性审美，并将个性审美思考映射于连衣裙设计，创造性地协调款式、色彩等连衣裙设计元素。

尽管依托于互联网消费环境，淘系连衣裙设计仍受工艺美术基础的服饰设计模式影响，设计师经验的思维导向存在感性与理性难以平衡的设计效率问题。人类在处理信息的过程中受时间、自身记忆和所处空间环境等影响，采取了有限理性的行为机制[93]。设计师在处理资源信息的过程中存在局限性，片面主观的认知容易造成对淘系连衣裙消费市场的判断误差，滞后的设计决策不利于淘系连衣裙设计工作的持续运作。

（一）淘系连衣裙市场的发展现状

1. 数字流量开创消费机遇

信息技术的蓬勃发展推动着业务场景的换代升级，数据应用需求逐渐增加。数字媒介流行和 Z 世代用户群体特征突出，赋予淘系连衣裙设计巨大的创新潜力。追溯淘系连衣裙的初期发展模式，多数店家选择以直接买版的方式投入生产，设计师通过经验判断连衣裙设计款式的畅销程度。随着供大于求的连

衣裙消费波动和成熟的社交网络营销模式的影响,消费用户的审美认知和购买选择日益丰富,在无形中增加了连衣裙设计的不确定性。

如何将消费用户对产品的兴趣转化为消费行为,成为电商女装亟待解决的难题。图文内容、短视频和直播带货等成为淘系连衣裙营销的主流,设计师依据女装产品的图片点击数、视频播放量等数字媒介反馈的流量热度进行连衣裙畅销款式的分析与判断,并且通过关注相似风格的女装品牌的数据流量来预测连衣裙品类的开发趋势,提高淘系连衣裙设计的精准性。例如,小红书热门话题标签"小众设计感裙子推荐"中用户分享的连衣裙笔记,如"小众设计师""甜辣复古""新中式穿搭"和"暗黑氛围"等,其背后反映的是该风格连衣裙设计具备一定的潜在消费趋势,设计师在设计调研环节需要关注连衣裙的内容化输出,以此作为连衣裙设计的参考(见图3-3)。

图 3-3　小红书平台的连衣裙内容展示

2.品牌意识提升设计价值

数智时代衍生出新设计思维,女性审美认知多样化重新诠释了女性消费用户的形象,盲目、海量的连衣裙产品不再是淘系连衣裙消费市场的竞争优势,连衣裙应为用户而设计。尽管在淘系连衣裙发展初期,设计师凭借细分连衣裙设计风格占据了消费市场份额,比如法式复古的花栗鼠小姐等淘系女装小众品牌。但是,随着线下传统女装品牌推进数字化转型,积极开拓线上产品业务,并且鉴于淘系女装行业一直存在的产品客单价不高的实质性问题,要求设计师必须注意连衣裙研发的理念创新,强化品牌文化与设计价值的联系。

设计需要通过转换视角来探索设计转化的多种路径[88]。面对数智时代给予的时尚商业机遇,服饰产品的设计思维呈现出多元化趋势,从最初的服饰设计概念诞生、服饰设计样品测试到最终的服饰产品上市,人、货、场的关系变化布局依赖于设计思维的多维度感知和高效整合,服饰设计理念的成功与否在于能否推动服饰设计的人文、商业双价值的实现。淘系某女装品牌销量在 1000 件以上的新中式小飞腰连衣裙,将旗袍独有的温婉恬静东方美与时尚秀场流行的层叠裁剪工艺结合,实现旗袍的改良创新设计,并且采用精选重磅浮雕提花面料,增加连衣裙的整体质感,立体花叶提花衬托出连衣裙的古典韵味,设计理念进行了充分的人性化考量,提供长短双版裙长,短款裙长至大腿中部,长款裙长至小腿肚,为消费用户塑造活力少女和优雅淑女两种穿搭风格(见图 3-4)。

图 3-4　淘系连衣裙畅销款式

3.数据洞察辅助精准设计

在数字化时代,数据赋能设计成为解决用户需求的重要手段。传统用户画像具有定性特征,存在客观性不足的现象[89]。得益于电商女装的线上运营环境,设计师在连衣裙研发过程中会参考产品销售数据,但像爆款数据等设计指标只是针对阶段性的指定消费用户行为和消费场合,需要设计师根据数据信息所处的条件差异进行内容区分,避免进入逻辑思维的误区。

数据成为设计的原动力,设计模式正在从中心化向去中心化转变[91]。传统的设计模式往往依赖于一个中心化的创意或决策点,但随着大数据技术的兴起,设计流程变得更加多元和分布式。基于此,设计师通过专业数据分析工具增加数据信息的样本容量,对色彩、款式、风格和面料等连衣裙设计元素进行数据可视化处理,将数据思维与设计思维结合,使设计师处理信息的方式由"接收信号—思维整合"转变为"接收信号—数据求证—思维整合",提高连衣裙设计科学水平。以淘系吊带裙设计为例,通过对淘系吊带裙色彩、裙长和风格等设计元素的销售数据的洞察,我们了解到黑色、长裙、通勤和韩版是淘系吊带裙的畅销设计元素(见图 3-5、图 3-6 和表 3-1)。

颜色分布概览

排名	颜色	销量占比	估算销售额占比	上新占比	操作
1	黑色	3.51%	2.82%	5.71%	热销产品
2	桃粉	0.78%	0.63%	5.71%	热销产品
3	条纹	0.02%	0.02%	5.71%	热销产品
4	陨石	0.58%	0.59%	5.71%	热销产品
5	香草	1.22%	1.02%	5.71%	热销产品

图 3-5　淘系吊带裙色彩销售数据截图

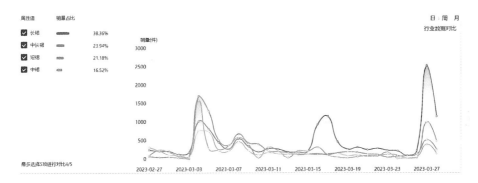

图 3-6　淘系吊带裙裙长销售数据

表 3-1　淘系吊带裙风格分析

	风格	销量/件	定价/元	设计卖点
	简约	200＋	288	简约、性感、V 领、内搭
	复古	400＋	299	碎花、显瘦、法式气质
	韩版	3000＋	189.99	调香、梦露系列、气质
	通勤	4000＋	158	法式、通勤、缎面、修身

（二）淘系女装 S 品牌连衣裙设计的思维解码

面对快速变化的淘系女装消费环境，重视数字化设计工具和数据分析技术可以帮助设计师在设计思维上明确用户消费形象、审美认知，协助淘系女装品牌进行产品设计定位、快速调整设计模式等工作，提高设计决策的精准水平。创新研究需要回归问题并解决问题。在大数据驱动女装设计的过程中，大数据如何影响设计师的设计思维是一个值得探讨的问题。基于此，本部分结合淘系女装 S 品牌连衣裙品类案例，对大数据牵引下的女装设计思维变化进行深入研究。

淘系女装 S 品牌成立于 2010 年，倾心打造法式复古的原创女装设计，店铺粉丝收藏数量达 1047 万，位居淘宝神店排行榜前列。在创业初期，S 品牌凭借改良旗袍连衣裙等复古国风女装设计获得了细分市场消费用户的认可。但随着淘系女装消费市场设计同质化现象日益严重，以小众国风为设计特色的 S 品牌失去了自身发展优势。为了提升品牌开发的设计价值，S 品牌决定投入数字化转型，利用大数据技术搭建 BI（bussiness intelligence，商业智能）平台，沉淀品牌内部研发数据的同时也在积累淘系女装行业相关数据，大数据实时反馈提高了 S 品牌女装研发与调整的效率和质量。

1. 数据转译加快思维重组

随着淘系连衣裙消费市场的激烈竞争，S 品牌消费群体也逐渐转变，设计师在连衣裙设计研发过程中更加关注用户需求，设计师通过收集、分析信息来实现与产品用户的间接对话，减少设计思维中不确定的设计因素。但在设计师的有限理性影响下，设计思维难以判断心理、审美等抽象、模糊的用户因素，影响了设计信号的传递。

数据思维具有知识性和规律性，而这些知识性和规律性与其他经验法则之间有着本质上的差异，有助于设计师对现有的经验规律加以合理化运用，提高设计思维整合水平。计算机技术通过大数据对用户信息进行转译，在数据融入设计思维时发挥引导作用。经数据验证的生成信号，能为设计提供明确的规律参考，大脑以此淘汰无效的设计思路。信号的循环更新加快了设计思维的系统化整合，输出思维作用于设计实践，从而提高设计环节的运行效率。

S 品牌的 BI 平台将涉及业务环节的数据进行了分类整理，比如社交媒介账号流量、用户消费评价、产品加购数量和支付地区分布等。设计师通过参考多个业务板块的数据指标来判断设计趋势和抓取设计细节,提高数字化女装设计资源的管理效率,利用经过消费市场验证的客观数据规划女装设计的研发进度,归纳总结每一季度的女装设计数据,沉淀历史数据并选择与自己品牌有相关性的店铺进行判断,形成一定的淘系女装设计开发逻辑,指导新季度的女装产品研发。依据 BI 平台对色彩、工艺和风格等连衣裙流行设计元素关键词的提炼,可获悉白色、黑色等经典色系和粉色、紫色等清淡色系,吊带、轻薄、锁骨等工艺设计及法式、气质和休闲等设计风格是连衣裙的流行设计元素。这些元素成为设计师研发过程中的重点设计参考,使连衣裙设计思维具象化,有助于设计师明晰产品开发的设计思路(见图 3-7 至图 3-10)。

图 3-7　S 品牌 BI 平台的连衣裙流行色彩关键词提炼

图 3-8　S 品牌 BI 平台的连衣裙流行工艺关键词提炼

图 3-9　S 品牌 BI 平台的连衣裙流行风格关键词提炼

2.流量资源转化设计逻辑

基于大数据的信息反馈,S 品牌采用"小单快反"式的产品设计淘汰机制,借助小批量生产模式缩短连衣裙进入消费市场的时间,并且通过加购数据等大数据洞察对连衣裙的消费表现进行快速反应。在 S 品牌进行产品上新的预售阶段,设计师会重点关注推广活动期间连衣裙的加购数量,如果某款连衣裙的加

图 3-10　S 品牌连衣裙设计

购数量大于库存数量,说明消费用户可能比较满意这款产品的品类、款式或者设计风格等因素,就可以适当追加生产订单,并与其他女装单品进行流量联结,提升 S 品牌女装产品的总体销量。当某款连衣裙的加购数量远远低于库存数量,说明 S 品牌需要调整连衣裙的产品预热策略,在推广活动中适度增加某款连衣裙的营销力度,提高其市场消化能力,并且电商女装设计师要对该产品的设计进行总结记录,避免下一季度的款式开发涉及消费市场排斥的相似设计要素。

　　如表 3-2 所示,文艺连衣裙的加购数量合计最高,V 领旗袍风长裙和宫廷风小黑裙的加购占比最高,设计师可以针对流量数据表现较好的连衣裙产品进行设计因素的详细剖析并将其作为连衣裙新产品开发的素材积累,依据加购人数和直播访客数等实时数据及时调整连衣裙产品的页面展示,帮助电商女装提高整体产品设计水平,促进女装产品生命周期的良性运转,推动设计环节与生产环节的系统化运作。

表 3-2　S 品牌连衣裙的流量数据监测

	V 领旗袍风长裙	宫廷风小黑裙	法式高腰短裙	一字领长裙	文艺连衣裙
加购合计/件	180	455	538	427	1600
加购人数/人	171	437	510	407	1525

	V领旗袍风长裙	宫廷风小黑裙	法式高腰短裙	一字领长裙	文艺连衣裙
收藏人数	63	183	199	162	607
订阅数	601	1239	1060	996	3896
直播访客 /人	436	921	1200	858	3415
日均访客 /人	2066	5277	6357	6325	19975
收藏率/%	3.05	3.50	3.13	2.56	3.04
加购人数 占比/%	8.28	8.28	8.02	6.43	7.63

3.创新设计塑造品牌形象

形象思维与逻辑思维相结合,推动连衣裙设计思维发挥最大的设计价值。在淘系连衣裙消费市场中存在设计师盲目跟风抄袭畅销设计款式的现象,缺乏对连衣裙流行设计趋势的把握,无效的设计元素重复应用于连衣裙的设计,导致品牌形象与用户形象脱离,连衣裙创新设计水平的下降影响了品牌价值建设。同时,S品牌面临用户群体逐步转变的现实问题,女装设计风格是否随波逐流成为S品牌数字化转型所要解决的难题。

依据BI平台提炼的S品牌用户年龄分布可知,18—24岁年龄段用户仍是S品牌的消费主流,占据品牌用户的20.88%,但25—29岁和30—34岁年龄段用户仍分别占19.51%和18.96%的比重,说明设计师在进行连衣裙设计研发时需要考量用户年龄和着装场合等人性化需求,而不能只拘泥于打造具有国风设计特色的爆款连衣裙(见图3-11)。

通过对与S品牌风格相似的竞争品牌爆款单品数据进行洞察可以发现,简洁、典雅的小香风是影响女装产品客单价的重要设计风格,无论是从年龄、穿搭场合还是时尚接受度等维度考量,其在品牌设计构成中均具有独特的影响力和

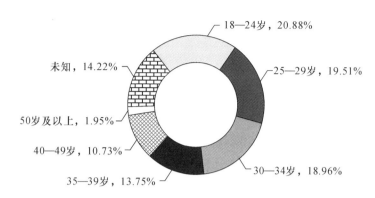

图 3-11 S 品牌消费用户年龄分布

表现力(见表 3-3)。在连衣裙设计研发过程中,设计师着重考虑小香风设计元素,比如高品质经纬编织面料、方贴袋、毛流织带、方圆形格纹扣等,通过设计探索保留品牌的匠心精神,形成经过消费市场大数据验证的连衣裙设计审美,将 S 品牌的设计思维和品牌理念清楚传达给消费用户(见图 3-12)。

表 3-3　与 S 品牌风格相似的竞争品牌爆款单品数据洞察

	销量/件	设计卖点
	1318	手绣、小香风、连织、雅致
	2540	雅致、镶嵌、连织、粗花呢
	337	超简、剪裁、醋酸、高级
	723	菱格、优雅、复古感、针织
	261	真丝、银葱、精纺、羊毛
	713	水波纹、小香风、羊毛

图 3-12　S 品牌小香风连衣裙设计

（三）大数据驱动的淘系女装设计思维

1. 以用户需求为设计重心

淘系女装 S 品牌是中小女装企业数字化转型的时代缩影：通过大数据技术跟踪时尚流行趋势，收集用户消费数据并分析其消费行为特征，采用数据驱动设计的时尚预测方式，凭借数字化技术打造快时尚新生态布局。其拥有敏捷的产品供应链系统，可以将产品信息快速反馈到设计、生产环节，数字化技术覆盖供应链上中下游的各个流通环节，通过持续开发垂直服饰品类，使品牌产品设计覆盖全价位和消费群体，在设计效率和用户体验方面凸显优势，以全数字化服饰设计模式实现为用户而设计的企业目标。

新设计的核心是设计思维，即在发散中寻找机会、在经验中建立判断、在系统中进行权衡的反复迭代更新的过程[11]。面对时尚消费数字化趋势、用户消费观念转变及数字经济的发展，消费用户需求开始逆向引导连衣裙产品的设计策略，消费市场的个性化需求越来越多样化。设计师对市场用户的消费洞察离不开大数据技术分析，大数据思维与设计思维的结合增加了连衣裙设计的确定性。在连衣裙设计实践中，设计师通过发挥设计思维的主观能动性，对设计元素进行整合，使连衣裙设计表现映射出设计师对服饰美的认知，蕴含着情感化的想象和体验。随着市场需求的波动，群体消费趋势映射出时尚流行趋势，设计师需要重视用户审美对设计思维的影响作用。通过分析用户消费行为、构建消费用户画像等解读用户审美并将其反映于设计思维，有助于设计师了解消费市场的真实需求,理性与感性因素相互作用,有效筛选贴近用户审美的设计风格,提高连衣裙设计效率,降低其在消费市场滞销的风险。

2.认知迭代推进设计革新

为了减少用户需求不确定的设计,设计师通过大数据洞察动态捕捉市场消费热度和时尚流行趋势,利用量化设计提高设计的科学感知水平。感性与理性结合的设计思维实现设计的去中心化,经过相关性大数据佐证的设计思维不断缩小设计不确定性的范围,大数据融入设计流程,使思维系统化整合。区别于设计师经验积累的设计联想,数据带来相关主题的大量设计元素,为设计师提供了丰富的联想素材,提高了服饰设计的创新水平。在数字时尚文化流行趋势和 Z 世代追求个性化消费的影响下,淘系女装品牌开始布局数字时尚商业生态,使设计场景化、虚拟仿真女装设计和彰显自我标签的数字人互相联系。大数据既是服饰设计范式迭代的驱动力,也是实现数字化女装设计资源管理的思维逻辑,推动互动式的数字女装设计革新,完善了大设计概念背景下的数字化服饰设计闭环(见图 3-13)。

图 3-13　淘宝人生的品牌虚拟连衣裙展示

第三节　人工智能背景下的服饰设计思维拓展

一、服饰设计中的艺术感知

(一)从心物二元到多维感知

"心"和"物"及其相互关系是西方哲学认识论中的一组重要理论范畴,这组范畴反映在美学领域,往往表现为审美主体与客体的二分形式[92]。在服饰设计领域,设计师的创意思维是服饰设计认知中"心"的表现,属于人的主体性因素;服饰成衣是服饰设计认知中"物"的表现,属于事物的客体性因素,服饰成衣与设计师之间存在认知与实践相互影响的关系。

传统服饰设计模式下的设计思维产生于设计师的头脑里,受到表达方式的局限,一些服饰设计想法只是以语言、草稿等方式进行交流共享,还有很大一部分设计空间被忽视。传统的服饰设计认知是设计师通过观察外界的艺术存在并将其转化为内部思维的设计体验,所以服饰设计认知具有一定的主观局限性,包含了设计师的个人偏好。服饰设计存在服饰实物与设计思维的对立,本质是物理世界与思维的对立,以及其与大脑处理信息方式的对立。

心理活动的巅峰体现为思维策略[93]。服饰艺术与服饰设计思维均涉及服饰物理实体,若将两者孤立地分析,将不可避免地导致服饰设计认知与实践之间的脱节。服饰艺术与服饰设计思维彼此紧密相连,设计师借助外界灵感素材等物理刺激,激发内在的心理反应。服饰艺术与设计思维共同构筑了一个整体,设计师对服饰艺术的认知与理解,得益于神经科学对大脑活动的深入洞察,这属于一种特殊的人类精神活动。传统的服饰设计方法及设计师的有限理性,限制了设计思维的丰富展现,如何将设计思维转化为实际的设计实践,是众多设计师所面临的挑战。

(二)人工智能赋予设计思维创新内涵

设计思维的隐喻表征较为丰富,在实施过程中会用到很多视觉化工具,如便利贴、草图等,包含语言交流、草图交流等符号互动,这些符号隐喻使参与者通过体验的方式获得对情境的觉知,最后再通达思维心智[94]。作为数字创意的重要内容,人工智能为服饰设计领域带来了新的发展契机,进而影响服饰消费中人货场的运作逻辑,使设计师的设计思维发生转变,塑造了新的服饰设计的创意表达和消费情景等。

人工智能广泛应用于数字创意领域,分为支持设计过程和设计创新内容两类[19]。一方面,在服饰设计创作中,经验丰富的设计师会采用更有效率的思维框架,使设计符合相关的特定价值[85]。一些智能设计工具辅助设计师思维进一步拓展并衍生设计的二次创作。2022 年推出的 Midjourney 是一款 AI 绘图工具,只需要大约一分钟,设计师就可以凭借输入文字获得符合条件的大量图像输出作为设计灵感的参考。AI 设计工具与设计师的互动是一个双向搜索的过程,在最初的服饰设计构思阶段,设计师的思维构成受自身主观经验影响,感性聚合的设计灵感源是有限的,Midjourney 通过图像识别等神经网络技术对文本进行分析、演算和风格效仿,打破设计师的感性思维束缚,赋予艺术创新更多可能性(见图 3-14)。

图 3-14　Midjourney 生成的图片

另一方面,在数字三维建模技术的支持下,服饰产品的呈现形式早已突破实物二维世界的局限,高性能的三维渲染技术降低了设计师将设计思维转换为样衣实物所消耗的成本,虚拟服饰的面料、颜色和设计细节等高度还原设计思维的理想效果,自由旋转、缩放及切换视角等功能帮助设计师快速调整思维内容。小红书的 R-Space 实验室是一个为消费用户提供可穿戴虚拟时装的平台,该平台上的 AR 虚拟试衣和 NFT 数字藏品等三维数字产品为设计师提供了新的设计思维模式,虚拟与现实的衔接转变了设计师的心物二元的思维认知,多元化的服饰设计空间表达体现了服饰设计思维发展的广度与深度(见图 3-15)。

图 3-15　小红书的 R-Space 实验室

二、人工智能驱动下的设计思维转变

(一)大数据思维辅助服饰设计决策

区别于设计师经验主导的服饰设计决策,大数据和机器学习等人工智能技术在分析消费市场需求等方面占据主动优势,通过大数据挖掘、分析和智能仿真提升设计师工作效率,缩短服饰产品优化迭代的运作周期。结合大数据洞察市场设计流行趋势的动态变化,设计师创意思维与人工智能生成式模型技术工具相结合降低服饰设计成本,形成有效的设计知识智能生成模式,从而提升服饰设计决策的精准度。

精确化、共创化和智能化是智能创意设计激发产业数字化发展动能的重要基础[95]。由于智能服饰设计的信息数据化特点和大数据自身的海量信息载体和相关性特点,大数据思维对服饰产品设计创新至关重要。大数据融入服饰设计全流程,使设计师把设计视野从聚焦单一产品经验转为综合考量市场环境等关联设计因素信息的集合;数字媒介流量也成为服饰设计决策的新助力,去中心化的服饰设计审美提高了服饰设计科学水平,降低了消费市场带来的潜在变化风险。

(二)人智协同塑造服饰创意设计

人机融合的群体智能对未来人机交互发展有着举足轻重的意义[96]。人工智能技术的发展不仅加速了服饰设计的创新升级,也推动着设计思维的转变,这要求设计师不仅要有数字化创新设计审美,还要掌握数字化设计工具技术,这也是设计师在数字化时代所面临的新挑战和新机遇。人智协同设计是一种新兴的设计方法论,强调设计师与人工智能技术的紧密联结,通过利用人工智能快速处理大量数据和信息,辅助设计师进行决策和概念生成,以实现更高效、创新和个性化的设计创作。

在人智协同设计初期阶段,设计师可以使用 Midjourney 等智能生成设计工具处理海量的设计素材文本,并结合设计颜色、形状、纹理和材料的智能推荐,创建初步的服饰设计概念,进而快速生成设计原型。凭借大数据洞察分析设计概念的可行性、市场潜力和用户偏好,辅助设计师评估设计原型;人工智能根据反哺数据进行自我调整和学习,在满足设计师需求的同时,实现对服饰设计的多次迭代和优化。

三、交互式设计重塑用户体验

(一)大数据与三维数字化服饰设计的联结

人机环境交互系统的逻辑是与各种可能性保持互动的同步性,强调随机应变能力的重要性[97]。大数据在三维数字化服饰设计中充当中介,既联结设计师与服饰设计,又联结设计师与消费用户。一方面,设计师通过大数据洞察分析历史销售数据和市场趋势,对服饰产品的流行款式和色彩进行预测,从而及时调整服饰设计和产品开发方向。另一方面,通过社交网络的用户互动和产品流量数据反馈,设计师可以更好地理解用户的消费需求和喜好,进而对服饰产品进行迭代优化。

大数据的本质是反映人类的生存范式从单一的物质实体生存向物质实体生存及其镜像化生存融合的综合生存方式[98]。数据赋能推动物质世界向“物质＋虚拟”世界的转变,虚实共生是人、物相处的未来趋势,近年来流行起来的元宇宙,就是大数据映射物质世界的一种镜像化产物。随着具身智能技术的发展,通过环境的交互获取认知能力成为服饰设计思维的新拓展领域,设计师不仅可以从数据收集中了解用户需求信息,还可以利用元宇宙技术平台提高服饰设计和消费情景的拟合程度。

(二)元宇宙中的服饰品牌设计思维延伸

在元宇宙中,服饰设计决策不再由设计师决定,细分的消费体验空间把选择权交给消费用户,实现服饰设计的去中心化。消费用户可以自由设计虚拟的自我形象,个体情感在数字化技术支持下找到直接抒发的途径,消费用户的喜好直接映射在元宇宙服饰设计中,生成独立身份标签,从而彰显个性化服饰形象,推动服饰设计增值。通常,数字化服饰表现在生产技术上,以追求服饰设计效率为行动目标。但在元宇宙服饰世界中,设计逻辑从注重服饰的功能性质转变为如何让服饰变成情感载体,对应数据维度拓展的生存空间使服饰设计一分为二,实体成衣设计和虚拟成衣设计相辅相成。

产品形态的美学品质成为消费行为决策的关键因素之一[99]。以往,服饰品牌以追求精准设计为商业策略,并通过一系列秀场等营销行为来增加服饰产品的消费价值。但在数据技术创造的新空间维度中，设计容错成本下降得益于虚实共生的服饰设计思维，每一套虚拟成衣设计都能有对应消费情景的虚拟消费用户归属，同时虚拟服饰设计也为实体服饰设计增加了关注度。例如，古驰（Gucci）与 Roblox 数字游戏平台合作，限时开放"The Gucci Garden Experience"线上活动，游戏玩家可以购买古驰的虚拟服饰产品，为虚拟的自我形象进行服饰搭配，形成独特的品牌体验。元宇宙作为新消费衍生出的新维度时空，其所蕴含的虚实共生的成衣设计理念、功能兼情感的创新思维为数据赋能下的服饰设计提供更多可能性，也为服饰企业的未来设计规划提供了新的发展思路（见图 3-16）。

图 3-16　Gucci 与 Roblox 联名的官网页面

第四节　"点线面体"的人智协同服饰设计模式

一、杭州锦惠公司简介

（一）杭州锦惠公司经营现状

杭州锦惠贸易有限公司是一家服饰外贸 ODM（original design marufacture，原始设计制造商），成立于 2002 年。公司通过自主研发设计和供应链管理，向海外市场批发男女西装、夹克、裤子等，其中男装占 70％，女装占 30％。公司年营业额约 11 亿元，拥有 500 万件的服装生产能力，是专业的服饰外贸进出口供应商。公司总部位于中国杭州，全球员工约有 7500 人。目前，锦惠在世界各地的许多国家都设有办事处，包括美国、德国、荷兰、英国、西班牙、澳大利亚、韩国等。锦惠的工厂位于中国、柬埔寨、孟加拉、越南、缅甸，客户主要位于欧洲(英国、德国、西班牙、丹麦、法国、荷兰、意大利)、澳大利亚和美国,为快时尚品牌 ZARA、国际知名服饰集团 BESTSELLER 等品牌采购端客户提供设计、生产、制造服务。

(二)服饰外贸 ODM 企业运营特点

服饰外贸出口 ODM 企业严格遵循国外品牌采购端的商品企划、产品构思及生产工艺等要求,结合全球服饰流行趋势,进行服饰产品的精细化设计与研发。这一研发过程涉及跨国协同,需要与国外品牌采购端保持紧密的信息沟通与交流。在样衣试制环节,外贸企业以实际样衣为媒介,通过国际物流渠道传递信息。在设计迭代过程中,样衣需经过多次往返传递、修改和完善,直至最终得到品牌采购端的审核确认。品牌采购端在确定款式和面料后,做出订购决策;ODM 企业则需在约定时限内完成服饰产品的规模化生产。然而,传统的服饰外贸出口 ODM 企业在设计研发环节因信息传递效率不高,导致设计研发迭代速度较慢,进而延长了整体设计研发周期。

二、锦惠三维数字化设计与应用模式构建

(一)锦惠三维数字化服饰设计实践

为顺应数字经济时代发展趋势,解决传统服饰外贸 ODM 企业所面临的难点,锦惠基于 Style3D 数字化建模仿真与平台技术支持,从点、线、面、体四个维度,以三维数字化协同设计研发为核心切入点,以资源管理全面数字化为基础,以营销数字化与业务行为管理为牵引,以提升行业需求响应速度为目标,构建三维数字化设计与应用模式,为企业降本增效提升核心竞争力。

在三维数字化服饰设计流程中,设计研发环节具有重要作用。在这一阶段,企业生成基于服饰产品的三维数字化设计信息,形成单个的数字化"点"。随着企业贸易的深入推进,这些独立的服饰三维数字化信息逐渐积累。当积累到一定程度,这些数字化"点"通过质的转变,升华为具有价值潜力的三维数字化服饰设计资源库,进而将孤立的"点"连成有序的"线"。为了确保三维数字化服饰设计资源的有效利用,为企业后续的资源拓展应用创造良好条件,从三维数字化内容初次上传存储开始,就必须对其进行系统的分类管理、审慎的属性词选择、精确的特征值设置及全面的关键词描述。这些措施将为企业的三维数

字化服饰设计资源积累奠定坚实的基础,推动企业的数字化转型进程。

（二）聚点成线:三维数字化设计资源构建

价值共创的本质在于多主体通过协同互动实现资源优化配置,从而提升科学数据的价值实现效率[100]。为充分发挥三维数字化资源的优势,企业需满足拓展应用的基本条件。企业需整合三维数字化资源,构建完善的服饰资源索引体系。锦惠选用Style3D平台及软件进行面料与服饰的三维建模,储存并运用数字化资源。锦惠的高仿真建模技术可使服饰三维样衣与实体样衣呈现出一致的视觉效果。存储区域划分是根据数据资源内容的特征进行整体分类,并将不同类别的内容存储在相应的目录中。锦惠根据设计资源的种类,将存储区域划分为款式库、面料库、辅料库、图案库、工艺库等。数字化资源的形态属性可分为三维数字化模型资源和二维数字化图片资源(见图3-17)。

图 3-17　资源信息配置界面

锦惠的三维数字化资源库建设并非一蹴而就的。企业需根据自身能力,在三维数字化服饰新品研发过程中逐步积累沉淀,形成三维数字化资源库。资源内容属性包括资源内容及特征的描述。为确保精确匹配检索并防止重复上传导致的内存浪费,数字化资源信息需设定唯一编码,即商品款号。对于服饰产品,内容属性可涵盖品类、廓形、风格、颜色、季节、面料、辅料等相关内容。业务属性则根据公司业务特征设置,为业务管理数字化奠定基础。根据业务需求,可设置服饰所属季度、服务客户、样品类别(如开发样、产前样、大货样等)、价格区间等信息(见图 3-18)。

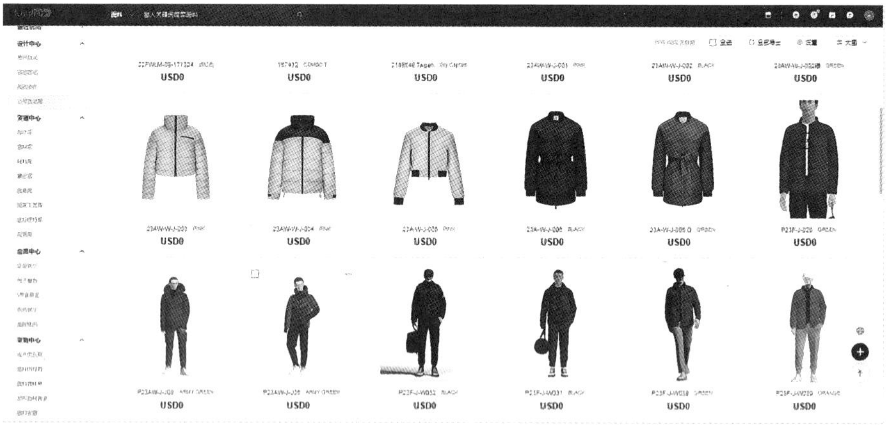

图 3-18 三维数字化服饰款式库

通过不断积累三维服饰模型,公司拥有了丰富的廓形库、部件库、面料库、辅料库、图案库等三维数字化设计资源,并完善了资源检索系统。鉴于数字资源易复制、易更换的特性,锦惠采用了模块化的设计形式。目前,锦惠拥有 9000 多款三维模型资源,服饰设计师与建模师可在数字化廓形基础上,通过检索快速获取所需资源,并在线便捷地修改部件、面料、辅料、图案等内容,仅需 10 分钟即可完成新款设计。

三、锦惠三维数字化设计应用模式实践

(一)由线构面:助力业务链数字化协同

企业与消费用户协同演化形成的动态能力构成了价值共创营销转型的能力基础[101]。在服饰三维数字化的基础上,线上营销推广突破了物理空间和时差的限制,降低了品牌采购端的触达难度,同时减少了客户开发和维护成本。锦惠设计研发中心的数字化资源在公司内部共享,业务员只需在平台上检索资源库,便可调用数字化资源,并将符合客户需求的款式及详细信息发送给客户,实现了推款的数字化。此外,企业还可灵活运用 VR 展厅、电子看板、款式系列展厅等多种数字在线营销形式。

锦惠拥有企业内部的实体展厅,供客户实地参观选款。企业通过在展厅全

景照片上添加数字化服饰链接,将现实中的展厅还原至线上。海外客户可通过互联网进入 VR 虚拟展厅,体验身临其境的视觉效果。客户点击服饰图像后,可查看服饰的三维效果与相关信息内容(见图 3-19)。业务员通过二维码或网页链接分享,让远在千里之外的海外品牌采购端客户也能够参观锦惠的 VR 展厅,实现沉浸式互动体验(见图 3-20)。

图 3-19　锦惠 VR 展厅

图 3-20　锦惠 VR 展厅二维码

企业借助平台工具打造线上"电子看板",整合现有数字化服饰及面料,展示服饰款式与面料细节,为顾客提供详尽而深入的产品信息,便于业务员灵活运用。包含丰富服饰信息的"电子看板"包括服饰的三维穿着效果、款式细节、面料详尽信息及面料的三维建模,便于客户全面了解产品特性并做出决策。数字化营销有助于消除外贸企业与客户之间的时空距离,解决企业与客户之间的时差问题,促进双方沟通交流(见图 3-21)。

在客户提出选款需求之后,业务员根据需求寻找符合要求的服饰款式。在

图 3-21　三维电子看板二维码

线上营销过程中,业务员可在 Style3D 平台的服饰资源库中检索所需服饰,并将其添加至线上"系列展厅"。此外,业务员还可扫描实物样衣上附带的二维码,将数字化资源同步至"系列展厅"。选品完成后,业务员将通过网页链接把系列展厅分享给采购端客户(见图 3-22)。

图 3-22　可扫码查看的 3D 系列展厅

基于线上营销及业务流程数字化,企业可通过搜集与记录业务员的营销行为数据,以辅助公司内部的人力资源管理。此举有利于高层管理者对员工业务动态的全面把握。同时,有询盘意向的客户信息也得以统一存储和记录,客户的在线行为,如浏览、点击、选样、询价等,亦可通过数据进行追踪。通过对客户行为数据的深入分析,企业在产品设计研发阶段能更加充分地了解客户需求和喜好,进而提供更为契合的服务和设计方案。

(二)由面建体:引领共建纺织数字生态

借助人工智能技术、方法与工具,深度融合多学科跨领域资源,实现从单线条和多线条的创新设计模式向网络状的协同整合创新设计模式的转变,构建全新的设计生态系统[101]。为推动行业采供响应效率的提升,供应链上下游企业共同构建网状交互的信息沟通平台,实现采供需求的发布与响应(见图 3-23)。通过利用 Style3D 平台的优势,以较低的成本消除上下游信息壁垒,打造实时信息互联互通的数字化纺织生态体系。此举有利于深度优化上下游企业的资源配置,提升供应链响应速度,推动纺织行业创新力与生产力的深度融合,助力纺织产业链供应链协调联动,促进纺织行业实现合作共赢。

图 3-23　数字化纺织服饰行业生态

在平台上,服饰生产企业可公开发布服饰款式的面料需求,向入驻平台的面料制造商征集所需面料。收到需求信息后,如有适合产品,面料制造商可通过互联网实时推送三维数字化的面料响应需求,并根据交流情况,通过物流寄送样品。面料供应商可根据服饰企业提供的款式,开发相应的面料。服饰企业可利用面料供应商的三维数字化面料进行建模并进行后续生产开发。

第五节　本章小结

时代的变化影响着设计的发展。数智时代衍生出新的设计思维,盲目、海量的产品设计不再是竞争市场的关键,新设计应为用户而设计。设计不仅依赖于设计师的个人灵感和创意,还依赖于数据和技术。大数据技术的应用使设计师可以更加精准地了解用户需求,从而设计出更符合用户需求的产品。同时,技术的发展也带来了新的设计工具和手段,使设计师可以更加高效地开展设计工作。

在数智技术发展的影响下,服饰设计思维发生了变化,设计思维的迭代速度加快。数字化应用辅助设计师快速地尝试不同的设计方案,并在短时间内得到反馈和改进。这使设计师可以更加灵活地应对市场变化和用户需求的变化。通过案例分析可知,大数据可以帮助细化用户形象感知和佐证用户审美判断,辅助设计师分析用户的消费行为、喜好和习惯等方面的数据,从而更加精准地了解用户需求、形象和审美趋势变化。数智时代下的设计思维具有双重特点:艺术价值和数据价值并存。设计思维与数据思维的结合可以提高服饰设计的科学水平,协助设计师更好地适应数字化设计工作,有效关联设计师、大众服饰产品和消费市场三者的关系,对智能信息化当下的人类、物体与社会关系思考有着现实意义。

第四章　电商大数据驱动的
女装设计模式研究

第一节 电商女装发展现状

一、电商平台与女装市场概述

(一)服饰行业电子商务的现状及发展特征

当前服饰行业电子商务市场呈现出多元化的发展特征,服饰行业头部企业纷纷拓展电子商务,不仅自建线上官网,还在京东、天猫等平台上开设旗舰店,线上线下协同发展。服饰电商发展进入相对成熟期,淘品牌营收增速趋缓;互联网改造传统服饰行业,"大而全"的时代过去,传统服饰借电商谋变;传统服饰借助大数据实现精准设计,依据大数据推动电商有的放矢地开展各项工作[102]。随着智能手机的普及和移动互联网的发展,越来越多的消费用户选择通过手机App 或移动网络进行服饰购物,使服饰电子商务市场呈现出快速增长的趋势。

传统的生产企业往往难以直接与消费用户沟通,导致信息断层,消费用户的真实需求无法得到充分满足。而互联网的普及则为解决这一难题提供了新的途径,通过在线平台,品牌能够更加便捷地与消费用户沟通,满足消费用户的多样需求。随着大数据技术的兴起,电商平台不再只是简单地销售产品,而是通过深度挖掘和分析销售数据,为消费用户提供个性化、精准的商品推荐和定制服务。以往大数据主要应用于业务数据洞察,而随着用户上网频率的提升和移动智能设备的广泛运用,产生了海量的用户数据[14]。利用大数据分析技术,

101

电商品牌能够实时分析消费用户的浏览记录、购买历史、点击行为等数据,深入了解消费用户的喜好、行为规律和消费需求。通过对用户大数据的反馈和评价分析,企业能够发现产品设计中的不足,辅助设计师更加精准地把握用户需求,从而有效地指导后续款式开发与设计优化。大数据还能帮助电商企业预测市场趋势,及时调整库存和供应链策略,降低产品的库存积压和滞销风险。

(二)女装市场的现状与特点

女装是时尚行业的重要组成部分,随着品牌之间的竞争日益加剧,女装市场呈现出明显的细分趋势。目前,女装市场主要分为奢侈高端、中高端、大众端和中低端四个细分市场,淘品牌、快时尚、设计师品牌、轻奢女装等女装市场细分化更加明显。每个市场面对的消费用户群体不同,因此需要通过品牌、设计、面料等方面的差异化细分,来满足不同层次消费用户的需求。例如,在面对奢侈高端市场的消费用户时,品牌可能更注重设计的独特性和面料的品质;而在大众端市场,则更注重产品的性价比和普适性。

当前女装市场呈现出多样化和个性化的趋势,消费用户对于服饰风格、款式、面料等方面的需求逐渐多样化,这也推动着设计师不断创新创造,以满足多变的市场需求。电商平台的崛起为女装市场带来了全新的发展机遇,传统的线下零售渠道受到了互联网购物的冲击,越来越多的女装品牌选择在电商平台布局线上市场,通过互联网销售渠道拓展市场。电商平台的智能化技术和大数据挖掘能力为女装品牌提供了更多的销售机会和营销策略,促进女装市场的快速发展。

(三)电商女装的市场竞争格局

随着消费用户需求的持续演变和新兴品牌的崛起,电商女装市场竞争格局日益复杂。在这个充满活力的市场中,品牌、电商平台、工厂等各方力量纷纷涌入,各品牌和平台竞相角逐,力图在消费用户中建立品牌认知度,增加市场份额并提升竞争力。其中,传统品牌、原创品牌、网红品牌和买手品牌等几种品牌模式之间的竞争尤为激烈。

传统品牌如麦檬、江南布衣、乐町等,以其在品质、设计和品牌影响力方面的优势稳定占据了一定的市场地位。而原创品牌更加注重款式和差异化竞争,以满足年轻消费用户的多样化需求,如CHICJOC、戎美、致知等品牌逐渐在市场中崭露头角。网红品牌凭借其在社交媒体领域的强大影响力和庞大的粉丝基础,通过社交媒体平台进行推广和销售。而买手品牌则以价格和便捷性为竞争优势,采用大规模生产、标准化流程和低成本战略,通常以拿货分销的渠道出售,以低价和快速更新款式来吸引消费用户,例如 U 货吧、VNOOK 等(见图4-1)。

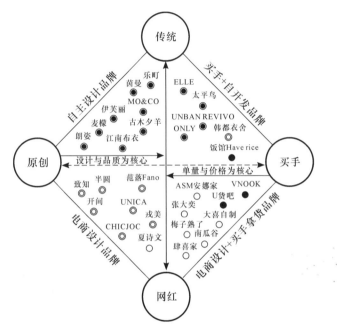

图 4-1　线上女装品牌竞争格局

线上平台之间的竞争也对电商女装市场产生了重要影响,淘宝、京东、唯品会等平台通过推出各种促销活动、定制化推荐等方式争夺市场份额。同时,社交电商的兴起为线上女装提供了新的销售渠道和营销手段,通过社交化的购物体验吸引用户。电商女装市场的竞争还受到供应链、物流和仓储等因素的影响,如何快速响应市场需求、提高供应链效率及优化仓储管理成了关键因素,对于提升品牌竞争力具有重要意义。

二、电商女装发展模式分析:从传统到数字化设计趋势

传统女装设计模式主要依托于设计师的个人经验积累与审美输出,虽具有一定的创意性和独特性,但在面对快速变化的市场需求与日益严格的成本控制

时就显得力不从心。在信息技术的不断迭代下,数字化设计技术开始在女装设计领域崭露头角,为设计师们提供了更高效、更精确的设计工具和方法。数字化设计的兴起不仅缩短了设计周期、降低了成本,还带来更灵活、更创新的设计理念和实践方式。通过对不同电商女装设计模式进行分析,我们能更好地理解电商女装行业的发展轨迹,洞察未来发展趋势。

(一)传统女装品牌与电商女装品牌发展的对比

中国作为服饰生产与出口销售的大国,服饰产业是我国轻工产业经济中重要的组成部分。随着我国电商经济的不断发展,服饰电商在发展过程中创造了巨大的社会价值与经济价值,同时在发展的过程中也存在诸多问题。为了更好地持续提升服饰行业电商经济,针对目前行业发展存在的问题进行思考,对当下服饰行业的电商经济发展过程具有重要意义[103]。近年来,随着网络消费、移动消费成为大多数人生活中不可或缺的一部分,整个服饰行业的生产、经营模式也迅速变化。顾客在互联网环境下跨越了时间和空间界限,随时主动地选择网络空间中的海量商品,线上服务、线下体验及现代物流的深度融合,使顾客消费的自主性得到进一步提升[75]。

相较于传统女装,电商女装从起步至发展,呈现上升趋势。伴随着服饰行业环境的进一步完善,企业围绕品牌发展和效益提升开展电子商务的能力进一步增强,电商女装开始向线下寻求机遇,尝试开辟线下门店;而传统服饰品牌则加大线上投入,线上线下由相互磨合探索向深入融合发展,消费进入转型升级时代,这些现象都推动了电商女装行业的稳定发展。由于女装款式具有周期短、个性需求强、消费力度大等特征,除了占市场份额较大的、有实力的传统品牌,还有一些正在稳步成长、潜力不容小觑的新兴电商品牌。女装市场长期存在产品同质化的问题,竞争者数量众多。在这种环境下,许多女装电商品牌依靠早期积累的流量资源快速壮大,但这也加快了行业的淘汰速度,一旦出现供应链环节不稳定、管理不善、设计无创新、库存积压、资金链断裂等问题,就容易被淘汰出局。由于线上女装市场体量巨大,大小品牌数量多,新进入者不会招致现有品牌的积极反应,品牌之间主要靠产品设计开发能力、供应链能力、投入的流量推广及内容营销手段展开竞争(见表4-1)。

表 4-1　传统女装品牌与线上电商女装品牌的对比

比较维度	传统女装品牌	线上电商女装品牌
品牌优势	市场份额大	流量资源丰富
设计开发	周期长,人为主观引导	周期短,数据融入设计
客户资源	品牌忠实客户	平台粉丝、散客
供应环节	稳定合作,翻单慢	多渠道合作,翻单快
产品库存	库存量大	库存量小
资金成本	品牌成本高	品牌成本低
品牌推广	宣传品牌形象	宣传产品本身
发展方向	线上发展,开辟电商	线下发展,实体门店

（二）电商女装设计开发模式

1. 以企划为主导的开发模式

以企划为主导的开发模式多存在于大型传统服饰品牌中,此类服饰品牌的开发周期较长,通常提前半年开展产品开发工作。如图 4-2 所示,此类企业在对目标客群及市场流行趋势进行详细调研的基础上,根据自身品牌的定位及设计风格进行产品开发的企划拟定,分布任务给设计师进行开发。通常以企划为主导的品牌拥有稳定合作的供应商,因此在开发过程中的基础面辅料由合作供应商提供,减少了大货下单时供货不足的风险。

通过多次修改确认最终样衣后,企业内部先进行一轮评审,针对不同款式进行补款、加色或弃款。在召开订货会后,根据订单数量进行大货下单,最终分配给线下店铺仓库或电商仓库。由于以企划为主导的产品开发流程时间较长,现货下单量大,容易造成库存积压,也存在翻单速度慢等问题。

2. 以自主设计为主导的开发模式

面对国内外品牌竞争加剧及国内大众成衣类服饰品牌同质化的现状,出现了一批以设计师模式为主导的电商设计师品牌。设计师自主开发模式将设计创新能力置于品牌的核心竞争力位置,以设计师为主导进行产品开发,开发周期较短,以 1～3 个月为一轮新品开发周期。在前期调研后,由设计师拟定当季开发主题,进行品类规划细分,按各品类比例分布设计任务。设计师自开发模

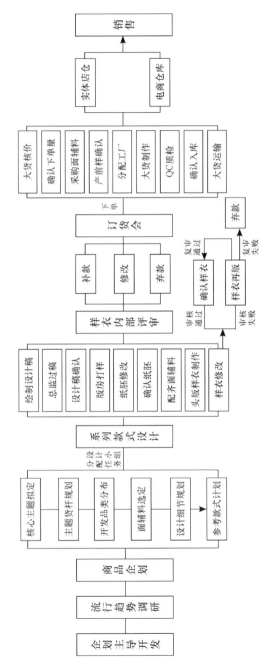

图 4-2 以企划为主导的开发模式流程

式下的品牌成立时间较短,大货下单量较少,长期稳定合作的供应商数量较少(见图 4-3)。

在这种模式下,品牌除了使用稳定合作的供应商的面辅料,也需要去市场自配面辅料,以及定制小缸打样,使产品开发成本大幅提升。经过多轮修改确认样衣后,品牌根据既往经验预测爆款,预先在未长期合作的供应商处预订现货坯布。在完成样衣搭配拍摄后,总监根据新品样片确定最终每款的下单量。到了大货下单环节,部分面辅料需要重新染色、采购现货面料,若碰到部分面料缺货,则需要去市场寻找相似替代品投入生产。在这种开发模式下,大货生产环节的稳定性差、不确定性高,需要品牌自身承担较大的风险。

3. 自主设计＋买手制开发模式

在数字信息时代,消费用户能够轻松获取更前沿且透明的信息,对服饰产品多样化、快速化的需求越来越显著,这促使服饰产品生产向着小批量、多品种、短周期的方向发展。服饰企业为了降低产品淘汰率、追求利润最大化,需要不断推陈出新,开发出满足消费用户需求的新产品,因此逐步出现了由品牌自开发结合买手制的新型开发模式,该模式更符合电商品牌小批量、多种类、快速反应的特征。

在企划阶段,除市场流行趋势外,还需参考运营部门所给的既往数据,并且对竞争门店进行详细调研,进行开发品类空位挖坑。在自开发模式的设计环节中,设计师可以通过挑选意向参考款式、自绘设计稿或采购版样等方式,配合面料给设计总监确认稿件。在确认样衣后,根据初次评审及样衣搭配增加长短款或补色。完成样衣拍摄后将照片上架至店铺内进行测款,根据浏览、加购、收藏等大数据进行筛款,确定最终的拟定下单量发至工厂进行大货生产(见图 4-4)。

外部选款模式的初步环节即品牌通过各类渠道选购样衣,经过筛选后进行轻微调版或加色,测款结束后一部分款式直接由工厂贴牌后入仓,另一部分则根据数据提出修改意见进行微调,生产大货后再入仓。自开发＋买手制的开发模式能够大幅提升品牌的产品开发速度,依靠快速且强大的供应链满足小批量、多品类的高效生产需求,有效利用市场资源,减轻库存压力。但由于此类模式对于原料的现货需求高,并且缺乏与面辅料商及工厂稳定的长期战略合作关系,时常出现面料现货不足、小单量高成本、稳定性差等问题。品牌通常以15～

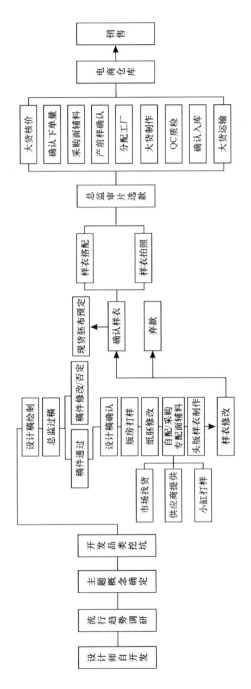

图 4-3 以自主设计为主导的开发模式流程

108

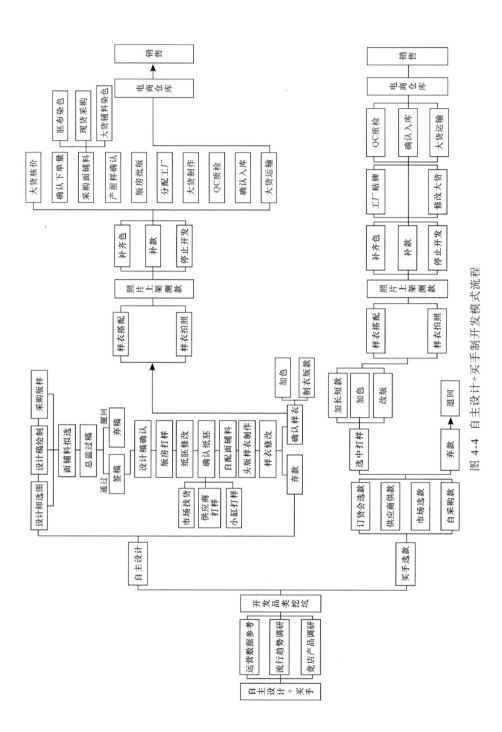

图 4-4　自主设计+买手制开发模式流程

30 天预售拉长生产周期,以预售形式参与市场同类品牌的竞争,同时以预售数据为引导预测翻单产量,降低库存风险。

4. 买手制模式

在新媒体的影响下,"电商经济"应运而生,线上买手制店铺得以发展,凭借着明确的市场定位、稳定的顾客群体及独特的运营模式,在服饰行业占有一席之地。随着服饰行业竞争日益激烈,品牌不断更迭,买手品牌发展迅速,形成了具有中国本土特色的买手制模式。网络营销的发展使传统的服饰销售模式发生了重大改变,买手制模式迎合了市场由卖方市场转向买方市场的需求,对于提升服饰品牌的市场竞争力具有重要作用。买手在趋势调研阶段通过专业展会,结合艺术、文化领域的相关趋势,整理当季流行趋势下的服饰搭配,进而以访问服饰加工厂、供应商等方式,整理并分析信息,进行流行趋势预测(见图 4-5)。

在调研阶段,买手团队可以通过市场调研,了解目标消费人群的需求特点、消费水平及价值取向等信息,帮助提高决策的准确性。通过对同类品牌店铺的考察,了解其品牌信息、产品信息及爆款信息,进而对比自身品牌,找出自身品牌的优势与不足。买手需要根据过往的销售记录,对畅销款式、滞销款式等重要指标进行分析,帮助品牌开发延伸款式。同时买手团队还要持续关注竞品的销售信息,为接下来的采购提供一定的借鉴。

在采购决策中,买手需根据已有的销售情况为品牌做新一季的销售计划,通常根据历史数据与调整方向来决定产品细分的占比。细分销售计划包括产品类别和款式数量的细分配比,涉及面料、色彩、价格等要素[104]。买手围绕产品的设计、价格、生产进度、品质等多方面影响因素与供应商沟通,预定采购量,预定供应商产能,方便品牌确认采购量后满足产品的正常开发与生产需求,适应瞬息万变的市场,快速满足生产需求。

(三)电商女装数字化设计模式发展趋势

电商女装设计模式从传统到数字化设计转型,反映了行业的发展方向和创新趋势。线上电商的发展给中国服饰市场带来了新的机遇与活力,同时孕育了各类新兴女装品牌,并为其发展提供了良好的机会与平台。传统的女装设计模式通常是由设计师根据市场趋势和品牌定位进行设计,设计师们依靠自己的创

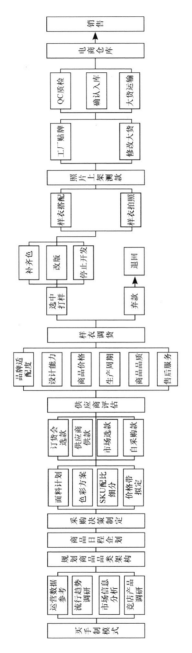

图 4-5　买手制模式的开发模式流程

意和经验,从绘制设计稿到制作服饰样品,以订货会形式确认大货下单数量。在该模式下服饰设计周期长、成本高,且设计师的个人经验和审美观念对产品起着决定性的作用[105]。

随着女装市场不断转型升级,各类电商消费平台、直播平台、移动互联网平台、社交平台都为女装市场提供了巨量的、丰富的渠道资源,线上线下零售增速明显加快,服饰流行节奏迅猛变化,流行周期从以年、月为单位过渡到以周为单位。为了适应服饰网络购物发展与需求的快速更迭,女装品牌面临着产品设计模式的调整与转变,需要与线下传统服饰品牌区别对待。传统的女装品牌运用单一网络渠道已经不足以支撑品牌的发展,诸多女装企业从供应链、产品、营销等方面进行数字化转型,以满足快节奏、高敏捷、低成本试错、用户决策的女装市场发展新趋势(见图 4-6)。

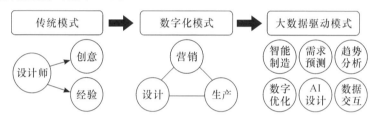

图 4-6　电商女装数字化设计模式发展趋势

线上电商女装产业的数字化转型从研发、销售、仓储、物流、信息化等环节深入推动产业向柔性化、智能化、精细化转变,由传统生产制造向服务型制造转变,数字化设计技术开始在女装设计领域得到应用[106]。设计师们可以使用计算机辅助设计软件或三维建模软件来进行服饰设计和样衣制作,三维虚拟试衣技术可以通过计算机模拟真实的人体形态和服饰效果,实现虚拟试穿,不仅可以减少实体样衣的制作成本和时间,还能提高设计师的设计效率,为消费用户提供更加多元、便捷的购物体验。在数字化模式下,设计师可以更快速、精确地完成设计方案,缩短设计周期、降低成本,同时也提升了款式设计过程中的灵活性和创新性。

在数字化设计的基础上,大数据技术的应用进一步推动了女装设计模式的演变。大数据技术作为新的生产要素,成为数字经济时代深化发展的引擎,在推动服饰智能制造过程中具有重大意义[107]。通过收集、分析消费用户的购买行为、喜好偏好及市场趋势等数据,设计师可以更加准确地把握市场需求,精准定位目标受众,从而设计出更受欢迎的产品。此外,大数据还可以帮助设计师预测流行趋势,优化产品结构和面料选择,提高产品的市场竞争力。随着人工智能和机器学习技术的不断进步,智能化设计工具在女装设计领域得到了广泛应用,这些工具可以根据大数据的分析结果和消费用户的偏好,自动生成服饰设计方案,帮助设计师快速提出创新性的设计概念,并优化设计方案。

三、电商女装存在的问题与挑战

(一)设计师经验主导增加了设计不确定性

传统服饰企业通常结合市场调研及流行趋势及设计师的主观判断,来确定下个阶段的潮流趋势并开展设计研发工作(见图 4-7)。在开发决策阶段,调研通常以设计师为主导,带有较强的主观判断因素,且企业自身的数据采集能力较差,大多通过人工方式来收集数据信息,这严重影响到服饰设计开发的效率。设计团队往往缺乏客观、专业、可靠的数据来源,专业数据的缺乏会增加设计开发计划的不确定性,企业容易忽视对用户潜在需求的关注,降低了对发展趋势预测的准确性,最终影响品牌的利润收益。

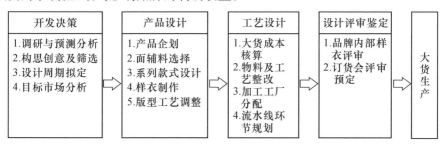

图 4-7　传统服饰企业的设计开发模式

在产品设计环节,服饰品牌的设计开发周期较长,且每一季度的开发设计通常需要多个部门的合作,要经过漫长的设计流程后才能投入生产。在瞬息万变的市场流行趋势下,产品设计开发时间越短,上新款式速度越快,企业就越能抢占市场先机。在工艺设计过程中,企业与生产商之间由于信息差,难以快速适配工厂进行生产工作,而在生产完成后也难以再进行短期快速翻单。在完成一系列设计工作后,品牌通过内部评审及订货会的鉴定后进行修改,通过订货量预测库存大货数量并下单投入生产。传统服饰企业的库存之所以不能消除，是因为企业在从事预测型生产，进而需要库存来应对弹性需求。市场需求不能达到与生产量对等的预期，是导致库存成本的根源性问题。同时，传统服饰设计流程中企业对消费用户信息反馈的接收具有滞后性，导致企业无法及时对消费用户的反馈做出调整。

（二）生命周期短导致女装产品库存积压

女装产品具有产品生命周期短、消费用户需求变化快从而导致产品更新速度快的特点，并且服饰供应链在生产商品的过程中需要一定的时间，这就要求品牌根据实际销售情况对未来的销售进行预测，以满足品牌与消费用户之间的供需平衡。但是女装产品易受到天气、地域分布、年龄层次、经济情况及文化的影响，在销售预测中容易产生许多不确定因素，这些都增加了女装品牌对未来市场的预判难度[108]。

品牌开发产品旨在契合消费用户的需求，而消费用户偏好往往受到时间及品牌效应的双重影响，从而发生动态变化。不同层次的消费用户，其需求也各不相同，如果品牌针对某一款商品大量囤货，但消费用户改变了购买喜好，就会出现供大于需的现象，从而引发存货积压问题。当前消费用户更倾向于购买具有创新风格和个性化的产品，不能满足消费用户需求的产品就会出现严重的存货积压情况，最终品牌只能用优惠券、打折的方式清理库存，最终使品牌收益降低甚至亏损。产品的质量也与库存息息相关，当某款式凭借其照片售出了高单量，而如果其实物与照片不对版或大货质量差，就会引起大量消费用户退货退款，这会造成品牌经济及形象的损失，最终堆积的库存也无法清仓出售。

（三）女装产品同质化竞争严重

品牌如果在开发过程中不能明确服饰市场的实际需求量，不能做出准确的销售预测，就会出现服饰生产过程中的产品外观设计相互模仿，从而导致服饰市场的同质化竞争日趋严重。消费用户对服饰的需求更偏向个性化和创新性，而许多电商女装品牌在开发服饰产品时设计都是大同小异，哪个爆品容易卖出去就跟风开发类似产品，导致品牌在产品开发和风格差异化中不能突出自身的竞争优势，消费用户对品牌的审美也日渐疲劳。

服饰品牌的同质化竞争主要表现在产品风格定位、款式特点、品牌形象及销售渠道的同质,同类产品中款式重复且替代性强的品牌将很难在竞争中脱颖而出。同时大量品牌生产相似的产品会引发价格战,不同品牌的相同款式以更低的价格相互竞争,最终导致产品过剩,产品质量大幅降低。当产品风格与品牌形象不适配时,就会导致传递给消费用户的形象过于冗杂,不利于自身发展。

(四)女装产品设计组合不健全

随着消费用户需求的改变,衍生出的以消费用户需求为中心的功能类目、场景类目、人群类目在增加,然而部分电商品牌对于产品组合规划做得不到位,产品组合不健全。产品组合包含宽度、广度、深度及关联度四个要素,单从产品组合的宽度及深度来分析,电商女装大多依靠头部爆款拉动品牌整体销售,缺乏后续爆款带动持续的增长,即爆款的宽度不够。同时,电商女装多年来都是以产品小组制为导向,爆款重复率严重,与消费市场需求的新品类或高附加值产品需求相违背。

根据产品生命周期理论,服饰产品也经历着从导入生产到投放市场开始销售的成长期,再到达到销售顶峰的成熟期,直至最终被市场淘汰的衰退期,部分经过市场筛选后有稳定销量的产品会有回升期[109]。根据服饰产品生命周期理论,可以将开发的款式相应地分为基本款、形象款、核心款三个大类,再对各主题货杆的 SKU(stock keeping unit,最小存货单位)合理配比进行商品企划组合,科学合理的产品组合布局对于企业赢得产品竞争非常关键。

(五)女装品牌定位不清晰

当前互联网领域正在进入下降期,传统企业面临着原有市场份额不断减少的趋势,虽然有产品、品牌等优势,但仍然面临着巨大的压力,处于相对劣势地位。电商品牌初创时期,在缺乏对市场行情、受众偏好及自身状况的全面认知时,易发生过度依照主理人偏好开展研发生产、决策品牌事宜的情况。品牌定位决定了品牌的个性化风格及品牌形象的延伸,同时品牌的个性化风格也反作用于品牌定位。在品牌形象的设计塑造中,品牌应展现出符合自身品牌定位的个性与风格属性,以在消费用户群体中树立品牌印象,让消费用户产生文化认同感、价值观认同感和审美情趣认同感[110],从而建立品牌信仰,提升品牌知名度、美誉度和忠诚度,稳固品牌的市场地位。

因设计师的快速轮换,新上任的设计师对品牌定位概念模糊,仅仅大致了解品牌差异化风格及合理价格带等信息,缺乏和消费用户深入"对话"的清晰定位,在实际工作中往往会站在设计师视角臆断品牌定位,看似明晰了"品牌定位",实则未将消费用户的需求转化为定位的主要依据,使开发款式偏好与行业主流趋势偏离,与消费用户需求和主流大方向有所偏差,最终导致频繁的风格转换、难以沉淀的品牌文化与不稳定的消费群。部分电商品牌在进行产品开发时,通常只是简单地浏览同类竞品的淘宝店铺及专业流行趋势分析机构的内容,缺乏充分客观的数据支持,使电商服饰品牌难以在设计过程中准确把握消费用户的需求和市场趋势。因此,电商品牌建立系统的数据收集与分析机制,利用大数据和人工智能等技术手段,深入挖掘消费用户的购买行为、偏好和趋势,将有助于电商服饰品牌更好地定位自身在市场中的位置,提升竞争力,根据往季的销售情况为后续产品开发提供客观依据。

第二节 大数据在电商女装行业的应用赋能

一、大数据在电商女装设计中的应用

(一)多元化数据构建用户画像

深入理解消费用户的需求是大数据洞察电商女装设计的重要作用。用户画像不仅定义了消费用户的各类标签,还反映出其消费行为。然而,传统的用户画像构建方法主要依赖定性分析,存在较强的主观性。设计师仅仅通过简单集合和处理产品数据,难以全面反映市场流通地域和渠道的动态变化。这种主观性和市场动态的复杂性可能会导致对用户实际消费需求的误判,进而产生电商女装设计中的"爆款假象"。因此,为了更准确地满足消费用户需求,设计师需要在用户画像构建中加强数据驱动的定量分析,并综合考虑市场动态和设计师的专业判断。

尽管电商女装的数据收集涉及多个业务环节,且信息内容各有其独特性,但设计师可以充分利用大数据的相关性和客观性特点,以数据维度为基础对用户信息进行整理。结合数据思维和感性思维,设计师可以更加精准地提炼出流

行女装的设计元素,促进电商女装设计资源的系统化整合,从而形成大数据驱动的电商女装设计闭环。

(二)信息数据化完成女装款式筛选

大数据技术具备从海量数据中迅速提取有价值信息的能力,从而推动信息资源数据化进程,进一步促进相关领域知识的量化。相较于传统的线下女装,电商女装得益于互联网技术的支持,能够实现大量女装产品的数字化展示。这种展示方式不仅增加了产品上新的数量,同时也间接提高了各流通环节业务处理的复杂度。电商女装销售与产品推广流量的紧密关联,使非结构化数据也成为电商女装设计的重要参考。

电商女装的产品上新通常会围绕特定的活动主题进行,重点推广的女装产品能够凸显电商女装品牌的设计价值,并在电商女装消费市场中发挥引流作用。在选择主推产品时,除了依赖设计师的审美观念,还需要结合数据逻辑进行决策。设计师通过分析电商活动的推广流量数据,如点击量、阅读量、播放量和讨论热度等来确定主推的女装产品的市场消费潜力,从而提高电商女装的选款效率。

(三)大数据洞察提升设计创新能力

大数据洞察下的设计创新研究,鼓励设计师使用互联网中的海量数据和大数据处理技术来进行调研,这将改变传统的设计方法,使分析的效率得以提升,分析的结果也变得更全面、更有说服力[111]。大数据分析为电商女装品牌提供了深入了解消费用户需求的机会,通过分析消费用户在电商平台上的浏览、搜索、点击、购买等行为数据,品牌可以准确把握消费用户的购买偏好、尺码需求、款式喜好等关键信息,还能帮助品牌发现消费用户的新需求和潜在需求,为产品创新提供重要参考[112]。

大数据分析不仅可以洞察消费用户个体的需求,还能揭示市场整体的趋势和变化。通过分析时尚媒体、社交网络及电商平台上的热点话题和流行趋势,品牌可以及时把握市场动态,发现新的设计灵感和创新方向。通过分析销售数据和用户反馈数据,品牌可以了解产品的优缺点和市场反馈,及时调整产品款式、颜色、尺码等,满足消费用户不断变化的需求,提升产品的销售和口碑。大数据洞察为电商女装品牌提供了更加科学的产品创新方法和实践路径。通过与大数据分析相结合的创新设计实践,品牌可以更好地把握消费用户需求和市场趋势,不断推出符合市场需求和消费用户喜好的创新产品,提升品牌的产品创新能力和市场竞争力。

二、大数据对电商女装设计开发的影响

(一)基于应用价值的电商女装大数据分类

在网络化的大数据时代,电商女装设计开发过程中需要应用到大量的数据信息。由于大数据与生俱来地存在高价值总量、低价值密度的冗余性问题,因此面向设计的数据处理既包括如何根据不同设计领域的知识去除原始数据中的无效数据,也包括如何开发符合设计专业需求的、通用的数据分析与可视化工具[113]。在当下的服饰商业环境中,电商女装品牌应将大数据作为服饰设计开发流程中的重要考量因素,利用大数据辅助设计师深入发掘真实客观的数据资料,使设计开发活动得以立足于更严谨的科学分析方法之上[114]。电商女装品牌能从大数据中了解到数据和品牌、产品之间的内在联系,便于查询与管理每一条数据所带来的细节变化,以最少的时间获取最有用的数据。

电商女装品牌利用行业大数据平台收集各类数据,将不同渠道所产生的各类数据分门别类地进行系统化管理,有利于将服饰设计开发的数据进行有机整合,以层层递进的逻辑关系分类统计数据,最终提取为市场趋势数据、竞争店铺数据、品牌研发数据和用户反馈数据四大类数据(见表4-2)。大数据经过储存、计算与管理后,通过可视化图表的形式为电商女装品牌提供行业市场发展概况、竞争店铺销售数据、目标消费用户详细信息、潜在消费用户需求等信息,以形象化、可视化、可读取、便捷的软件产品形式呈现,更高效、更有针对性地为品牌和设计师提供帮助[115]。设计师利用分析后的结果数据辅助设计开发,可提升服饰产品的设计效率。

表4-2 电商女装大数据分类表

数据类型	细分层级	数据描述
市场趋势数据	热门元素排行	品类、风格、色彩、图案、工艺、辅料、面料、廓形、领型、袖型
	趋势关键词	上升要素关键词、下降要素关键词、上升品类分析、上升色彩分析

数据类型	细分层级	数据描述
竞争店铺数据	单件商品概览	开售时间、总销量、预估销售额、在售 SKU 数、7 日转化率、首日销量
	竞店优势品类	上架时间、占店铺同品类销量、销量占比、占店铺销售额
	竞店数据监测	当季上新数、销售额、平均动销率、预售商品数、在售商品数、库存数
品牌研发数据	合作供应商	供应商评定等级、供应商信息、工厂产能分配、工厂生产进度
	设计款式档案	设计稿存档、样衣开发申请单、采购样衣档案、版型库维护、产品结构
	物料基础信息	色卡档案、物料色系表、面料成分、面料质检报告、大货价格审批单
用户反馈数据	预售加购	加购件数、加购颜色、加购尺码、加购人数、收藏人数、订阅量
	用户信息	用户风格偏好、省份、30 日地区气温、好评差评关键词、回购周期
	消费情况	购入客单价、累计实付金额、消费金额区间、退款金额、购买频次

　　捕捉市场趋势数据有利于设计师参考同期数据掌握市场流行趋势,快速筛选辅助设计环节的重点趋势要素,使设计企划方案更精准。利用大数据监测工具,收集竞争店铺上新、预售、在售及滞销款式的数据,能够把握竞争店铺该季度的产品开发结构。通过分析竞争店铺的新品款式数据,深入挖掘竞争店铺的单款热销产品数据,可以分析该款式在同品类市场的潜在竞争力,时刻紧跟市场趋势走向,辅助设计师针对同类竞争店铺的热销产品,高效精准地开展设计开发工作,及时进行上新款式增补调整及设计细节修改。

　　通过协同制造资源优化配置,可实现品牌上下游的研发数据协同,建立资源共享与服务平台,将设计部门与供应链环节间的连接信息透明化,品牌能够时刻掌握最新物料信息及生产工艺,高效管理设计开发过程中的每一条数据[116]。在电商女装设计开发过程中,用户在价值链上游扮演着资源投入者和价值共创者的角色,在价值链下游则成为产品的购买者和使用者[117]。品牌应通过多渠道收集目标用户的反馈数据,通过用户消费历史、用户画像信息与消费评价指导设计师在开发过程中把握品牌消费用户的偏好趋势,及时依照预售阶段的反馈数据在决策环节修改款式缺陷。大数据对于电商女装品牌来说，能够帮助品牌清晰地认识自己的市场定位，并对品牌今后的发展方向与计划制定提供客观的有力支撑。

（二）大数据时代电商女装设计模式的变革

大数据时代的到来使电商女装商业模式发生了结构性改变，使设计开发的迭代周期变得更短，数据参与设计过程更直接和深入。服饰设计开发作为电商女装商业活动中极为重要的环节，其运作过程中的方式、机制决定了最终产品的品质及后续研发的可能性[118]。传统设计模式下消费用户对设计的参与程度低，在较长的开发周期内，品牌通过调研获取的市场趋势信息始终是静态的，难以适应快速变化的市场需求。同时品牌内部获取的数据信息量较低，设计师难以依靠有限的数据把握趋势，制定合理的设计方案。在大数据的普及运用下，越来越多的数据研究服务中心向电商服饰企业提供数据搜索服务，消费用户的潜在需求在消费数据、消费评价系统及社交媒体中也得以表达。电商女装品牌将大数引入设计流程中，有利于突出以消费用户为中心的设计理念，使品牌更精准地定位到目标消费群体，增强品牌黏性，做出真正符合市场流行趋势的设计。在设计模式上更有利于设计师加快各个设计环节的节奏，便于在快速变化的市场环境中高效精准地对设计做出调整，避免因信息滞后所导致的目标消费群体流失、脱离市场流行趋势、产品库存积压等问题。

此外，电商大数据牵引的服饰设计不再仅通过一轮预设的企划来实现，而是通过一种基于迭代的演化方法进行。将线性设计模式与网状设计模式进行对比（见图4-8）可知，传统的女装设计思维是相对主观、固态的，主要依赖于设计师对女装市场趋势的感知判断。而由数据产生的设计思维让组织与个人以更为客观理性的视角来解读数据背后的潜在需求与市场趋势[103]。

与可逆性较差的线性服饰设计开发模式相区别，电商大数据牵引下的女装设计开发模式是"网状"方式，即以数据为反映用户需求及市场需求的核心，保证数据的充分、实时共享。这使各个部门之间可以随时保持信息上的充分联动互通，确保各部门的意图能够被充分理解，缩短设计开发时间，节省开发成本。当款式投入市场后，并不意味着款式开发的结束，而是回到设计企划的初始阶段继续迭代款式，进而实现基于大数据的精准服饰设计工作。数字技术带来新

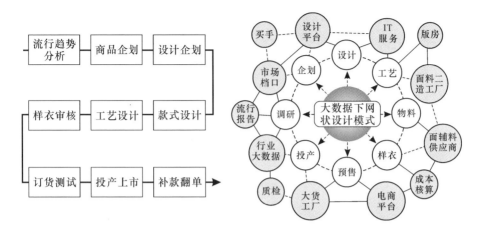

图 4-8　线性设计模式与网状设计模式的对比

的工业革命,这也为服饰行业的升级与转型提供了重要契机。大数据使女装行业更为精细化、智能化,同时也推动了行业向节能减排、可持续等方向发展。在此背景下,电商女装设计模式也得以重塑升级,设计不再局限于形式分析的范畴,设计过程亦不再仅仅是形式探索的单一侧面[119]。

（三）数据驱动的电商女装设计优化

每一项新技术的出现,均伴随着从技术发展到商业化探索再到具体行业应用的过程,这个过程并非一蹴而就的。目前,越来越多的电商女装品牌将数据应用于产品设计和优化过程中,这对服饰行业而言是一个积极的发展信号,带来了前所未有的发展机遇和无限可能性。在快节奏时代背景下,电商服饰设计结合数字化技术,打造高效、完善的设计开发流程,以消费用户为中心,为其提供更个性化的服饰选择,这是电商服饰设计发展的必然趋势[120]。

数字化技术对电商服饰设计的优化体现在各个环节,其不仅可以预测流行趋势,而且能够真正将消费用户需求带入设计环节,精准定位目标消费群。通过分析消费用户的购买行为和偏好,设计师可以针对消费用户近期的风格偏好进行有针对性的设计优化。根据品牌消费用户的需求和偏好反馈数据,设计师调整对应客群服饰的款式、颜色和尺码,满足消费用户个性化的需求,不断修正赛道,保持设计的时尚性和前瞻性。在设计效果呈现环节,将传统设计图稿与数字技术相结合的设计表达方式更加直观逼真,使设计环节的工作更加精简高效[121]。在数据驱动的支持下,服饰产业上下游间合作共赢,良性发展,可有效实现对设计师版权的保护,并维护消费用户的正版权益,最终使整个行业市场协同发展。

三、大数据时代电商女装行业的创新与价值创造

(一)大数据辅助设计推动电商女装设计革新

随着互联网技术的高速发展,数据规模呈指数级增长的趋势和数据模式的高度复杂化引导全球步入网络化的大数据时代[81]。各类网络应用的迅速发展使巨量数据信息在网络中得到数据化,也促使服饰领域的数据体量不断膨胀。消费用户需求呈现出多样化、个性化等特征,市场流行快速变化导致服饰产品开发周期日益缩短,数据与设计之间的关联面临着根本性的转型和变革。这种产自信息技术先导行业的模式革新,也正在渗透和颠覆着服饰领域传统的设计开发思维。

随着数据采集技术、数据储存能力、数据挖掘分析能力及数据可视化方法工具的不断完善和提升,在大数据时代,数据将成为设计的核心生产力,成为驱动应用创新和商业变革的重要力量。数据真正的价值不仅在于采集和储存,更在于对海量数据进行分析后筛选出有效数据并从中提取出真正有价值的信息加以应用,将数据作为创新设计的驱动力,以满足消费用户快速多变的需求[122]。大数据带来了传统思维的大变革,逐渐渗透到了电商女装设计领域,改变了传统产品的开发流程。大数据技术已经成为女装设计各个阶段的有力辅助工具,如设计调研阶段利用大数据获取用户画像,指导色彩设计;通过用户的在线数据挖掘产品潜在的改进点等。大数据全面、及时更新的特点正在为电商女装设计赋能。

(二)大数据多向赋能促进协同价值创造

数据及数字技术嵌入设计环节的多个场景,是大数据时代价值创造的重要驱动因素之一。电商大数据中蕴含着巨量信息以辅助设计开发,如色彩偏好趋势、流行款式趋势、产品价格变化趋势等。挖掘数据背后的潜在信息,能让电商大数据成为连接消费用户与品牌、品牌与设计师、品牌与工厂之间的纽带;利用数据多向深度赋能促进服饰设计开发各环节互动,形成协同价值创造网络。不

同分工的参与者可以通过数据思维转变及对数据和数字技术的运用,聚合云计算、大数据、物联网和人工智能等核心技术,重塑服饰设计方法并提升其效率及质量。

电商女装产业通过多向交互过程实现了设计环节的协同创新,包括产品设计创新、研发流程创新、设计形式创新及生产模式创新等方面。服饰设计流行周期短、款式多、批量小且供应链包含多个环节,给设计管理带来了一定的难度。在大数据基础上诞生的 PLM 将产品从设计、研发、生产、销售、服务等不同阶段涉及的各类有关数据集成到一起进行监控管理,实现了产品从概念设计、产品生产、产品维护到管理信息的全生命周期管理数字化协同设计。借助互联网、物联网等先进技术将异地、多点的不同企业资源加以整合,利用供应链管理系统(supply chain management,SCM)建立品牌与供应商之间的资源共享与服务平台,实现加工制造资源的高效共享与优化配置,协同完成产品制造的整个过程,以最快速度、专业的质量协作完成产品生产。基于 Python 数据采集方式搭建数据中台,整合品牌用户数据、行业趋势数据、制造资源数据、市场销售数据等,进行需求信息分析与流行趋势预测。物联网技术将现实信息接入互联网生态中,利用生产信息化管理系统对生产、工艺、过程、质量等方面进行实时协同管理,实时掌握生产全貌,为计划优化和调度调整提供决策建议[116],得以实现对整条服饰生产线的远程监控、智能计算、预测、控制及增强溯源。虚拟现实借助 3D 数字模拟与柔性仿真技术进行数字化 3D 虚拟服饰设计开发,设计师可以在虚拟场景中自由选择面料、颜色和图案等元素,实现各种创意和个性化定制的设计效果[123]。这种虚拟仿真的设计过程不仅为设计师提供了更大的创作空间,也为消费用户提供了更多的选择和个性化服务。在多技术并行发展的基础上,服饰设计开发各环节相互交融、多向协同,最终实现价值共创和共享(见图 4-9)。

(三)智能化设计工具推动电商女装设计创新

大数据作为人工智能新兴技术,正以其独特的优势为电商女装设计领域注入新的活力。智能化设计工具的发展和应用,不仅改变了传统服饰设计中的工艺流程,也为设计师提供了新的设计媒介与思维模式。这些智能的设计工具不仅基于大量用户数据进行分析,通过智能算法辅助设计,让创意与需求完美融

图 4-9　大数据多向赋能协同价值共创逻辑

合，更借助人工智能的深度学习技术，实现设计流程的高度自动化和智能化。人工智能技术在服饰设计和服饰生产领域的广泛应用，对服饰产业的转型升级起到了积极的作用。智能化设计软件为服饰设计提供了更便捷、高效的设计平台，这些工具基于大数据分析和人工智能技术，可以实现对消费用户需求和市场趋势的快速识别和分析，为设计师提供精准的设计方向和灵感。智能化设计工具可以通过分析消费用户的购买行为和偏好，为设计师提供个性化的设计建议和款式推荐，帮助设计师更快速地抓住市场机会。知衣是一个智能服饰设计平台，凭借图像识别、数据挖掘、智能推荐等核心技术，为服饰企业和设计师提供流行趋势预测、设计赋能、款式智能推荐等核心功能，并通过 SaaS 入口向产业链下游拓展,提供一站式设计＋柔性生产的供应链平台服务(见图 4-10)。

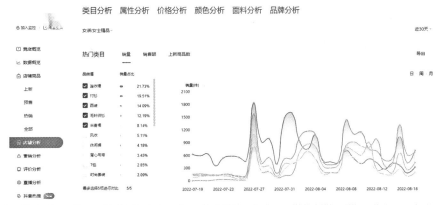

图 4-10　知衣智能服饰设计平台

　　人工智能技术与软件的融合能显著提升服饰设计效率,通过 AI 有效整合设计信息,减少重复的图像修改与筛选工作。在传统的设计过程中,设计师需要投入大量的时间和精力,经过反复修改才能完成最终的设计效果图。利用智能设计软件,设计师可以从海量的数据信息中获取设计灵感,快速筛选信息,提升设计质量。结合人工智能图像处理技术,设计师们只需提供初步的设计构思或灵感图片,工具便能自动分析并提取关键的设计元素,进而生成多个符合设计要求的方案。这不仅提高了设计的效率,更为设计师们带来了广阔的创意空间。目前已有设计师利用 Midjourney、Stable Diffusion 等人工智能图像处理软件为基础进行服饰设计工作。在 2023 年秋冬上海时装周期间,中国独立设计师时装品牌 SHUTING QIU、Shie Lyu 悉麓和国内 AI 生成艺术平台 Tiamat进行合作,利用模型训练完成了其新系列中的布料印花和秀场布置。在人工智能和 3D 虚拟技术的双重驱动下,设计师可以利用 3D 建模软件,快速构建出高度逼真的虚拟服饰模型(见图 4-11)。这些模型可以精确展示服饰的纹理、质感和运动效果,实现虚拟试穿和实时修改,使设计师能够更直观地了解设计细节和整体效果。智能化设计工具正为电商女装设计领域带来前所未有的创新活力。这些先进的工具基于大数据进行精准分析,通过智能算法辅助设计,借助3D 虚拟技术,实现设计流程的革新和用户体验的飞跃。

图 4-11　SHUTING QIU AI 生成印花及秀场展示

第三节　电商大数据驱动的电商女装设计模式研究

一、大数据牵引下电商女装设计的新特点

（一）大数据驱动的电商女装设计系统关系架构与特征

数据的产生是信息化生产和智能制造的前提，数据的价值在于真实地反映生产过程和产品的相关信息，为产品的优化提供了全新的手段[124]。对于电商女装设计来说，其中的市场数据和技术数据能够真实地反映用户信息、流行趋势、相关工艺信息等。为了实现数据的流动与融合，运用大数据是实现电商女装信息化设计生产的关键。

要了解当前大数据牵引下电商女装设计的新特点，首先有必要了解其产生的原因，即大数据牵引电商女装设计的必要性。大数据牵引下电商女装设计与传统女装设计的本质区别在于其数据化与复杂性。数据化的核心内容是对大数据的深刻认识和本质利用，数据代表着对某一件事物的描述，通过记录、分析、重组数据，实现对设计的指导（见图 4-12）。

电商女装设计系统通过各式各样的报表和报告，形成了标准化的、开放的、非线性的、通用的数据对象，并利用智能分析、多维分析、查询回溯，为设计决策提供有力的数据支撑[125]。如需获取电商女装市场流行趋势信息，需要收集流

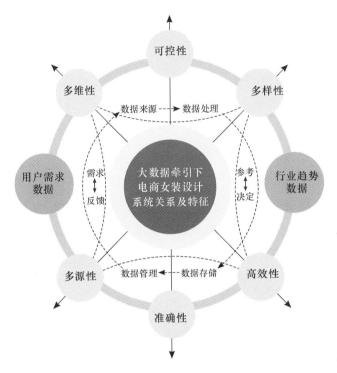

图 4-12　大数据牵引下电商女装设计系统关系及特征

行趋势的历史数据,根据其周期性做预测性分析。对品牌目标用户的体型及身材特征进行分析归类,则需运用数理统计或聚类分析的方式计算用户号型尺码等相关参数;对品牌已开发的款式进行改善,需要借助销售数据与评价数据挖掘潜在的用户需求和情感信息,从而有针对性地改善相关款式。

(二)大数据牵引下电商女装设计系统的新特点

基于大数据的数据化与复杂性,大数据牵引下电商女装设计系统表现出以下新的特点。

1. 多样性

多样性是指大数据牵引的数据种类的多样性。例如上述提到的各类数据均来自不同形式和属性的参数,特别是服饰产品的设计参数会受到社会热点、艺术趋势、消费习惯等社会性因素和目标市场趋势因素的影响,这些数据和模型的多样性导致了电商女装大数据的多样性。

2. 多源性

多源性是指数据来源广泛。例如针对不同环节需要建立不同种类的数据库与数据分析方法,数据的来源自然也各不相同,在获取数据时有时需要借助复杂的仪器设备。目前已有品牌利用扫描技术结合 3D 软件构建品牌消费群体的身材模型,利用大数据从多渠道收集消费用户需求,结合数据分析进行设计开发。

3. 多维度

多维度是指电商女装设计参考数据有多种属性。将电商女装行业数据进行分类管理,采集流行趋势数据、多方协同数据、品牌设计研发数据,形成设计数据体系。通过不同的趋势信息渠道多维度挖掘数据,聚焦市场流行趋势信息,能够辅助设计师进行服饰设计工作。

4. 准确性

准确性是大数据牵引设计模式的共性,相较于传统品牌单方面的调研形式,基于数据模型的电商女装设计自然具备较高的准确性。

5. 可控性

相较于传统的大批量订单生成,利用大数据从全渠道、全网络调研所需要的数据信息,再将数据信息与设计模型相结合,便于快速精准地把握行业趋势并制定精准的企划方案。设计师将主观设计理念与客观数据相结合,在设计过程中注重上下游每个环节的时间节点与进度,通过在线数据形式进行线上交流互通,使款式的开发节奏变得透明可控。

6. 高效性

大数据牵引下的电商女装设计模式将传统孤立的模块关联起来,特别是设计端和制造端,通过数据输入和输出的方式使设计效率显著提升。

(三)数据赋能电商女装设计的变革与升级

在互联网大数据时代,设计已经变成了一个复杂的、多学科性的创造活动。大数据为电商女装设计提供了更为精准的市场洞察方式,设计师借助强大的数据分析能力,可以深入了解目标消费用户的喜好、购买习惯及当前的消费趋势,从而更加精准地设计出符合市场需求的款式。通过对多元数据的深度分析和挖掘,设计师可以发现新的设计元素和灵感,突破传统的设计框架,创造出更具创新性和吸引力的设计。大数据技术在电商女装设计领域的应用,还深刻展现在其对设计优化的精准指导层面。设计师能够借助数据挖掘技术深入剖析用户评价、销售数据等多元信息,从而精准洞察消费用户对产品的实际体验和真实反馈。通过这一数据驱动的反馈机制,设计师能够及时识别并修正设计中的不足,进而实现设计流程的科学化和高效化,显著提升产品的设计质量和用户满意度。大数据正在赋能电商女装设计,推动其向更加精准、高效和创新的方向发展。随着技术的不断进步和市场的深入发展,大数据在电商女装设计中的作用将更加凸显,引领行业迈向新的高度。

二、大数据牵引下的电商女装设计开发模式

(一)传统模式与大数据牵引的设计开发模式对比

大数据牵引的电商女装设计开发模式与传统的服饰设计开发模式存在明显差别,现将两种设计开发模式分为 10 个重要维度进行比较,具体的对比情况见表4-3。在该模式下,品牌在市场调研过程中利用大数据,从全渠道、全网络调研需要的数据信息,将数据信息与设计模型相结合,快速、精准地把握行业趋势并制定精准的企划方案。

表 4-3　传统服饰设计开发与大数据牵引的电商女装设计开发模式对比

比较维度	传统服饰设计开发	大数据牵引的电商女装设计开发
流行趋势调研	信息离散	信息精准
信息获取渠道	品牌内部、线下、自主调研	全网数据、全渠道、大数据调研
设计企划制定	主观、不确定	客观、精准
设计思维方式	主观思维	数据思维
开发信息协同	低,信息离散	高,协同合作
数据参与程度	短期,概念企划阶段	持续参与,所有阶段
款式开发成本	价格波动、不确定	价格透明、可控
设计开发周期	长,预备库存	短,快速反应
消费用户相关度	需求、测试、消费信息	需求、反馈、技术、趋势等
消费用户满意度	低	高

在设计过程中,设计师将主观思维与数据思维相融合,在设计开发流程中注重调动和同步供应商与工厂的物料生产信息,使款式开发成本变得透明可控。通过大数据平台能够迅速精准匹配目标资源,大幅缩短款式设计开发周期。数据将不再是前期企划阶段的短期参考数据,而是真正贯彻服饰设计开发的所有阶段。在这种情况下,服饰设计开发过程中的企划、设计、开发调试、预售、上市等阶段均融入了消费用户需求、反馈、技术等重要趋势信息[126]。在大数据的牵引下,数据与设计维持着一种相互依存且不可分割的关系,数据影响着设计的发展,新的设计又寓于数据之中,且这种关系不会因为设计开发过程中某一阶段的结束而中止。

(二)大数据驱动的电商女装设计革新

电商女装品牌应对各渠道所收集的动态数据进行信息沉淀,借助强大的数据库管理系统对动态数据进行实时管理,实现动态数据的静态转化,通过沉淀足量数据为进一步挖掘数据价值提供可能。同时,需要采集并甄别数据库中不同类别的数据信息,生成直观的数据可视化量表,有针对性地让设计的服饰能够更好地满足市场需求并契合品牌定位,能大幅提升服饰设计效率,降低试错成本[75]。大数据牵引下的电商女装设计开发模式,是在传统服饰设计开发的基础上,利用大数据处理分析系统,将动态客观数据与设计师的主观审美意识相结合,能够依靠更真实、高效、客观的数据对用户需求展开预测,以需求驱动更为科学、有效地适应当前电商女装消费市场的设计开发模式。

在互联网大数据时代,设计已经变成了一种复杂的、多学科性的创造活动。大数据为电商女装设计提供了更为精准的市场洞察方式,设计师借助强大的数据分析能力,可以深入了解目标消费用户的喜好、购买习惯及当前的消费趋势,从而更加精准地设计出符合市场需求的款式。通过对多元数据的深度分析和挖掘,设计师可以发现新的设计元素和灵感,突破传统的设计框架,创造出更具创新性和吸引力的设计。大数据技术在电商女装设计领域的应用,还深刻体现在其对设计优化的精准指导层面。设计师能够借助数据挖掘技术深入剖析用户评价、销售数据等多元信息,从而精准洞察消费用户对产品的实际体验和真实反馈。通过这一数据驱动的反馈机制,设计师能够及时识别并修正设计中的不足,进而实现设计流程的科学化和高效化,显著提升产品的设计质量和用户满意度。大数据正在赋能电商女装设计，推动其向更加精准、高效和创新的方向发展。随着技术的不断进步和市场的深入发展，大数据在电商女装设计中的作用将更加凸显，引领行业迈向新的高度。

三、数据可视化在电商女装大数据分析领域的应用方式

（一）电商女装大数据可视化的意义

各大电商平台不断兴起，为满足人们的购物需求提供了极大便利，越来越多的人依赖网络购物，因此，在网络各大购物平台中积累了大量的服饰消费数据。当前电商女装数据的分析与可视化存在数据单一等缺陷，以至于企业及消费用户不能有效处理和利用网络购物平台中产生的海量数据[127]。这些数据不仅包括服饰消费的数值型统计数据，而且包含产品评价、用户画像信息等文本数据。将这些海量的数据进行有效的再利用，对服饰的消费数据进行分析和可视化，能够帮助品牌从海量消费数据中挖掘出有意义的知识，帮助电商女装品牌的决策者做出正确决策，从而指导品牌进行目标明确的设计、生产、销售等一系列服务，这对于促进电商女装品牌乃至整个服饰行业的数字化转型升级有着极其重要的意义。

（二）电商女装大数据分析与可视化结构

电商女装大数据分析与可视化结构中的关键模块包括：文本信息来源、基础文本数据、文本数据预处理、需求分析方式、数据可视化等（见图 4-13）。

1. 文本信息来源

目前互联网上的数据多以非结构化的方式呈碎片状分布在各个角落[128]，选择合适的数据源可以减少数据处理与分析过程中非关键因素或无关因素的干扰。为满足文本数据中所包含的设计需求，需要获得海量相关文本数据作为研究对象。为高效提取互联网上庞大的商品信息文本和用户评价文本，可以利用基于 Python 的网络爬虫技术进行文本数据采集。

2. 基础文本数据

电商平台上会提供商品的基本信息，对于商品的名称、尺码、面料等具有基本的描述，虽然部分商品资料中含有少量夸大其词的宣传成分，但是广泛的产

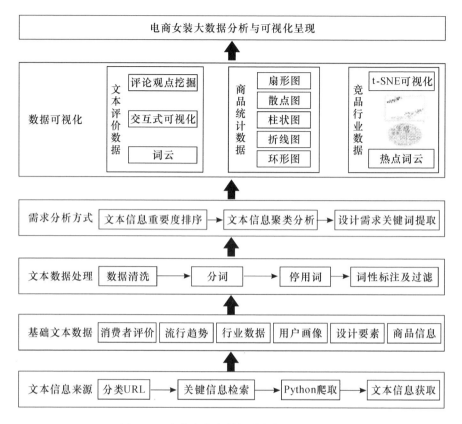

图 4-13　电商女装大数据分析与可视化结构

品基本信息对服饰设计需求仍具备有效的参考意义。商品所提供的适用对象为了解产品所针对的用户群体类型提供了核心依据。例如电商平台会提供消费用户群体的性别分布、年龄分布、不同价位产品的用户群体特征等,这些信息是产品设计过程中进行用户群体需求评估的核心要素[129]。

3. 文本数据预处理

在收集到大量的文本数据后,先对其进行数据清洗,采用自然语言处理技术对评论语言中的分词、词性等进行标注,再逐步进行过滤筛选。数据分析者往往可以通过数据分析找到其中的规律,使繁杂的数据成为促进产品研发的有效依据。

4. 需求分析方式

通过聚类分析法获取文本数据中的需求关键词,并对获取到的关键词进行排序,以遴选具有代表性的词汇,提取关键设计需求[130]。

5. 数据可视化

针对服饰文本的三类数据,分别采用不同的方式进行可视化。针对服饰文本评价,通过词云显示单件衣服的评价关键词,采用交互式可视化方式展示每款衣服不同设计点的评价信息[127]。从商品统计数据中能获得市场上设计的关键热点,并筛选掉不适合本品牌的关键词,利用扇形图、散点图、柱状图、折线图、环形图等方式呈现给设计师作为参考。竞品行业数据可以采用热点词云和t-SNE 可视化技术,根据不同的服饰色彩饱和度、强度,以散点坐标形式展现结果。最后按照电商女装大数据分析与可视化结构,将各数据模块统一集成呈现[131]。

(三)服饰数据归结及可视化处理方式

由于在服饰设计方案产出的过程中,设计师需要从大量的数据中产出新方案,因此采取可视化图像信息的解析效率比表格文字更高,数据可视化能使数据更加直观地表现用户与市场环境的倾向性,从而使设计决策机制更加高效,所以将爬取的信息进行可视化处理变得尤为重要[132]。通过对电商平台采集的数据进行处理和分析,将处理后的数据分类并进行可视化呈现。采用聚类分析方法提取文本中的高频词段,并将其与产品设计要素(包括用户需求、色彩、廓形、面料、细节等基本设计元素)进行匹配,从而识别出与服装设计相关的核心需求要素。柱状图、词频图、曲线图、饼状图等是较常用的可视化表达方法,用于捕捉服饰款式的基本设计趋势,为设计创新提供参考(见图 4-14)。

设计师可以对各品类市场销售额占比、买家地区分布、各地气温对比、竞店销售分类与转化率、趋势要素、用户画像等文本数据进行分析归结,以柱状图、词频图、折线图、饼状图、环形图等方法进行可视化展示,表达服饰设计需求中映射出的基本元素。

1. 市场销售额占比可视化

通过图表形式直观展示不同产品或服务在总销售额中所占的比例,有助于企业快速识别销售热点和潜在增长点。柱状图、饼图或环形图等图表类型可以清晰地呈现哪些产品或服务贡献了最大的销售额,以及哪些领域可能需要进行

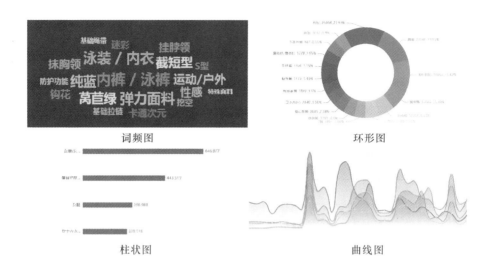

图 4-14 设计需求可视化图表呈现方式

策略调整以提升业绩。

2.买家地区分布占比及气温可视化

通过数据分析和图形展示的方式,详细揭示不同地区买家的分布比例及相应地区的气温情况。这种综合分析,不仅能够帮助商家更好地了解目标市场的地域分布特征,还能结合气温因素,制定更有针对性的营销策略和产品推广计划,从而提升市场竞争力。

3.销售分类占比可视化

通过图形化的方式来直观展示不同销售类别在总销售额中所占比例的方法,能够将复杂的数据信息转化为易于理解的视觉元素,如饼图、柱状图等,使企业决策者能够迅速把握各销售分类的市场表现和销售贡献度。

4.趋势要素占比可视化

将当季的设计要素以词云图形式进行呈现,设计师能够快速捕捉当季设计趋势的关键词,并通过对比词云图中的上升趋势要素和下降趋势要素,判断以某种面料、品类或工艺为本季度的主要设计元素,统一品牌设计风格形象。

5.用户画像可视化

用户画像可视化以圆环图、柱状图等多种方式呈现,将用户性别、年龄、风格偏好等文本数据进行可视化,设计师能依据店铺近 3 个月的用户变化对当季的款式开发进行调整,针对消费用户喜好有目的性地开发款式,避免库存危机。

四、基于大数据赋能的电商女装设计框架

(一)数据赋能电商女装设计的精准化路径

数据赋能下的电商女装设计精准化路径是一个以数据为驱动、以消费用户为中心的循环优化过程。数据赋能服饰设计的核心在于通过创新性地应用数据,发掘数据价值,优化使用场景、提升技能并改进流程方法。在此过程中,客户需求、设计流程、生产任务及供应链合作等关键环节,均需要以数据化、标准化和联网化的形式开展,从而实现服饰设计的精准化与高效化。通过深度挖掘和分析消费用户数据、市场趋势,电商女装设计越来越精准化。从消费用户数据收集分析到市场趋势预测,再到个性化推荐与精准营销,最后通过智能优化与迭代,形成了一个以数据为驱动、以消费用户为中心的循环优化过程。电商女装设计提升精准度的关键,在于充分利用大数据和人工智能技术深入了解目标用户、紧跟市场趋势、实现个性化推荐与精准营销、持续优化与迭代产品设计、明确店铺和商品风格。借助这些技术,设计师能够更精准地洞察消费用户需求,把握市场趋势,根据市场反馈不断优化产品设计,从而推动电商女装设计向精准化和智能化发展。

(二)基于大数据赋能的服饰设计框架

大数据作为新兴技术,能够提取品牌既往销售数据,助力掌握动态行业趋势,挖掘市场内在发展规律,辅助设计师进行服饰设计开发工作。在大数据赋能设计环节,可将与服饰设计相关的大数据分为消费数据与行业数据两个模块,构建基于大数据赋能的电商女装设计框架。利用数据中台对动态竞店消费数据、用户反馈数据和产品预售数据等消费大数据进行采集,通过算法沉淀动态数据,形成静态需求数据。设计师可以借助消费大数据辅助商品企划工作,依据静态需求数据推导出的建议修改现有产品的不足之处。在预售数据的基础上对设计打样环节所选择的物料进行下单决策,降低产品开发过程中的成本。对比竞争店铺的数据生成可视化图像,模拟预测用户消费选择偏好,并指导设计师对标竞争店铺,进行具有针对性的设计开发工作(见图4-15)。

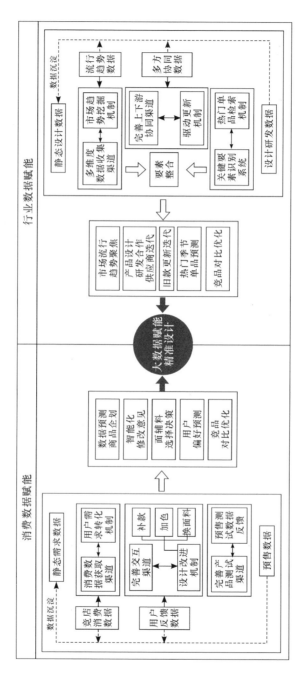

图 4-15 基于大数据赋能的服饰设计框架

服饰设计受到流行、风格、文化等因素的影响，这要求设计师能协同、高效地把握市场流行趋势，将上下游最新的工艺、物料、生产技术融入款式设计中[116]。在实际工作中，需要将服饰行业数据分类管理，采集流行趋势数据、多方协同数据、品牌设计研发数据形成静态设计数据。通过不同的趋势信息渠道多维度挖掘数据，聚焦市场流行趋势信息，辅助设计师进行服饰设计工作。还需借助数字管理系统完善上下游供应商及生产工厂的信息协同，及时了解合作供应商推出的最新物料、工厂新研发的生产工艺技术。通过积累以往的设计研发数据识别品牌风格关键要素，利用大数据检索全平台当季热卖单品，预测爆款商品。设计师可以借助预测数据进行服饰产品的精准设计。

第四节　电商大数据驱动的女装设计模式案例

本章以电商服饰品牌 MZ 为例，选取该品牌 2023 年 7—10 月的服饰设计开发项目作为设计案例进行分析，探讨 MZ 品牌基于大数据实现电商女装产品精准设计、满足消费用户多元化需求的设计开发方式。MZ 品牌作为已发展了十几年的电商女装品牌，在快速变化的市场趋势中不断突破自我，逐渐稳固品牌风格，依托自主开发的数字化系统"淘慧眼"辅助每一季度的产品开发工作。

一、基于大数据分析的服饰商品企划

（一）大数据构建数据导向设计企划新范式

基于大数据分析的服饰商品企划是一个具有明确数据逻辑的设计分析过程，其核心包括以下三个关键环节：首先，通过市场趋势数据分析获取各品类服饰的市场规模与核心趋势，为企划阶段的市场判断提供基础依据；其次，借助消费用户数据分析，挖掘目标群体的细分购买偏好及品牌对应客群的消费特征，并结合同品类热销款式的销量与销售额数据，形成对市场需求的精准洞察；最后，通过竞店数据分析，明确"品类布局"与"开发比例"的决策依据，分析竞争市场中同类店铺的品类分布及款式策略。大数据分析能够有效解决设计前期企划目标模糊的问题，使设计师基于客观数据更直观地把握目标用户需求，构建数据驱动的设计范式,从而制定更加科学、精准的服饰商品企划方案。

（二）基于大数据分析的服饰商品企划

MZ 品牌基于大数据分析的服饰商品企划流程见图 4-16。MZ 品牌通过自开发的数字化系统"淘慧眼"获得电商女装行业相关大数据并进行市场数据分析,数据结果主要体现在市场趋势数据、消费用户数据、竞店数据 3 个方面。

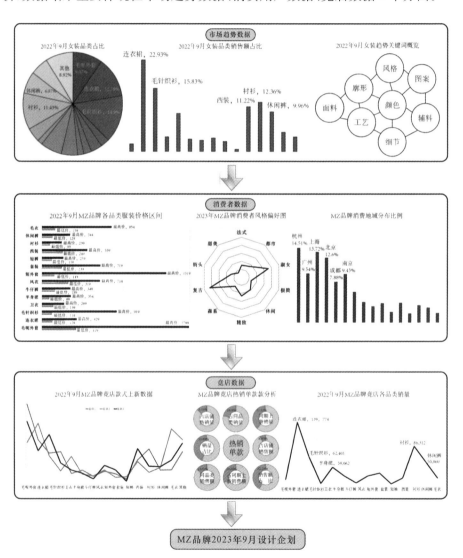

图 4-16　MZ 品牌基于大数据分析的服饰商品企划流程

1. 市场趋势数据

从市场趋势数据来看,通过大数据沉淀得出 2022 年 9 月电商女装市场中各品类服饰 SKU(单款单色单码)占比,显示以连衣裙、毛呢外套、毛针织衫、衬衫和休闲裤为主销品类,其中毛针织衫成为女装主力开发品类。在同期行业销售额占比上,连衣裙成为女装主力销售品类,该品类数据占比为 22.93%。检索 2023 年秋冬流行趋势关键词,提取面料、廓形、风格、色彩等流行元素,有助于精准把握设计趋势。

2. 消费用户数据

通过分析消费用户数据,MZ 品牌收集了 2022 年 9 月品牌自主开发的各品类款式的最高价及最低价区间,用于当季产品设计企划中核算各品类服饰的成本价格。从微博、电商购物平台、小红书、抖音等渠道收集粉丝风格偏好关键词,生成 2023 年 MZ 品牌消费用户风格偏好雷达图,其中淑女及复古风格评估值较高。分析 MZ 品牌消费用户地域分布,数据显示杭州、上海、北京三地用户比例位居前列,参考不同城市往年同期气温,能够合理分配各品类 SKU 比例。

3. 竞店数据

从竞店数据入手,参考 2022 年 9 月 MZ 品牌的竞争店铺各品类 SKU 上新比例,毛呢外套、连衣裙、毛针织衫、西装、毛衣为重点上新款式。针对竞店单件热销款式销售数据进行环比分析,结合 2022 年 9 月竞店各品类服饰的总销量,拟定 2023 年 9 月 MZ 品牌的服饰设计开发款式数量。

根据前期对各品类数据的分析结果,MZ 品牌将设计、研发、生产等流程及品类、价格等纳入商品运营等整体范围内,以商品为轴,结合每周线上渠道店铺上新节点制定出 MZ 品牌 2023 年 9 月秋冬季节款式开发企划(见表 4-4)。

表 4-4　MZ 品牌 2023 年 9 月商品企划　　　　　　　　　　单位：款

年份	时间	上新日	卫衣	半身裙	连衣裙	毛针织衫	牛仔裤	风衣	短外套	套装	短裤	西装	衬衫	裤子	毛衣	毛呢大衣	羽绒服	企划合计
			规划	规划	规划	规划	规划	规划	规划	规划	规划	规划	规划	规划	规划	规划	规划	
			4	6	18	19	3	5	8	7	3	6	13	3	7	6	4	112
2023	秋季	09-08	2	1	6	8	2	2	4	1	3	5	/	/	/			38
		09-15	/	/	4	3	1	1	1	1		2	1	1	1			17
		09-24	2	4	5	7		2	1	2	1	3	5	1	4	3	1	41
		10-01		1	3	1		2				1	2	2	3			16

二、数据协同的款式设计开发流程

（一）数据驱动的跨部门协同设计

电商女装具有流行周期短、款式多、生产单量小的特点，在开发过程中涉及多个部门，这导致品牌管理和设计开发流程管理有一定难度[116]。基于数据协同的款式设计开发流程是借助数字化解决方案，使供应链环节与设计环节的相关数据及时得到沟通和共享，促进设计、研发打样、下单生产等不同阶段所涉及的有关数据的集成协调。数据的加入使款式设计开发过程中每个阶段的人员、物料、工厂等生产要素都得到优化整合，实现数据信息透明化，有效缩短产品生产周期，实现品牌内外部高效协作开发的目的。

数据驱动的跨部门协同设计不仅优化了电商女装的设计开发流程，还提高了整体的工作效率和响应速度。通过实时共享和更新数据，各个部门能够更准确地把握市场动态和消费用户需求，及时调整设计和生产策略。这种协同模式不仅加强了部门间的沟通与合作，还为企业带来了更强的灵活性和竞争力，使企业能够更好地应对市场的快速变化和消费用户的多样化需求。数据驱动的跨部门协同设计已经成为电商女装行业的重要发展趋势。

（二）品牌款式设计开发流程

在完成基于大数据分析的商品企划工作后，MZ 品牌通过数据管理系统完成从设计稿到企划计划的对接，即设计稿填充企划坑位的具体实现。MZ 品牌数据协同的款式设计开发流程见图 4-17。设计小组根据设置完成的当季商品企划分配工作，设计师将设计稿件上传至系统后自动生成设计款号档案，提交

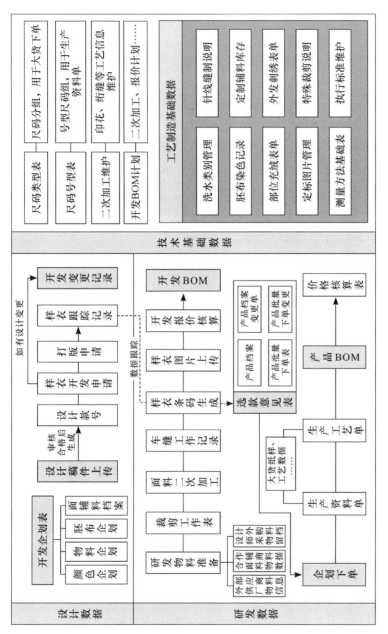

图 4-17　MZ品牌数据协同的款式设计开发流程

样衣开发申请后即可利用数据全流程跟踪开发进度。通过系统维护该设计款式的基本信息,初步制定样衣所用物料及二次加工工艺等细节。

在研发过程中,将外部供应商、合作供应商及设计师采购的物料基础信息统一录入研发数据库系统,便于设计师随时调取信息并核算样衣成本。工艺师结合技术基础数据开展打版工作,与设计师在沟通过程中对款式进行修改,并将所用到的外发二次加工录入工艺制造基础数据。在样衣制作完成后生成样衣条码,即可通过条码全流程追溯该件样衣所使用的物料、工艺等信息,核算开发报价成本后生成设计开发 BOM (bill of materials,物料清单)。该季度样衣完成选款工作后,再根据开发信息创建产品档案移交至产品大货生产。

三、基于新款预售的款式修改及下单生产

（一）新款预售数据提取

MZ 品牌依靠快速且强大的供应链及时响应小批量、多品类的高效生产需求,有效利用市场资源,减轻了库存压力。但由于此开发模式对于原料的现货需求极高,并缺乏与面辅料商及工厂稳定的长期战略合作关系,时常出现面料现货不足、小单量高成本、稳定性低等问题。品牌通常以 15～30 天预售的方式延长生产周期,以预售形式抢占与市场同类品牌竞争的先机,同时以预售数据为依据预测翻单产量,降低库存风险。MZ 品牌新款预售数据提取流程见图4-18。MZ 品牌利用电商平台数据挖掘消费用户的反馈需求,当设计部门在该季度完成样衣选款下单工作后,店铺将样衣照片上架至电商平台进行预售款式测试。根据浏览、加购、收藏等大数据进行款式筛选工作,决定最后各款式的下单量至工厂进行大货生产。

（二）数据引导的预售评估及生产策略调整

MZ 品牌在完成 2023 年 9 月的样衣开发工作后,使用淘宝网站的预售系统对新款样衣进行新款预售评估。MZ 品牌 2023 年 9 月各款式预售数据见表4-5。根据预售结果数据可以得出,用户在 2023 年 9 月预售款式中更倾向于购买针织品类服饰,其中针织裙的加购率高达 7.77％,为重点品类。对加购色彩数据进行对比后发现,针织裙及针织套装的黑色与米杏色款式加购数量较多,丝绒裤的米白色款式加购数比黑色更多。因此在后续产品设计开发过程中,

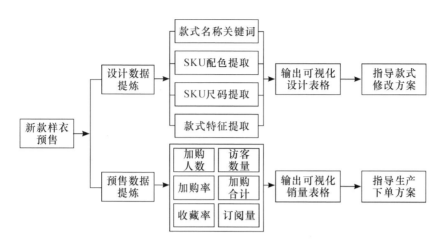

图 4-18　MZ 品牌新款预售数据提取流程

MZ 品牌将提前准备黑色及米杏色的针织纱线现货,用于应对后续翻单生产及新款开发工作。其中芥末黄针织裙与驼色针织套装预售数量较少,考虑纱线备货成本后,品牌决定取消该颜色的款式开发计划。丝绒裤原先预计黑白两色首单各下大货订单 100 件,根据预售数据,品牌生产部门将白色丝绒裤首单件数提升至 200 件。

表 4-5　MZ 品牌 2023 年 9 月各款式预售数据

款号	商品名称	颜色	总计/件	加购合计/件	加购率/%	收藏率/%	首单下单量/件
84353	针织裙	米杏	724	2090	7.77	3.51	200
		芥末黄	297				100
		黑色	1069				300
66873	针织套装	花灰	228	1478	3.53	1.62	80
		米杏	390				100
		黑色	586				100
		驼色	274				80
66881	丝绒裤	米白色	632	882	5.65	4.46	200
		黑色	250				100
05274	衬衫	奶白	216	930	6.31	2.54	50
		米黄	221				50
		驼色	249				50
		黑色	244				50
05674	双面呢	奶油黄	294	669	5.03	2.17	100
		灰绿色	375				100

第五节　电商大数据驱动的女装设计模式创新与展望

一、设计思维与数据科学的融合

(一)设计思维与数据科学的互补优势

借助万物数字化的发展,服饰设计的技术连接与传递效率得到全面提升。数据具有客观性、科学性和时效性,而服饰设计思维是设计师依靠个体的主观能动性进行的创意性思维方式。设计思维与数据科学的融合代表着主观艺术与客观科技的结合,为女装设计带来新的可能性和机遇。数据科学为设计思维提供了坚实的支撑,使设计师能够基于客观数据做出更为精准的设计决策。而设计思维则赋予了数据科学更大的灵活性和创造力,让数据不再是冰冷的数字,而是成为激发设计灵感的源泉。在这种融合中,设计师可以充分利用数据科学提供的市场分析、消费用户行为预测等信息,将这些数据转化为具体的设计元素和创意构思。数据科学为设计提供客观、科学的支持,而设计思维则赋予数据以生命和灵魂。这种融合不仅推动了女装设计的创新与发展,也为整个时尚产业带来了新的活力和机遇。

(二)数据驱动的设计决策过程

大数据分析方法的应用是解决信息缺失和不确定性的问题的关键手段。数据驱动的设计决策过程是一个结合了数据分析与设计思维的方法论,旨在通过数据收集、处理和分析来指导设计决策,以提高设计的准确性和市场接受度。在数据与设计融合的工作背景下,设计师不仅需要具备对美学和时尚的敏感度,还需要具备数据分析和挖掘的能力,以深入了解消费用户的需求和市场趋势。数据能够帮助设计师深入了解消费用户的风格喜好、生活习惯及购买偏好,通过分析海量数据,设计师可以更准确地预测流行趋势,根据反馈意见及时调整设计方向,进行设计决策。这种迭代式的设计过程能够帮助设计师更加灵活地应对瞬息万变的市场,降低款式开发失败的风险。

（三）设计思维与数据科学融合下的跨界创新合作

在当前的信息化与数字化时代背景下，设计思维与数据科学的融合显得尤为重要。这种融合不仅能显著提高设计的精确性和效率，更能有效激发创新性思维，为设计师们提供了一种全新的视角和方法论。设计思维强调从用户的角度出发，深入挖掘潜在需求，并以此为基础进行创新设计，而传统的设计思维在某些时候可能会受到行业固有观念的束缚，难以跳出既定的框架。数据科学的加入，为设计思维注入了新的活力。数据科学以严谨的数学模型和算法为基础，通过对海量数据的挖掘和分析，能够揭示出隐藏在数据背后的规律和趋势。这些数据不仅可以帮助设计师们更准确地把握市场动态和消费用户需求，还可以为他们提供全新的设计灵感。同时设计思维与数据科学的结合能够激发创新性思维，促使设计师跨越传统边界，与工业、建筑、计算机等行业进行跨界合作，借鉴其他行业的成功经验和设计理念，并将其融入服饰设计中，从而打造出更具创意和市场竞争力的作品。这种跨界合作不仅为设计师们提供了更广阔的视野和更多的创意资源，还能促使他们探索新的设计方法和工具，推动服饰设计行业的创新发展。

二、人工智能在女装设计中的应用前景

（一）人工智能引领服饰设计智慧革新

随着工业 4.0 时代智能制造的逐步深入与成熟，工业制造智能化程度已达到较高水平，在人工智能技术的助力下，服饰设计的开发将更具"智慧"，人工智能将持续支持服饰设计的迭代和创新，助力服饰设计优化[133]。数字经济时代，设计的内涵一直在扩展，设计活动涉及的具体领域也一直在扩张[134]，人工智能技术在女装设计中的应用前景广阔。从智能推荐系统到虚拟试衣间，人工智能的应用正在为消费用户提供更加个性化、便捷的购物体验。随着深度学习和图像识别技术的成熟发展，人工智能有望帮助设计师快速生成设计草图、预测流行趋势，并提供定制化的设计方案，帮助设计师快速获取丰富的设计创意。设计师根据这些创意进行优化和改进，选择最优的方案，降低生产成本，减轻环境负荷。

（二）人工智能助力下的服饰设计创新协同

在当今快速变化的市场环境中，设计与市场之间的紧密联系变得尤为关

键。设计端不再是一个孤立存在的环节,而是需要与市场趋势和消费需求进行深度的协同与联动。这种协同联动的目的是促进"行业—市场—消费"之间的共生互惠机制,确保每一个设计创新都能紧密贴合市场的真实需求。人工智能技术的引入为设计与市场之间的交互注入了新的活力,利用人工智能技术,设计端可以更加精确地捕捉市场趋势和消费需求,实现更高效的协同与联动。当市场消费与设计端真正形成内外双向联动时,这种协同机制将引领设计产业走向外生进化,不断适应并引领市场的变化。这种紧密的交互与合作,不仅能够提升设计的商业价值,更能够促进服饰产业的持久繁荣和健康发展[135]。

三、电商女装的未来发展趋势与挑战

(一)电商女装行业的增长与挑战

电商女装行业在保持快速增长态势的同时,也面临着诸多挑战。一方面,随着消费用户对个性化、高品质女装的需求不断增长,电商平台需要不断提升产品的设计水平和质量,以满足消费用户对优质产品的需求;另一方面,随着市场竞争的加剧和消费用户对品牌的忠诚度下降,电商平台需要加强品牌建设和营销策略,提升用户黏性和转化率。电商平台还需要不断跟进新技术、新趋势,将其应用到产品设计、供应链管理、营销推广等各个环节,以保持行业的竞争力和创新能力。这无疑对电商女装行业提出了更高的要求,但同时也为其带来了新的发展机遇。

(二)女装产品策略性调整与可持续发展

随着环保意识的提升,消费用户对环保、可持续性和生产透明度的要求日益提高,这促使女装品牌必须对其产品策略进行深刻的调整。电商品牌需要积极响应环保呼声,推出更加环保可持续的产品,并通过透明的生产链和可追溯的材料来源来提升消费用户的信任度。为了满足这些需求,品牌需要从设计、材料、生产和营销等多个方面进行策略性调整。品牌需要注重环保材料的选择,如使用可再生、可降解或低环境影响的面料,优化生产过程,减少废弃物和污染物的排放,提高资源利用效率,建立透明的生产链,向消费用户公开产品的生产过程和材料来源,以增强消费用户的信任感。品牌通过注重环保材料选择、优化生产过程、建立透明生产链及开展环保营销活动等措施,可以在激烈的市场竞争中脱颖而出,实现可持续发展。

(三)新技术驱动下的电商女装创新路径

随着云计算、大数据、人工智能等前沿技术的不断发展,电商女装行业正迎来前所未有的发展机遇。深度融合这些先进技术,可以引领电商女装行业迈向更加智能化、个性化和高效化的发展新阶段。在激烈的竞争中,建立和维护品牌形象和声誉将成为电商女装企业面临的重要挑战。消费用户对品牌的信任度影响着购买决策,品牌需要通过提供优质产品、优质服务和建立良好的用户体验来赢得消费用户的信任。

在设计方面,利用先进的技术工具,如3D设计软件、虚拟现实技术等,设计师可以更加直观地展现设计构思,使消费用户在购买前就能体验到产品的穿着效果,从而增加用户购买的体验感和满意度。在供应链管理上,通过应用物联网技术和大数据分析,电商女装品牌可以实时监控库存状态,预测市场需求,及时调整生产和配送计划,以减少缺货和积压现象,提高运营效率。而在营销推广环节,借助社交媒体、搜索引擎优化(SEO)、内容营销等手段,品牌可以更精准地触达目标消费用户,与用户建立情感连接,提升品牌知名度和忠诚度。

第六节　本章小结

在大数据时代,机遇与挑战并存,数据已成为服饰设计开发中不可或缺的要素。通过梳理电商女装品牌的发展特征、现状与特点,我们发现随着消费用户需求的持续演变和新兴品牌的崛起,电商女装市场竞争格局日益复杂。本章针对服饰设计相关的大数据进行分类,阐述大数据时代服饰设计模式的变革及数据多向赋能促进设计协同价值创造,构建了大数据牵引下的服饰设计框架,提出在设计开发过程中,品牌应结合利用消费数据与行业数据实现大数据赋能的服饰产品精准设计。

传统的服饰产品开发方法由于消费需求的不确定性及服饰产品迭代周期缩短等因素暴露出诸多弊端,借助大数据技术广泛且具有前瞻性的特点,可以从海量数据中提取有价值的设计信息,进而为服饰设计开发提供有力的支持。

通过对消费用户的行为、喜好、需求等数据的深入挖掘和分析,可以更加精准地把握市场动态,预测未来流行趋势,为设计师提供灵感和方向。同时,大数据技术还可以帮助设计师优化生产流程,提升大货产品质量,降低生产成本。充分利用大数据技术的优势,将数据转化为服饰品牌的核心竞争力,可以为服饰行业的创新发展提供有力支撑。

设计思维与数据科学的融合将成为电商女装设计的主要趋势之一,海量的数据基础和复杂、智能的数据工具只是设计活动的支撑环境与工具,设计模式的关键还是人的创造性行为。未来的设计模式将是设计师与海量数据之间的对话,传统的服饰设计师需要具备新的能力以适应这场新的对话。用大数据技术对传统服饰设计开发模式进行革新,使数据能更轻松便捷地为服饰设计开发过程中的每个参与人员所用,为服饰品牌在大数据时代下构建新的服饰设计开发模式提供了可行方案。

第五章　跨境电商大数据逆向牵引的服饰设计模式研究

第一节　服饰跨境电商发展的商业特征

一、服饰跨境电商产业的环境分析

(一)服饰跨境电商市场规模发展迅速

随着供应链的全球化发展、互联网与数字技术的普及,跨境贸易愈发便捷,服饰类产品在跨境电商市场上的规模不断扩大。据亿邦智库联合蚂蚁国际Antom 发布的《中国服装出海洞察报告》,服饰类产品在跨境电商市场上占据了27.4%的市场规模。得益于全球服饰消费需求的反弹,全球服饰类目市场规模逐渐壮大,高达 1.74 万亿元,同比增长 10.3%,其中 2023 年度我国纺织品服饰累计出口 2936 亿美元,12 月出口 253 亿美元,同比增长 2.6%。据全球数据统计机构 Statista 预测,2024—2027 年全球服饰消费市场的平均增长率将达2.8%,女装类目占服饰总类目的 52.3%,且以 10%的同比增速实现增长引流,显示出服饰行业强有力的竞争性。欧美市场作为全球消费市场的主力军,占据了全球服饰消费大盘超 50%的比例,从增长态势来看,东南亚、中东、非洲市场增长迅猛。当下中国服饰品类的跨境电商以 SHEIN、子不语、赛维、PatPat 等品牌为领跑者,但在细分领域,许多中小卖家为开拓海外市场,开始逐步依靠长尾流量成长。

（二）数据技术推动设计质量升级

数据技术作为服饰跨境电商发展的驱动力，不仅是传统设计模式升级的新动力[136]，同时也是跨境制造业深入数字化升级的新方向。传统的数据技术主要利用现存数据库中的数据，对数据进行处理，分析出数据之间的关联性，利用关联性创造设计价值，从而完成设计作业。这些数据还较为片面，无法捕捉最前沿的市场动态，存储方式以集中式存储和处理方式为主[137]，导致数据处理速度较慢。而现代数据技术的体系庞大且复杂，逐步实现了从单域到跨域的数据管理，促进数据要素的共享协同[138]，数据跨域管理技术通过跨域模式，跨空间域、管辖域、信任域推动数据技术高质量发展。

在传统跨境设计模式中，设计师以秀场图片与竞品网站为参考进行主观判断，很多产品采用拼贴、复制、割裂的手法进行设计，导致市场上存在较多相似或相同款式。利用数据技术，将抓取来的图文声像等信息转化成计算机可识别的二进制数字后进行处理，整合消费用户数据、用户画像数据、品牌销售数据等，运用 AI 技术智能生成趋势与热点，供设计师进行查阅与研究，方便他们有针对性地进行款式设计与开发，以有效改善跨境市场上产品同质化的问题，推动精细化、个性化的跨境服饰设计。数据技术的介入不仅给予设计师更多面性的选择，还在一定程度上缩短了搜集资料的时间，提升了产品的设计质量，成为激发跨境潜在消费市场活力的重要动力。

（三）跨境电商文化环境结合服饰设计

在跨境电商市场中，地域文化是设计师考虑的重要因素。跨境市场无法统一的原因包含语言、文化、经济水平、宗教信仰等地域不同所导致的差异问题[139]，不同地域与种族之间的文化差异为设计带来了全新的变化，跨境服饰设计的风险取决于对当地语言、风俗、宗教、价值观等文化差异的适应程度。为贴合目标市场的文化特征，设计师需要重新审视自身的设计活动，在目标市场调研、产品开发与定价、产品营销与管理、物流与客户服务等方面做出适配的解决方案，避免因文化环境所导致的设计障碍（见图 5-1）。

服装跨境电商的设计需求建立在对用户行为和偏好的深入分析之上，旨在探索信息不对称条件下数字平台所孕育的商业机遇。其设计核心聚焦于满足用户的生理需求（包括功能性和舒适性）和心理需求（如审美偏好和文化认同），

总结		人均GDP（美元）	人口（亿人）	人口密度/平方公里	货到付款比例	年龄中位数	主流语言	宗教信仰
北美	购买力强、大市场	68,370	3.7	23	2%	39	英语	
澳大利亚	购买力强、小市场	60,443	0.3	3	2%	38		基督教主流
欧洲	购买力较强、市场分散	38,411	4.5	73	2%	44	俄语、德语等24种语言	
中国	购买力一般、大市场	12,556	14.1	145	1%	38	汉语	无信仰/佛教74%/16%
拉丁美洲	购买力弱、潜力大、市场分散	8,328	6.6	31	4%	30	西班牙语等超5种语言	基督教83%
中东地区		7,569	4.9	62	14%	25	阿拉伯语等超5种语言	穆斯林超90%
东南亚		5,336	6.9	136	15%	26	英语、汉语、马来语等	印度教/佛教/无信仰40%/20%/20%

图 5-1　全球主要地区文化情况对比

注：人均 GDP 为 2021 年数据，其他均为 2022 年数据。

即利用数据技术，在用户的文化语境中进行深度的数据挖掘与分析，以精确掌握市场需求并开拓盈利空间。在服饰的主观设计层面，文化差异表现在价值体系、宗教信仰、社会制度和生活方式、行为规范和文化禁忌等方面。设计师需体现文化属性的价值判断，在服饰设计和表现形式上体现设计美学价值，包括浅层次的构思、造型、图案、色彩、款式等。而客观上的设计困境使大部分服饰跨境电商仍坚持以量取胜的销售策略[140]，以供应商采购为主要产品来源，设计师缺乏利用数据的能力，导致品牌形象不突出，对用户购买的喜好度把控得不精准，以至于失去了用户的忠诚度。

将跨境服饰设计作为文化载体，以文化力量作为开展设计活动的核心驱动力，以数据技术为支撑，构建以文化作为黏合剂的一体化数字设计策略。在跨境服饰的策划、设计、制造、生产等环节，依托数据，以文化价值推动用户价值创造，使设计师在资源配置、设计标准上形成统一的文化设计体系，将目标跨境市场的文化特质渗透到所有的设计活动中。利用数据智能选择和确定设计理念，开展市场调研，进行定价、款式、广告内容设计，通过个性化产品或智能化服务载体将其所包含的功能导向、价值理念、文化内涵通过各渠道传播给用户，从而形成独特的产品竞争优势。

二、全球服饰跨境电商的市场格局

（一）全球服饰跨境电商的商业模式

全球服饰跨境电商模式主要有三类，包括传统快时尚服饰品牌模式、垂直类服饰跨境独立站模式和第三方跨境电商平台模式。其中，传统快时尚服饰品牌模式指国际知名的快时尚品牌，其在全球范围内建立了完善的供应链体系，通过自有的线上商店或与跨境电商平台合作，向全球消费用户销售其服饰产品。这些品牌通常都很注重快速跟进时尚潮流、大规模生产和全球化营销,以迎合年轻消费用户对时尚品牌的追求。垂直类服饰跨境独立站模式则专注于特定领域或品类的服饰,通常在特定领域内建立了专业形象,并通过独立站点或专业电商平台,向全球消费用户提供精心挑选的商品,注重产品的品质、设计和特色,吸引有特定需求的消费用户群体。而第三方跨境电商平台模式是指提供一个多品牌、多类别的电商平台,允许各种服饰品牌和零售商在其平台上销售商品。它们通常提供完善的供应链服务、跨境物流解决方案和数字营销支持,为品牌和消费用户之间的交易提供便利(见表 5-1)。

表 5-1　全球服饰跨境电商品牌

类型	代表企业	特点
传统快时尚服饰品牌	ZARA、H&M、GAP、UNIQLO	通过全球化渠道与供应链布局实现全球扩张
垂直类服饰跨境独立站	SHEIN、Boohoo、Asos、Zalando、兰亭集势	通过设立独立域名的垂直网站,依托全球物流体系与当地供应链优势,进行全球线上市场扩张
第三方电商平台	子不语、赛维时代、安致股份、Temu	通过开通在 Amazon,Shopee 等线上购物平台上销售产品权限,进行服饰销售的卖家

数字化时代的到来使线上消费渐成主流,服饰跨境电商以多元化消费渠道发展为切入点[141],从亚马逊、阿里巴巴国际站等第三方跨境电商平台到兰亭集势、SHEIN、Shopify 等独立站布局,从 Facebook、Instagram 等社交购物平台到 TikTok、Amazon Live 等线上直播平台,逐步逾越了传统消费区域的界限,有效弥补了传统贸易的缺陷。目前,中国电商出海以亚马逊、Shopify 等海外成熟渠道为主,速卖通、Temu 等国内平台为辅。数字化消费渠道是基于新型外贸模式的创新,即直接触达用户(direct to consumer,DTC)的品牌商业模式,绕过外贸交易链的多个中间环节,让卖家直接触达终端用户[142],提升买家的消费自主性,实现线上服务、线下体验、优质价格和交易效率的深度融合,使流行趋势、服饰设计、智能制造和数字化销售在用户和产品的交互融合中降本增效(见图 5-2)。

图 5-2　全球服饰跨境电商品牌分类

(二)跨境模式运营的优劣势分析

第三方跨境电商平台具有全球化、高流量、安全可靠、优质服务等特点,主要有亚马逊、速卖通、Temu、eBay、Shopee、敦煌网、WISH 等。其中亚马逊平台拥有全球化的销售渠道,为跨境企业提供能够帮助其更好地了解市场和用户需求、制定更科学的营销策略的各种数据分析工具[143]。跨境企业通过亚马逊平台的广告投放工具、品牌注册和保护等服务进行推广,提升商品的曝光度和品牌形象。目前,各大主流平台每年对外宣传的投入比例较大,凭借较高的知名度、庞大的用户浏览量与丰富的用户资源,买家可以通过数字化平台快速接触到全球用户,展示企业、宣传企业,打造企业品牌形象,逐步形成自己的客户群体。

随着 SaaS 系统技术的成熟,以 DTC 模式为主的服饰独立站,依托 Facebook、Instagram 和 TikTok 等主流社交媒体带来的流量红利,利用大数据预测销量、确定产量,实现柔性供应链并实现"小单快反"模式[144],同时通过互动式营销与用户建立联系,提升产品复购率。其中,以 Shein、ZAFUL 等为例的服饰垂直电商,通过设立垂直网站的独立域名,依托全球物流体系和供应链优势进行全球线上市场扩张。

第三方平台与垂直独立站优劣势分析见表 5-2。

表 5-2　第三方平台与独立站优劣势分析

模式	优势	劣势
第三方平台卖家	1.开店门槛低,运营模式成熟。第三方平台自身运营模式成熟,平台支持解决履约问题,卖家可以更好地专注于品牌建设和产品提升。 2.平台流量背书。第三方平台一般已经形成了自身固定的消费群体,卖家可利用平台自带的品牌效应实现流量引入。	1.同质化竞争激烈。第三方平台流量红利期已过,流量被有资金优势的头部卖家垄断,对品牌化弱、产品特性不足的中小卖家不利。 2.营销方式受限,面临封号风险。第三方平台都有自身的规则约束,卖家在营销方式的选择上会受到一定程度的限制,较难实现差异化营销。 3.缺乏数据支持。平台卖家无法获得这些用户的详细数据和联系信息,无法转换为私域流量,很难建立二次销售。
垂直独立站	1.规则灵活,抗风险能力提升。不受制于第三方平台的政策或规则,可根据品牌战略调整营销模式,无封站风险,平台费率低。 2.分析获客一手数据,积累高质量私域流量。可将数据留存在商家端,实现数据的二次开发,提高复购率,更容易获得高质量询盘,培养卖家品牌忠诚度。 3.差异化竞争,塑造品牌形象。完全控制并不断累积自己的品牌,并且可以采取灵活的方式进行营销活动的设计和宣传。	1.流量成本高,转化率低。独立站的流量只能依靠自主引流。而近几年,跨境电商本身的竞争越来越激烈,流量价格越来越贵。 2.运营难度大。企业既要运营平台,也要运营商品,这对企业的运营提出了非常高的要求。

（三）数字化 DTC 运营模式

全球服饰类跨境电商运营模式主要有 OTC 模式、第三方平台模式、社交电商模式、垂直集成模式。我国跨境电商发展已进入经济高质量驱动阶段,随着 SaaS 系统技术的成熟,以 DTC 模式为主的服饰独立站依托主流社交媒体带来的流量红利,利用数据预测销量、确定产量,实现柔性供应链并实现"小单快反"模式,同时通过互动式营销与用户建立联系,提升产品复购率。

DTC 模式在跨境数字化服饰设计中的应用与交互主要体现在以下 5 个方面:(1)数据驱动的设计决策。DTC 模式使企业可以直接收集终端数据,包括用户行为、偏好、反馈及消费记录等。终端数据不仅可以帮助设计团队了解市场需求与趋势，还可以通过实时的数据分析结果调整设计策略。(2)快速迭代与优化产品。在数字化DTC模式运作下，企业可以更快地将设计概念转变为产品，并快速推向市场。借助数据工具和数字化平台，设计师可以及时获取用户对新推产品的反馈，而这些反馈将直接流动到下一轮的设计迭代中，实现设计的快速优化和迭代。(3)个性化与定制化设计。通过跨境数字化平台，设计师可以直接与消费用户进行互动，收集具体的设计需求和偏好，然后利用数字化设计工具快速生成个性化的产品方案，满足消费用户对独特性和个性化的追求。(4)增强跨境企业与用户间的互动。品牌可以通过社交媒体、电商平台等数字化渠道与消费用户进行互动，收集意见和建议数据，增强消费用户的参与感和品牌忠诚度，缩短跨境地域距离。(5)数字化营销与设计的结合。在DTC模式下，品牌可以利用数字化营销工具(如社交媒体营销、搜索引擎优化、内容营销等)直接推广其设计理念和产品。

三、中国服饰跨境电商的竞争要素

(一)柔性供应链体系加速设计反应

由中国服装协会发布的《中国服装行业"十四五"发展指导意见和2035年远景目标》中指出，服饰产业要从设计、研发、制造、营销、售后等环节提升快速反应能力，整合产业链上下游资源组建共同体，构建数字化、网络化联动发展的协同创新体系[145]。基于传统服饰外贸的发展特征，中国服饰跨境电商主要以出口为主业，依托供应链、产业链等特色优势[146]，在获得用户需求信息后进行整理归纳，从而形成生产指令，并投放到秉承"小单快反"制造理念的供应链体系中，以降低生产成本为目标，在短时间内完成供应链的部署战略，提升供应链的生产效率和柔韧度。

Fisher和Raman在不确定需求成本的讨论中最早对经典的快速反应进行了研究[147]，他们通过对零售商历史销售信息在快速反应系统中的作用进行讨论，并利用数据的更新提高预测精准度，建立了两个阶段的订货模型。快速反应策略主要针对服饰跨境电商行业中较成熟的应用场景，满足小批量、多批次、需求波动较大的采购需求。服饰跨境电商企业为优化物流、售后等服务，加强数字化系统建设和数据技术运用能力[148]，完成了"小前端＋大中台"的组织架构搭建。订单、加工产能、面辅料资源为跨境服饰数字化供应链开发的三要素。适配差异化需求的供应链柔性运营模式框架为满足用户差异化需求，以整合柔性服饰产品信息、柔性面辅料采购档案、柔性样板任务管控机制、柔性产品专供渠道、柔性库存管理策略作为供应链运营模式的数据支柱，基于柔性企业文化氛围，建设柔性运营数字化人才队伍。从消费端到生产端的数字化供应链需求是基于服饰跨境电商目标市场多、产品品类泛滥、供货链条长、运输渠道远等困境。企业依托数据化改造，对销售、库存、设计等数据进行全方位掌控，实现目的国消费需求和始发国生产供给的高效匹配和敏捷响应（见图 5-3）。

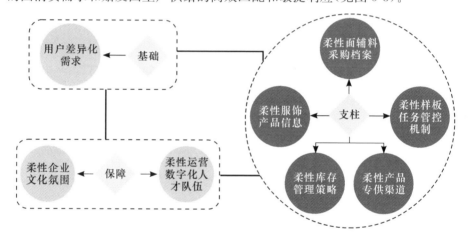

图 5-3　柔性供应链运营模式框架

柔性供应链管理从产品和研发、供应商、采购、备货仓储到营销引流、品牌塑造，以用户为核心，是贯穿产品全生命周期的设计导向型管理模式，目的是建立小批量、多频次、低成本、快速摸索敏捷的供应链能力，降低多 SKU、多品类、多平台、多供应商、多物流、多国家的管理复杂度，针对跨境电商柔性供应链构建完整链路，让消费端与设计端在同一个数字化系统中实时互动，从而在同一个数字化系统中实现设计流、销售流、推广流、生产流等的高效循环。跨境服饰需求具有变动性、时效性，以数字化的柔性供应链管理能力作为核心竞争力[149]，使"小单快返"模式可以高效运行，将高性价比与上新速度作为核心优势，从而使产品兼具高性价比、上新快、种类丰富的设计优势，以极致的性价比和上新速度为核心优势实现用户的转化和留存,实现产业互联网化(见图 5-4)。

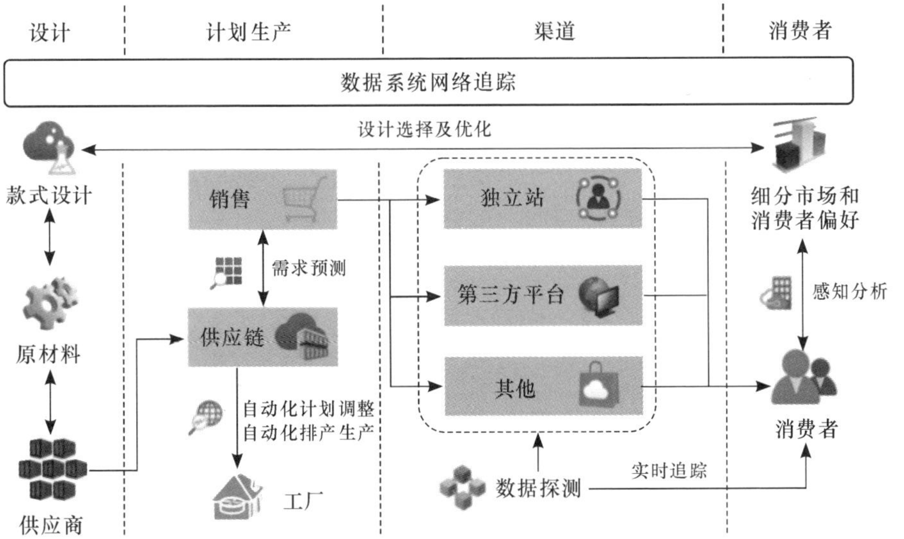

图 5-4　跨境柔性供应链管理流程

(二)数据驱动个性化用户需求洞察

对于用户需求的洞察需保持客观性、高效性与预测性。在数字化驱动与消费观念转变背景下,服饰类跨境电商高速发展,以个性化、多样化消费为主导的服饰消费特征取代了传统的模仿型排浪式消费,服饰消费态势从有形物质式消费向无形服务式消费转变。通过分析用户行为产生海量的相关性数据,能够发现数据背后用户行为的客观规律,并预测用户需求[150]。服饰类跨境电商出口的主要市场有美洲、欧洲、非洲、亚洲等,考虑到气候、文化等差异所形成的消费障碍,企业需依托模块化数据,分析具有区域性特征的流行趋势,从而更清晰地了解目标用户,对消费群体的需求进行本地化设计。

近年来,学术界和产业界对大数据分析或应用下的设计新模式进行了积极的实践和探索。大数据分析让企业更加了解用户的行为规律,借助用户使用互联网过程中所产生的大量行为数据,设计师可在用户研究阶段利用数据洞察用户需求,进而指导后续的产品开发设计。大数据分析下的用户研究,鼓励设计研究者利用互联网中的海量数据和大数据处理技术进行用户研究,改变了传统的用户研究方法,使分析效率得到显著提升,分析结论的说服力全面提升[14]。

基于数据对用户行为进行研究,是指运用大数据技术对海量的结构化和非结构化数据进行采集、处理和分析的过程,这些数据通常具有多样性、大容量和高速率三大特征。随着用户数据规模的不断扩大,数据特征经历了从单一性向复杂性的转变。设计师可借助数据技术精准捕捉用户需求,并将其有效应用于产品开发流程,从而显著提升开发效率。

(三)营销推广手段的测试设计与效果验证

针对目标市场的特点,跨境企业需要打造本土化的营销推广方式,以测试产品的偏好度和销量,主要包括搜索引擎设计、私域流量建设及主流媒体平台监测。其中,搜索引擎设计对目标定位具有准确性与灵活性,且不受地域和时间的限制,在短期内可以迅速提升产品转化率。利用搜索引擎的数据排名规律,可以增加产品的关注度。私域流量运营是企业以用户为中心,通过数字化手段建立的一种融合线上线下场景、公域私域触点的一体化运营模式。对私域流量的建设,运营者需要做好日常的社群维护,通过数据算法对用户进行等级划分,并根据不同等级的客户群定期发布符合他们的消费能力、审美偏好、需求等的新的热卖款、会员优惠折扣等信息,并定期将相关信息反馈给设计部门。线上营销是推动下沉市场增长的关键力量,基于其引流低成本的优势,企业可以扩大宣传力度,利用大众推崇的主流社交媒体平台,如 Instagram、Facebook、TikTok 等进行官方运营,保证每日发帖量、话题搜索量,通过活动预告、专题录播等增强与用户的互动,检测产品热度与关注度数据,提升新品出单率与产品复购率,打造以用户需求为导向的社媒运营策略。

第二节　跨境电商数据分类与应用

一、跨境数据分类

数据在企业与用户之间交互形成多链路的协同运作[151]。其中,用户所产生的购买、反馈、收藏等数据通过数字化技术反馈给设计师,设计师运用数据手段挖掘用户行为偏好与隐性需求,不断改进设计以更精准地匹配用户。因此,在设计前端,设计师要实现对用户需求的快速反应,针对用户制定精准营销的新产品开发设计,需增强自身的数据分析与辨别能力;而在设计后端,则需要用户信息的实时更新,以及对产品设计的个性化改进和生产技术的研发(见图5-5)。

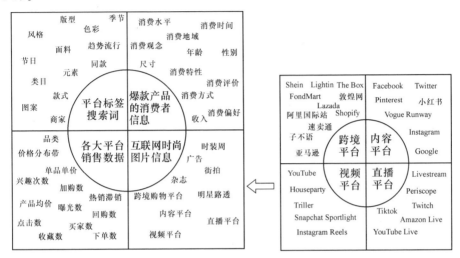

图 5-5　跨境数据来源汇总

(一)跨境市场数据分类

服饰跨境市场数据包括跨境行业数据和跨境竞争数据两个部分。服饰类跨境行业数据以跨境市场时尚发展数据和时尚流行资讯数据为主。其中,跨境市场的时尚发展数据包括行业数据总销售额、行业增长率等发展数据及需求量、品牌偏好等跨境市场需求数据。时尚流行资讯包括品牌发布会、时尚杂志等行业主流信息,在社交媒体影响下产生的用户评论、点赞、转发等反馈数据,这些数据不仅涵盖了社交平台中有关电影、音乐、红毯、明星、直播、演出等时尚场景,也包括海报、广告、宣传片等数据。此外,社媒影响者如博主、KOL(key opinion leader,关键意见领袖)等社交活动所产生的点赞数据、评论数据、转发数据等,也成为获取最新跨境市场信息的重要来源。

在服饰类跨境市场中分布着大量同类型、同特征的竞争产品,其竞争要素主要包含运营模式、品牌风格、产品设计、价格资源、生产方式、销售渠道、推广应用。跨境竞争产品的数据具有准确性、代表性等特征,是服饰类跨境电商发展的风向标。企业可通过搜集跨境竞争产品的类目布局、运营机制、销售推广等数据来掌握其运作动向,主要包括:其一,类目布局包含类目架构、标题关键词、设计特征、价格区间、特征描述等;其二,运营机制数据涵盖每日上新数、曝光次数、标签数、平台横幅流量、促销活动、搜索热词等;其三,所涉及的销售推广数据包括营销渠道转化率、会员转化率、店铺流量转化率、下单转化率及畅销商品、商品评价等,将各类单向的线性关系转变成网状的、流动的协作关系,从而体现出跨境产品的波段性反应与变化,改善"盲目设计",提升设计结果的可利用性。

(二)跨境用户数据分类

权威预测机构与著名设计师以风向标的身份预估并引导服饰流行趋势,但最终决定设计走向的是用户。跨境平台间接性与虚拟性的跨区域传播方式,容易引发语言、习俗、宗教等文化差异,而复杂的用户行为倾向也会影响目标信息的多向展示,进而形成用户与产品之间的沟通壁垒。其中,用户数据通常可以分为两类,一类是用户属性数据,另一类是用户行为数据。用户属性数据代表的是用户自身的基本信息,包括天然特征和行为特征,如用户性别、年龄、职业、身高、地区等人口统计数据。用户行为数据指用户在购物过程中所产生的行为轨迹数据,如浏览、收藏、加购等数据,体现了用户与产品之间的互动模式。用户画像基于性别、年龄等用户属性数据,结合互联网产生的用户行为数据,总结目标客户群体的行为特征与偏好,从多维度助力企业构建全方位的自定义用户画像,实现对目标用户的精准触达,降低转化成本,改善用户流失情况。

(三)跨境企业数据分类

跨境企业数据是在设计与运营过程中产生的产品数据、推广数据、销售数据、供应链数据等各类数据。跨境产品数据是围绕企业产品而产生的,包含跨境行业产品数据和跨境企业产品数据。跨境行业产品数据是指某一产品在整个跨境市场中的数据,如市场产品搜索指数、市场产品爆款指数、市场产品交易指数等。其中,跨境市场产品搜索指数是用户通过相关搜索引擎,如谷歌、雅虎等搜索相关产品关键词热度的数据化体现,通过探究产品特征可以从侧面反映出大众用户对产品的关注程度与兴趣偏好;跨境市场爆款指数是产品在市场上被大众用户所接受的程度的体现,是企业抓住消费用户偏好的重要载体;跨境市场产品交易指数基于产品在交易平台上的热度,用于衡量产品在市场上的反馈情况。

　　跨境企业产品数据可以分为静态属性元数据与动态属性数据。其中,跨境电商产品中,属性值相对不变的固有属性为静态属性元数据,如女装产品的款式、尺寸、色彩、图案、面料、细节设计、供应商等;动态数据指女装产品在投放市场前后,随时间与消费用户行为变化且通常可度量的属性,如新客点击量、重复购买率等产品获客能力数据,以及客单价、毛利率等产品盈利能力数据。推广渠道的展示、点击、转化等数据是由企业在运营过程中的一系列推广行为所产生的。销售数据是指借助爬虫智能爬行算法技术,在非结构化数据特征下,整合产品搜索量、访客量、点击量、收藏量、兴趣量、加购量、销售量等信息,以及产品爆款数据等,从而获取在售产品的多维度数据,以实现数据结果的精准投放。

　　跨境企业需要整合产品、技术、人力等资源,以适应跨境电商形势下的供应链变革。供应链从传统的"供应商—生产商—经销商—零售商"转变为"供应商—生产商—用户"[152],用户占据供应链的始端和末端,而设计师是供应链的参与者与主导者之一。供应链体系运转需要以数据存储为核心,将设计资料转变为可运作的数据库模式,有助于设计师进行高效的设计作业,降低时间成本与人力成本。跨境供应链数据包括设计管理数据、面辅料数据、寻样任务数据、打版任务数据、样衣任务数据等。其中设计管理数据涵盖开发款式的开发季度、开发尺码、面料类型、款式图片、产品分类等;在进行基础的设计管理数据录入后,需匹配开发款式所适用的面辅料。面辅料数据库中存有面料供应商、工厂档案数据,以及所需面辅料档案,如材质、报价、分类等;若在面辅料库中无法查询到所需材料,则需要给采购专员布置寻样任务,设计师对寻样结果材料的物料用途、材质信息、工艺类型、柔软程度等进行录入,及时补充面辅料数据库。而后,在打版任务中系统自动分配打版师,对制版过程进行时间记录、齐套状态记录、纸样类型分类等;制版师完成打版任务后,自动转入样衣任务环节,系统分配样衣师并设置样衣时间,由设计师录入是否需要二次工艺,样衣师可以依据所创建的 SKC(stock keeping color,库存颜色单位)查询面辅料、款式设计图片、制版纸样等开展工作(见图 5-6)。

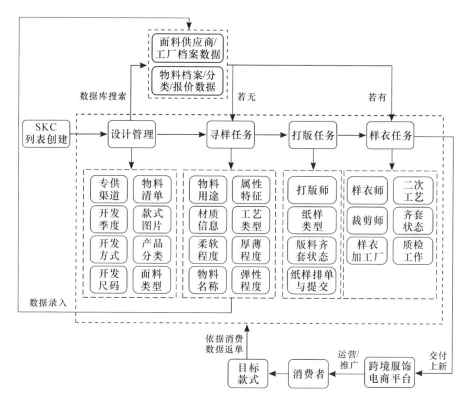

图 5-6　跨境电商形势下的服饰供应链数据运作模式

二、跨境数据技术应用

(一)数据智能采集

跨境电商数据呈碎片化形态,多以结构化、半结构化及非结构化形式分布于社交网络、市场渠道、搜索引擎和产品本体中。为优化运营链,需要获得相关产品的具体信息与销售影响因素。通过实践与调查发现,跨境服饰设计数据的主要来源是以企业前后端为主的市场销售数据、产品元数据、消费用户数据、网页数据,以及社交网络交互数据、谷歌搜索引擎数据、流行趋势数据等。数据具有连续采集特性,可分为离线挖掘与在线分析两部分[153]。为高效采集数据,可运用传感器收取、网络爬虫、射频识别、检索分类工具、条码技术等手段,并在数据提取阶段加入局部区域特征提取的实时层提取器,采用高精度离线模式,通过平台采集系统与第三方采集系统快速定位感兴趣区域所在的关键位置,以提高对新样本学习时的泛化能力(见图 5-7)。

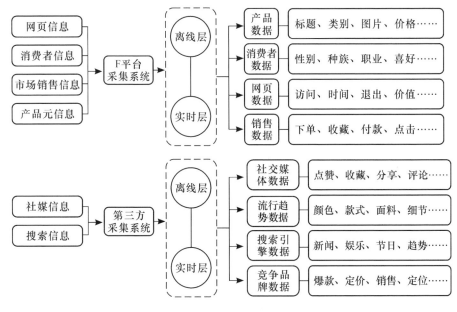

图 5-7　数据采集流程

（二）数据储存与整理

数据储存整理可以实现数据的分类分级规划,最大限度地提升数据使用的精准度,实现数据的高效开发与有效运行。数据储存作为数据库创建的关键环节,在系统集成过程中通过整合已有的历史数据与实时反馈的最新数据,可对目标词条进行质量匹配。数据储存内容旨在围绕跨境电商行业的发展进程进行有效分析,基于不同场景的使用需求实现自动化存储系统的建设。按照每个季度的市场需求实现设计形态的整合与设计内容的更新,如把产品款式、颜色、面料等数据参数或用户数据、市场反馈数据参数等进行分类储存。数据储存通过标准化的数据处理模式,能够有效保障数据储存流程的规范性和可操作性。在数据整理过程中,通过规范数据收集的流程,推动数据高效开发落地,提升数据使用的便捷性。

基于云计算的数据储存使数据的产生与运用逐渐信息化与数字化。数据储存有助于互联网形成数字记忆,可以自动记录与保存用户使用互联网时的痕迹数据与触点数据,并根据其搜索特性与习惯喜好进行分析。当用户再一次搜索时,系统可通过指数评分自动推荐相关同类品或相似品,从而推动跨境产业向智能化变革创新,推动跨境产业向数智化生态转型升级,形成跨境互联网时代个性化、现代化的发展态势。

（三）数据挖掘与分析

数据挖掘与分析基于庞大的跨境企业数据源,在云计算的跨境企业数据分析系统中对数据源进行分解后,总结分析出数据背后相关产品与用户信息的波动规律,从而为跨境企业的设计生产与营销决策提供必要的依据。数据挖掘与分析技术可分为描述性挖掘任务与预测性挖掘任务[154]。其中描述性挖掘任务是根据已有的数据规律进行推理,做出预测和判断,从而挖掘数据库中数据的一般特性。预测性挖掘任务是利用已有的数据构建模型来预测未来结果。跨境企业通过概率、统计和离散化等数学知识,构建产品与用户应用的数据量化模型,将大量相关或相近的数据转化为有用的知识,从综合评价细化到目标对象分析,对所需数据的应用场景进行深入加工和解剖,依托运营者对目标产品对象制定不同的评价标准和细则,以得分权重的形式得到目标对象匹配的最优搜索条件与搜索最优排名（见图 5-8）。

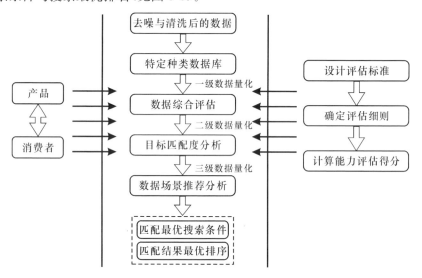

图 5-8　数据量化分析流程

（四）数据解释展现

数据分析的成果是对市场和消费用户的诠释和呈现。如果数据分析的结论无法得到适当的呈现，容易给市场、企业、消费用户造成困扰，甚至会误导设计方向。在分析和处理海量数据时，为了增强数据的解释和展示能力，可视化技术已被运用到跨境电商领域。数据可视化是一种将抽象的数据转化为可视化的图形或图像的交互处理理论、方法和技术。基于结果数据的沉淀与细分，企业可以利用多维可视化技术，连接色彩与语义，将数据可视化为饼状图、折线图、柱状图、散点图等，以报告、视频、图片等形式发布给设计师、运营者、消费用户、供应商等受众群体，防止数据过载。为保证数据循环机制有效运转，引导受众群体在产业链上下游使用数据结果，通过产品运营投入市场进行变现测试，可以有效规避运营者因主观意识而淘汰具有销售潜力的产品，帮助设计师发现数据中隐藏的内在规律并进行交互处理[155]。同时，运营操作所产生的一系列数据将会被重新采集，形成数据处理闭环（见图5-9）。

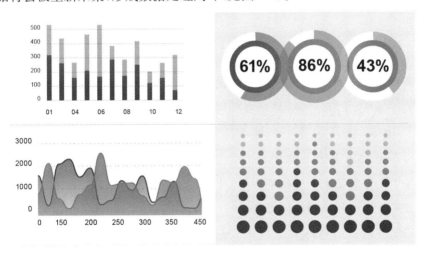

图 5-9　数据可视化样例

三、E-R 数据空间系统模型设计

（一）数据库系统设计需求分析

设计需求分析依托于数据系统开发前期开发人员对用户需求进行调研，利用数据技术将非结构的需求表达转化为可读的完整需求，对系统功能、性能等具体要求进行特殊设计。

跨境数据库系统构建的是以设计师团队为主要用户的跨境电商女装设计数据库。针对不同跨境企业提出"个性化数据库"概念[57]，通过尝试对服饰进行解构，以符号化与部件化的形式创建海量的服饰设计元素特征数据。同时，嫁接用户行为数据与人口数据等作为辅助，方便设计师在设计新系列产品或优化原有产品设计时，可以依据过往已完成产品的设计元素在数据库中进行热卖、趋势、滞销等不同维度的检索，为设计师提供新产品设计的参考点，为数字化服饰设计提供依据支撑。

（二）数据库功能模块设计

1. 用户管理模块

用户权限有产品录入、浏览、查询、搜索、采集、导出、删除等，用户需要设置登录用户名、密码和职位，系统管理员可以依据用户的职位与等级对其开放相应权限。

2. 数据录入模块

数据录入模块需要详细录入产品数据，这些数据可分为产品设计数据与产品销售数据，其中产品设计数据有产品特征、产品尺码、产品季度等，产品销售数据有产品价格、产品销量、产品名称等。

3. 数据检索模块

数据库系统检索条件基于产品设计元素的数据分析结果，可分为精准检索与模糊检索。当用户明确检索目标时，可在筛选条件处选择一条或多条数据词条进行精准检索；若某一检索目标不明确时，可在搜索框内输入关键字段，进行大范围的模糊检索。检索的结果信息以款式图片、产品编号、设计时间、上新时间呈现。点击目标检索物后，系统将跳转到具体产品信息数据页面。

4. 数据浏览模块

用户可在浏览首页时对目标设计元素进行浏览，点击图片或图片下方名称与编号，可进入详情页查看设计元素应用于不同产品的产品编号。再次点击目标产品，可显示设计元素信息、生产制作信息、销售推广数据等。

5.数据导出模块

用户可依据需求,勾选数据导出选项,并根据数据使用场景进行相应的数据导出操作。

6.数据收藏模块

用户可以把感兴趣的产品或设计元素添加到个人收藏夹中,便于随时访问和查看后续信息。

7.数据编辑模块

当发现设计元素错误或缺失时,用户可及时进行录入、删除、修改等操作。

数据库系统功能结构见图 5-10。

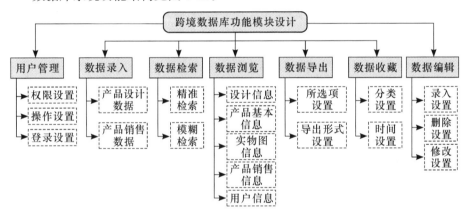

图 5-10　数据库系统功能结构

(三)跨境系统数据建模

在对跨境电商数据库系统进行需求分析与功能模块设计罗列之后,需对数据库进行数据整合与建模。数据整合与建模是基于跨境市场中的结构化或非结构化数据进行抽象的组织与规划,确定数据库所需管辖的数据范围,并将其分类与转化为设计师设计场景中所需的具象数据。通过建立实体—关系(entity-relationship,E-R)概念模型,使用连接线将实体、属性和联系这三个基本元素连接起来(见表 5-3)。

表 5-3　E-R 概念模型中的图形及其含义说明

图形	名称	含义
▭	实体	产品本身
⬭	属性	产品中所体现的元素
◇	联系	各部分之间的关系
——————	连接线	关系线

构建系统的概念模型需以系统的需求分析和功能设计为基础。从 E-R 概念角度出发,对用户主体进行实体定义,如用户 ID、权限、信息等,以便于主体对客体进行定义,即产品实体,包括产品基本信息、产品设计元素信息及产品销售推广信息,然后分析每个实体的属性信息,将其与设计流程联系起来,形成数据应用空间体系。E-R 概念逻辑反映了数据库的适当规范化级别,有助于避免数据重复和保证数据一致性。以 E-R 概念为依托的数据库架构设计是跨境服饰设计流程数字化和自动化的基础,用于保证设计的创新性与生产高效性(见图5-11)。

(四)数据表库结构设计

跨境电商数据库结构设计需要设计师罗列出对数据库的设计需求并为软件工程师提供信息表,其中信息表包括字段名、字段类型、允许空值及备注信息。备注是字段名的补充说明;字段名以设计师的设计动作为基础,构建出产品的生产要素;字段类型包含字符数据(varchar)与整型数据(int),其中字符数据以文字数据为主,整型数据以整数变量数据为主,可自行控制数值范围;在允许空值方面有是(Y)与否(N)的选择,一般设计师会依据数据应用场景设置空值选项,不允许空值则表示使用者必须输入该字段数据,反之亦然。

1. 设计面结构设计

在数据库的产品设计层面,从产品设计元素信息、产品基本信息、用户信息三个方面进行结构设计。其中产品设计元素信息涵盖了产品设计与生产过程中所产生的数据,包括产品季度、尺码、品类、色系、工艺、面料、袖子等。产品基本信息是指产品上架至平台后提供给用户的数据信息,其相较于产品设计元素

170

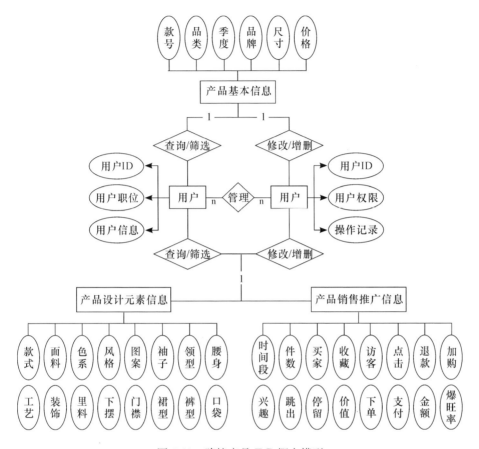

图 5-11　跨境产品 E-R 概念模型

数据更精简、清晰,多以字符数据为主。用户信息则是从企业内部角度进行构造,将企业各部门间的工作人员及其所操作的数据时间与流程进行记录,有助于打通企业数据壁垒(见表 5-4 至表 5-6)。

表 5-4　跨境产品设计元素信息

字段名	字段类型	允许空值	备注
sku	int	N	SKU
creation_time	int	N	创建时间
creation_user	varchar	N	创建用户
type_id	int	N	品类编号
season_id	int	N	季度编号

续表

字段名	字段类型	允许空值	备注
size_id	int	N	尺码编号
outline_id	int	N	廓形编号
fit_id	int	N	贴身度编号
color_theme_id	int	N	色系编号
color_main_main	varchar	N	主色 RGB 值
image_content_id	int	N	图案内容编号
image_craft_id	int	Y	图案工艺编号
body_fabric_id	int	N	大身面料编号
patch_fabric_id	int	Y	小身面料编号
lining_id	int	Y	里料编号
accessories_id	int	Y	辅料编号
collar_id	int	Y	领型编号
pocket_id	int	Y	口袋编号
sleeve_id	int	Y	袖子编号
cuff_id	int	Y	袖口编号
hem_id	int	Y	底摆编号
waistband_id	int	Y	腰头编号
topfly_id	int	Y	门襟编号
seam_types_id	int	N	缝型编号
position_id	int	Y	装饰部位编号
printing_task	varchar	N	打版任务
sample_task	varchar	N	样衣任务
picture_front_side	varchar	N	实物图正面
picture_side	varchar	N	实物图侧面
picture_back_side	varchar	N	实物图反面
product_costs	int	N	产品成本

表 5-5　跨境产品基本信息

字段名	字段类型	允许空值	备注
sku	int	N	SKU
brand_name	varchar	N	品牌名称
project_season	int	N	产品季度
product_type	varchar	N	品类
product_price	varchar	N	价格
product_style	varchar	N	风格
product_clolor_theme	varchar	N	色系
product_design	varchar	N	款式
product_picture	varchar	N	图案

表 5-6　跨境用户信息

字段名	字段类型	允许空值	备注
user_id	int	N	用户编号
user_name	varchar	N	用户名称
user_position	varchar	N	用户职位
user_state	varchar	N	用户状态
user_authority	varchar	N	用户权限

2. 销售面结构设计

在产品销售层面的设计过程中,设计师以辅助设计作业为基础,将销售层面的信息表分为跨境产品销售信息与跨境用户信息。其中,产品的浏览数、访客数、加购数、收藏数、支付数等数据的及时迭代与更新,有助于将销售数据与设计作业相连接,使销售数据进一步反哺设计,改善设计缺陷。对用户消费能力、消费产品、消费评价等数据进行统计与分析,便于设计师客观分析和了解用户,在维护复购用户的基础上,积极挖掘新的用户需求,完善企业对消费用户的私域管理(见表 5-7、表 5-8)。

表 5-7　跨境产品销售信息

字段名	字段类型	允许空值	备注
sku	int	N	SKU
brand_name	varchar	N	品牌名称
product_selling_price	int	N	产品售价
product_type	varchar	N	产品品类
product_label	varchar	N	产品标签
on_new_timing	int	N	上新时间
exposure_num	int	N	曝光数
browse_num	int	N	浏览次数
visitor_num	int	N	访客人数
add_num	int	N	加购数
collect_num	int	N	收藏数
buyer_num	int	N	买家数
pay_num	int	N	支付件数

表 5-8　跨境用户信息

字段名	字段类型	允许空值	备注
consumer_id	int	N	用户编号
gender	varchar	N	性别
age	int	N	年龄
territory	varchar	N	地域
profession	varchar	N	职业
purchasing_power	varchar	N	购买能力
product_purchased	varchar	N	购买产品
buy_timing	varchar	N	购买时间
reviews	varchar	N	消费评价
membership_level	varchar	N	会员等级

第三节 数据逆向牵引的服饰跨境电商设计要素

一、数据与设计交互的重要性

"数据思维"是马里奥·法里亚和罗热里奥·帕尼加西于2013年提出的概念。凯伦·斯万将数据转换及其支撑的论证定义为数据思维的核心,并认为数据思维的三个维度分别是问题驱动、工具适配与推理验证。在斯万的理论框架中,问题驱动的逻辑起点是设计师需要从具体问题切入研究,而非被动接受庞杂的数据。工具适配则强调数据、技术与表达形式的动态协同,如设计师需从社交媒体趋势、供应链日志等多元数据中筛选有效信息,再通过交互式仪表盘将其转化为色彩、版型等设计语言。而推理验证是闭环的终点,要求建立可量化的评估机制,例如基于历史销售数据预测流行元素后,通过A/B测试验证设计方案的商业可行性,最终形成"预测—验证—迭代"的敏捷模型。这一理论重构了传统设计流程,从数据筛选、结构化转化到市场动态评估,每个环节均体现出数据思维的渗透。其革新性不仅在于方法论的升级,更在于通过技术工具压缩设计周期,使"快速试错、精准迭代"成为可能,从而在用户兴趣瞬息万变的互联网时代抢占先机。关注效率是数据思维中一个重要的维度。其一,数据处理技术的进步显著缩短了产品设计周期,提升了生产制造的能力,全面掌握大量的实时数据使设计师能迅速且准确地预测市场趋势,并基于此做出科学有效的设计决策。其二,在互联网时代,数据的产生与增长不断加速,数据价值随时间贬值,数据的时效性和使用效率成为关键。此外,用户兴趣的转移、个性化需求的变化也在加快,这就迫使服饰跨境电商企业必须做到快速预测、快速决策,全方位响应市场需求,以加快产品迭代,从而在竞争中抢占先机。用户兴趣和个性化需求的快速变化促使服饰跨境电商企业加速预测和决策过程,加快产品更新与迭代,以全面响应市场需求,占据竞争优势地位。

在人机关系日益紧张的背景下,设计领域亟须调和技术发展与人的需求之间的关系。这不仅要求超越技术的"代劳"功能,还要通过技术辅助设计,实现对用户需求的更科学、精细、智能的捕捉。在审美层面,设计美学应当涵盖产品的接受者及其使用体验,同时考虑到跨境社会文化背景下审美差异的影响,提升多元化、包容性和自由化的审美理念及对设计审美完整性的追求,避免"审美茧房"。数据驱动的跨境设计策略,虽然依赖数字技术的便捷性而大幅度拓展了审美文化的再生产空间,却也可能导致社会文化矛盾的加剧。这一现象源于数据算法推送机制与现代审美活动之间的矛盾,特别是在顺从性与主动性、碎片性与整体性的双重矛盾中,审美的顺从性与主动性之间的矛盾体现了对审美鉴赏能力的削弱和反思性的缺失,而审美的整体性与碎片性之间的矛盾则暴露了在追求完整自我的过程中,对美的认知趋于碎片化。

以数据驱动为导向,服饰类跨境电商亟待解决的问题有:如何将海量数据技术应用于跨境用户调研,分析用户喜好、构建用户画像;如何整合数据,得到定制化的设计流行趋势;如何选择数据辅助跨境产品设计与开发;如何分析数据来优化跨境产品营销,提升产品转换率。跨境电商企业依据产品特征与用户特性,对用户进行群像管理,对产品销售数据进行观察与分析,以不同产品与用户的销售额、出售产品件数等作为依据,采集产品相关数据,从而抓取用户购买偏好,供设计师参考并进行设计优化,有助于提升设计效率与产能。因此,一方面,需要转变对传统设计方法的过度依赖,将数据真正视为服务用户的首要资源。另一方面,需完善信息机制,妥善处理人与技术的关系,避免对特定技术路径的过度依赖,摆脱对算法的盲目崇拜。通过深度融合数据分析与市场发展,寻找工具理性与价值理性之间的平衡点,推动数字设计美学向更加温情、人性化的方向发展,真正服务于以人为本的数字化设计优化路径。

随着计算机技术的发展,互联网数据实现从量变到质变,形成了"大数据"[156]。对于数据的研究已渗透到各领域,如文物与博物馆学、地质学、艺术学、工程学等。用户上网时间、浏览痕迹、参与话题、评论点赞、收藏购买等行为数据在数据信息的推动下变得透明化与规模化,用户访谈、调查问卷等传统的用户信息获取方式将会被替代。数据的分析与运用将改变传统的交互设计方式。交叉学科知识是指超出某一特定学科范围的知识,其中关于服饰类跨境电商的研究已出现服饰艺术与经济学、艺术学、计算机科学等的交叉,如基于极致学习机和网络搜索数据的快时尚产品预测[76]、在线流量对跨境电商企业溢价能力的双重作用等[157]。基于数据驱动的设计交互模式已在互联网设计行业测试与实践了多年,促使设计思维方式由传统的注重感性与视觉化向理性和客观化转变,使设计师在设计前期对用户需求喜好的定位和对产品趋势预测的把控更有把握,辅助设计师对产品设计后期结果进行客观验证。

二、跨境服饰数字化设计的理论基础

(一)跨境服饰数字化设计的方法论

数字化设计是一种融合了先进的数字技术和创造性思维的设计方法[158]。数字化设计可以拆解为"数字化"与"设计"两大要素。其中,"数字化"指利用二进制编码数字,依托于互联网和计算机技术的信息表达方式,用于服务跨领域应用的技术。"设计"指为实现特定目的而进行的创造性活动,设计师可以通过对线条、形状、色彩等元素的合理配置,创造出富有美感且服务于人的产品。数字化设计的模式实现了由过去"先设计再测试"到"先测试再设计"的转变,避免需要多次制作设计样本而造成的设计周期长、设计花费大等问题。

跨境数字化服饰设计的方法论是数字技术、跨境电商与服饰设计三者的交互。在考虑不同国家和地区文化、消费习惯和喜好差异的基础上,利用数字化工具与平台进行服饰设计与开发。此设计方法论不仅包括传统服饰设计中的创意与审美要素,还深度集成了数据分析技术,以提高设计的精准性、效率与个性化水平。在跨境数字化服饰设计中,数据技术被用来分析和预测不同市场的时尚趋势和用户偏好,以指导设计师制作出更贴合目标市场需求的产品。此外,跨境数字化服饰设计是文化与市场需求融合的体现,它以数字化技术的便捷和高效作为跨文化交流的桥梁,将不同地域的文化特色和审美观念融会贯通,形成了一种新的全球化设计语言,打破了地理和文化的界限,促进了国际服饰设计领域的创新和交流,为全球用户提供了更加丰富和个性化的服饰选择。

将"数智融合"理念应用于跨境设计领域,形成了一种新的数字化设计方法论。这一方法论以数字平台的流畅性及流程管理的动态性和透明性为基础,致力于从根本上解决数据碎片化问题,旨在提高设计协作的效率。在这一跨境数字化设计的新维度中,业务流程的数字化实现了设计流程的全链路无缝对接。通过数据建立跨专业的协作与共享机制,创建更直接、更精简的沟通渠道和平台,以及更动态、更透明的流转机制,确保数字化成果的高质量交付。

(二)数据耦合跨境服饰数字化设计的可能性

跨境电商作为一种新业态、新模式,属于数字经济范畴[158]。数据的种类与规模对设计的目标、方法论及形态产生了深远的影响[159]。传统的设计方法主要依赖于服饰跨境电商企业收集的历史数据和静态数据,缺乏实时性和动态性,因而无法精准捕捉到用户需求的即时变化。

数据作为一种辅助性知识服务,有助于设计师在设计活动中做出更加客观的决策,显著地提高了设计过程中的决策质量[160]。一方面,数据作为设计过程中获取必要数据的来源之一,其目的与传统服饰设计一致,即通过深入的用户研究获取贴近用户真实需求和动机的数据,为设计活动提供真实的数据支撑。另一方面,数据能够从用户的高频互联网行为和各种传感器产生的无限量级数据中提炼出有价值的信息。这对于设计团队解决设计问题、提高设计创新效率及提高设计方案的可行性具有重要作用,同时也显著降低了设计风险。这种数据驱动的设计方法减少了设计师依赖个人经验进行设计决策时可能出现的不确定性,为设计决策提供了更为科学和客观的依据。数据的引入为服饰跨境电商设计提供了一种新的方法论框架,还为设计实践带来了更高效、更客观、更符合用户需求的创新设计方案,开辟了服饰设计与用户需求深度融合的新途径。

数据、云计算、区块链等前沿技术对于跨境服饰电商企业在采购、生产、制造、销售及评价等各个环节所产生的海量数据的收集和处理起到了革命性的作用。数据资源的有效开发和应用不仅为跨境电商企业生态系统内的协同设计提供了坚实的数据基础和智力支持,还通过建立基于数据协作的服饰产品设计平台,实时获取关于设计研发、生产制造和销售等环节的反馈信息及知识溢出。这种信息的实时共享和智慧的集成为提升服饰产品设计质量的关键支撑,使企业能够更快速地响应市场变化,更有效地满足用户需求。

(三)跨境服饰的数字化设计理念

基于数字化整合的跨境服饰数据库从设计思维的角度出发探讨设计方法,提出利用数据库重构和重组服饰的设计理念,关注款式、部件与风格的相互关系,采用可变化、可组合的设计数据库思路和图形化语言,旨在改进设计过程,减少盲目设计所导致的决策错误。数字化技术使服饰产品创新的效率显著提升,在面对跨境女装服饰造型款式多样、设计元素复杂、面辅料丰富等特点时,数据库系统能够支持设计师轻松创建服饰轮廓,调整设计细节,智能配色,快速更换面料等,从而迅速响应时尚趋势,提高设计工作的效率和创造力。

基于数字化整合的跨境服饰数据库,以设计思维为出发点,探索将数据库应用于解构和重新组合服饰元素的设计理念。此设计理念强调研究服饰款式的细节、组件与整体风格之间的相互关系,以实现设计的整合性。同时,该理念倡导可变化、可组合的设计数据库思维,利用图形化设计语言和服饰设计规律,避免设计师在缺乏信息支持时可能出现的决策失误。适用于跨境服饰的数字化设计可以采取以下方法。

1. 原型变异法

原型变异法是指设计师基于对服饰的解构,在设计原型的基础上反复修改,最终形成一系列新的款式。设计师在操作时参考数据分析结果,对产品原型进行提炼与构建,通过服饰局部设计点位置的移动、翻转、重叠、复制等,依据前期获取的用户数据反馈与趋势数据等,在数据库中检索匹配的设计元素,对原型进行适当调整后进行内部细节设计,以点、线、面等基本元素为设计思维基础,通过观察整体与局部的设计比例关系,生成各种新的设计款式。

2. 设计组合法

设计组合法是利用跨境服饰数据库中的大量设计元素,满足跨境电商生产需求的关键策略。该方法的核心在于将相似或相关的元素按照有规律或无规律的方式重新组合,创造出新的设计产品,是一种能够迅速丰富数据库内容的快速设计方法。

数字化技术的应用显著提升了服饰产品创新的效率,尤其是在应对跨境女装服饰的多样性、设计元素的复杂性及面辅料的丰富性方面。数据库系统为设计师提供了一个强大的工具,使其能够轻松创造新的廓形、调整设计细节、智能化地搭配颜色及迅速更换面料,从而快速响应时尚趋势,提高设计工作的效率,创造出更大的设计价值。基于数字化整合的设计数据库不仅优化了设计流程,降低了设计复杂度,还使设计师能够更加精准地捕捉市场需求和时尚趋势。

三、跨境数据应用

随着互联网技术的不断发展,海外电商的购物方式逐渐多样化。除了基础的购物渠道,原本以视频、社交为主的媒体应用软件也逐渐开设了购物、直播渠道,如 TikTok、Instagram、Pinterest 等。当下,跨境电商企业所购买的第三方或企业自主研发的数据系统受限于单一的销售数据,形成了数据孤岛,导致跨境企业无法将海外各渠道站点在市场上的数据进行全面整合。而就趋势来看,时尚杂志与网站所发布的内容不适合以快时尚策略为主的服饰跨境电商,使先锋与夸张的设计难以在跨境市场落地。

(一)数据在跨境服饰流行趋势中的运用

服饰流行趋势预测需要依托收集、整理、分析大量国际时尚动态资讯,结合政治、经济、文化、地域等多维因素,分析包含色彩、款式、风格、图案、面料在内的设计元素,以超前适应市场需求。传统流行趋势预测是根据领域专家的行业知识进行定性预测,虽然具有较强的专业性,但预测结果更趋于宏观,而且受领域专家的专业技能和经验水平的制约。跨境服饰产品以上新速度与流行设计吸引消费用户,数据产生速度快且数量多,使时效性成为数据使用效率的关键。"数据—产品—数据"交互模式为流行趋势提供多维度支持,产品数据和消费用户数据的结合使产品的开发迭代具有可预测性。

基于数据设计选款工具,通过进一步搭建从设计、选款、定稿、样衣制作到订单生产的一站式供应链服务[161],能够理性规划品类分类,避免数据逻辑线条同质化。该工具运用 AI 技术匹配到符合其风格审美的款式,提供多场景解决方案,进而以数据化的方式协助款式设计与柔性供应链的精准建设,更合理地规划品类分布,更好地把握上新节奏;同时结合数据 SaaS 产品,从决策柔性、设计柔性、生产柔性三个维度辅助品牌大幅提高设计产能、提升款式研发效率、提高设计质量,并在海量数据中挖掘预爆款产品,提升感知能力与爆款率。而后,结合品牌销售额与爆款率的数据实时回流,以及受社交媒体影响的用户喜好的快速反应数据,将灵活的精细化运作延伸至智能款式推荐环节,从而形成以人文价值体系为底层架构的技术合目的性(technological technology)"数据+算法"驱动时尚数据闭环,平衡用户需求与供应的关系,保持产品与用户审美的延续性(见图 5-12)。

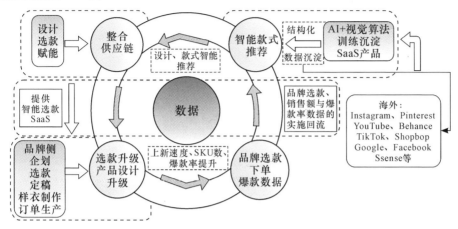

图 5-12　数据＋算法驱动设计趋势闭环

数据技术设计通过数据采集、整理与分析把握市场审美变化,个性化定制该企业在市场上的行业趋势、竞品热卖、自身款式特征等的分析报告,在进行理性的数据分析之后保留其市场与用户认定的审美要素,再进行设计与生产,沉淀与延续其产品的美学价值。这在满足用户好奇与期待的同时,避免了反复试款与测款带来的资源浪费,让用户基于目的性探寻"真"的宗旨,通过蕴含"善"的本质设计,来感知"美"的价值所在,以此实现数人合一的科学化技术和目的性系统构建。此外,基于市场反馈与用户行为,跨境趋势预测逐渐转向大数据＋人工智能的数字化模式,通过人工智能"以图搜图""以色搜图"等关键技术,为跨境服饰设计趋势的预测和发展提供海量、精准且有效的数据支撑。系统依据产品属性等级对跨境产品进行自动标记,从而对其在市场上的表现进行分析,进而帮助设计师对跨境市场做出趋势判断,准确认识用户喜好(见图 5-13)。

(二)数据在跨境服饰设计中的运用

面对庞大而陌生的海外市场,跨境服饰企业要想打造爆品、提升产品销量,需要对头部跨境企业的时尚现状进行全面了解,包括亚马逊、速卖通等。此外,结合对市场和用户的了解,完成品类规划、新品设计及持续优化爆品的开发工作,从而实现爆品的变现。在数据洞察阶段,洞察数据的质量颗粒度包含了每日、每个 SKU 的动态变化与规律,要从具体商品到所属店铺的多个层级进行数

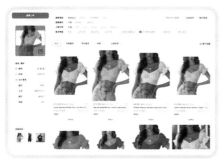

图 5-13　知衣科技的"以图搜图"

据细化分析。结合产品价格、评价数、产品货源与社媒互动数据,可从市场端、渠道端与营销端初步整理出全面、精确且标准化的跨境服饰流行趋势,为新品开发或选款提供参考依据(见图 5-14)。

图 5-14　跨境产品趋势数据

　　设计师基于爆款服饰的价格、款式、时段、顾客等数据,分析用户的喜好,以此来指导新款的设计与决策,包括季节、区域、人群等流行趋势,以及消费用户偏好的色彩、款式、面料等,帮助设计师优化出最符合消费需求的产品,在降低存货率的同时又能及时把握消费变化。数据系统基于买家的综合服务能力,累计历时一年、半年、一个月、一个星期的动态评分指标,用于提供热销榜单与滞销榜单,支持设计师按需求查看每个榜单中的爆款、飙升款、趋势款与滞销款,洞察其所对应的行业价格、属性、颜色趋势等,利用这些被跨境市场验证过的客观波动规律快速搭建各品类的爆款数据库,以便于设计师后期开发出有潜力的爆款,节约设计开发时效。图 5-15 便是知衣科技的热销商品榜单筛选情况。

图 5-15 知衣科技热销商品榜单筛选

另外,数据监控系统可以对目标企业和产品进行数据分析,如店铺近期的上新动态和热销商品销售趋势,为设计师直观呈现从开发到运营的数据,帮助跨境服饰企业准确把握最新的市场动态,进而优化企业自身开发设计的精准度。知衣科技跨境电商监控数据见图 5-16。

此外,系统可同步收录社交媒体(如 Facebook、Instagram 等)上的款式信息,在推广传播环节自动生成热门榜单,并依据红人的穿搭来丰富设计师的灵感。在设计端,通过筛选用户在市场中的款式来源、粉丝数量、地域特征、季度销量、博主推荐等数据,分析本季度产品在跨境市场的适配程度及用户对产品审美的接纳度,从而做出相应的判断与改善。在数据处理过程中,以保留用户对产品产生的行为触点作为依据,垂直化精细运作,推动趋势发展,形成以数据驱动生成的专业化设计模式。其中品牌的经典热卖产品是对品牌所传递的审美价值的最好体现,需在保留其价值美的同时思考如何在快销市场中追随时尚潮流而不破坏其价值美的蕴意,保证时尚对艺术美的渗透性,提升经典产品的长青性。以"数据+分析"的方式输出行业趋势,帮助设计师在找款、选款时理清思路,捕捉市场审美需求。作为有着较高艺术价值和审美价值的行业,服装

图 5-16　知衣科技跨境电商监控数据

业一向具有非标准化、审美多元、趋势多变等特征,知衣科技从上至下、由内而外,利用客观的数据驱动主观的决策,赋能品牌设计实现精益增长。

（三）数据在构建用户画像中的运用

在识别用户需求和偏好设置时,可以依据营销结果、用户分布、消费能力、产品发展潜力等结果进行综合分析,以识别最有价值的目标客户群体,并将其整合到跨境企业的营销策略规划中。为识别目标客户群体,系统需要利用数字技术整合并分析用户的输出行为与互动记录,如用户与客服的沟通数据、邮件反馈数据等,并关联分析用户与潜在用户需求,通过设定用户画像规则,对用户生命周期数据进行动态更新,构建贴合市场实时变动的用户画像,丰富多维度的用户标签设置。

用户在跨境购物过程中会经历互联网终端的全流程购物体验,如浏览、比价、咨询、收藏、下单、支付等。随着用户感知能力的增强,他们对跨境企业提出了更高的服务要求。跨境企业需要将设计流程、用户运营、平台服务三者打通,设计出具有一致性、流畅性与简易性的服务流程,让用户购物的每个环节都有技术支撑。设计还应贴合用户感知和使用习惯的交互式页面,通过记录与统计页面跳转率、点击率、订单转化率等数据，为满足用户场景化需求提供基础数据。

第四节　跨境电商大数据牵引服饰设计模式的研究

在中国跨境服饰产业中，尽管受数据驱动的影响，多数跨境企业的趋势预测、设计开发、运营推广等仍倾向于依赖决策者的感性判断，使客观、科学的设计工作存在较大的不确定性。盲目的服饰设计容易导致流行趋势、设计策略与用户诉求之间内在关系的割裂，造成无序的市场投放行为。数据驱动的服饰跨境商业模式基于趋势、设计、营销等数据构建设计机制，协助跨境企业完成用户的快速认知与设计战略调整，实现跨境多价值链整合，有效降低了跨境企业的行业库存。

一、数据交互与跨境数字化设计的壁垒

（一）区域差异化的跨境服饰用户画像

跨境市场细分的关键在于用户的需求和偏好差异，由于沟通障碍、文化差异等限制因素，设计师需要深入分析用户个体行为喜好与群体行为规律，从时间序列的角度挖掘用户行为的聚集性与特征差异性。同时，还需考量用户情感，对其生成的内容进行倾向性分析，以更细粒度的方式对用户进行分组并构建用户画像，实现用户群体细分并挖掘其变化的规律。

用户画像数据涵盖人口统计数据、行为数据、偏好数据、销售数据等，对于跨境电商构建个性化用户群体画像来说，难点之一是以用户的基本属性及直观的行为数据作为分析维度，片面描述目标用户特征，忽略用户波段性态度数据，即消费价值观、态度、动机、情感等；难点之二是收集的海量数据无法通过科学的技术性手段进行处理，引发了数据堆积壁垒，导致站内用户画像模糊。

（二）跨境服饰同质化设计泛滥

跨境电商可以通过互联网平台发布产品信息，以至于产品信息是透明的，容易引发抄袭、东拼西凑、样式形态相似、题材风格统一的"审美盛宴"。从同质

化视角来看,可以将设计信息茧房划分为内容同质化、选择同质化和群体同质化。在跨境电商的服饰产业中,平台以数量多、上新速度快、价格便宜等优势吸引用户,由于每日上新产品量大,为保证用户对平台的新鲜感,设计师常选择在已有的爆款产品中对产品颜色、面料、款式等设计细节进行细微改动,从而陷入设计困境。另外,不完善的跨境运营组织与程序也是令产品设计趋于同质化的原因。

选择同质化表现为运营者在上新产品时,以追逐爆款热度为目标,上新同款或同类型产品,通过降低价格博取眼球。随着爆款的产生,用户容易形成群体同质化,体现为去个体化、价值信仰的趋同,以及内群与外群之间的群体认同。如果运营者在运营管理中缺乏系统性思维,容易造成设计组织与过程的沟通不畅,引发这一问题的主要原因是运营方前期目标较为模糊,导致设计方以已有的路径与成熟方案为基础进行再设计。

(三)数据孤岛难以被打破

受隐私保护限制,大量交叉特征数据无法被生成与利用,导致跨境电商数据间缺乏关联性,数据库之间无法兼容,进而形成数据壁垒。跨境电商运营通常根据站内的历史销售数据、竞争品牌的爆款数据和当季流行资讯来制定运营管理计划。大多数跨境服饰设计师并没有独立研究市场信息的能力,难以获得一手的真实数据,除了从相关发布会、书籍期刊、网站等渠道获取资讯,最主要的是依赖中心化的研发机构发布的白皮书、行业报告等进行碎片化的数据采集。同时,服饰跨境电商企业对上下游供应链与出口物流的把控力不足,加之对海外相关数据规制与市场制度的认知不足,无法采集到全面的数据。

跨境电商借助互联网平台能够降低信息搜寻成本,其数据皆为平台自有,运营者可以对站内浏览量、点击量、加购量等数据进行深度分析,如要做综合性的数据挖掘,需整合相关平台数据,统一数据分析口径后反馈给设计师。但跨境服饰电商企业普遍将数据分别存放于 ERP、跨境第三方平台、独立站等,由于系统多、平台多,对数据实时性要求高,导致多维度动态分析的工作量大、难度高、耗时长,容易造成运营信息脱节现象,引发数据孤岛的局面。

二、基于用户数据体系的流行趋势预测机制构建

(一)处理与分析阶段

在对流行趋势进行调研与计划后,利用云计算技术获取的用户数据用于处理与分析环节[162]。在处理阶段,采用数据量化法制定数据字典量化规则,有逻辑地规整目标数据,可以避免大量人力资源与时间的浪费。通过关联数据字典信息,在数据库的分析中加入筛选条件,可以缩小趋势结果的差异,为后续制定趋势报告和设计企划提供有时效性与针对性的客观数据依据。

用户数据的处理与分析,基于对流行资讯及趋势、市场销售与竞争品牌及用户画像三类数据的采集。首先,创建多类型的数据字典,如事件、品牌、面料、版型、色彩、图案、风格、场景等,设置等级式的量化规则后,将数据归类并录入数据库中。其次,以产品数据词条、销售数值范围、上新时间段等为筛选条件,结合云计算统计技术细化数据,确保数据的精准度,解决后期呈现与反馈的预测偏差大、无法捕捉用户心理的弊端。预测机制从深度与广度两方面保证了前期数据运用的科学性,实现其合理化运转,保障后续预测结果呈现与市场反馈的时效性(见图 5-17)。

(二)呈现与反馈阶段

数据的呈现会因侧重点不同而有所差异,为制作者与受众群体提供了灵活变通的可能性。呈现与反馈阶段包括报告生成、结果传播、成果验证、产品反馈等。在具体呈现过程中,先利用智能识别技术,从产品供应商、产品关键词、产品价格等维度找到大量相似或相同的产品;再基于跨境电商服饰的地域性特征,从国家地域、终端群体、文化差异三个角度来划分用户行为所侧重的关键要素,融入饼状图、折线图、柱形图等呈现方式,建设可视化趋势管理平台;然后,从量化字典数据中细化产品一级的趋势展现给受众群体,受众可通过二级关联趋势点击并选择新的弹出窗口,如品牌信息、局部细节特征、相似款等,丰富流行趋势报告,提升企业市场投放的数据变现率(见图 5-18)。

趋势反馈阶段在确保趋势准确性的同时,以可持续发展为核心理念,缩短数据重新处理与分析的时间。在数据循环过程中,报告的目标受众群体利用所呈现的趋势,对产业链上下游数据进行应用,通过产品、视频、图片等多种形式

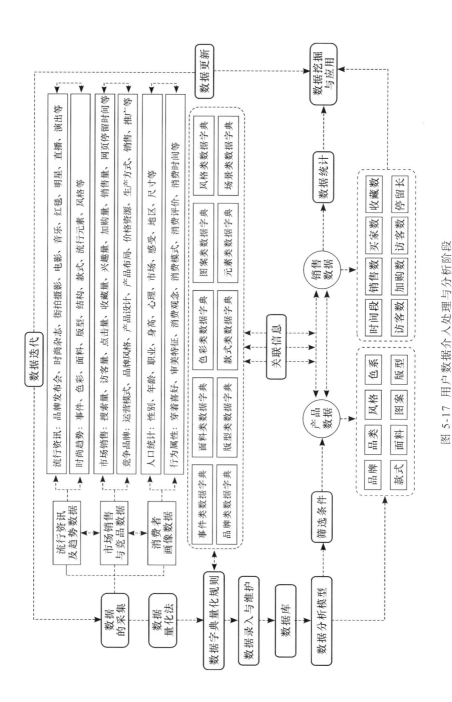

图 5-17 用户数据介入处理与分析阶段

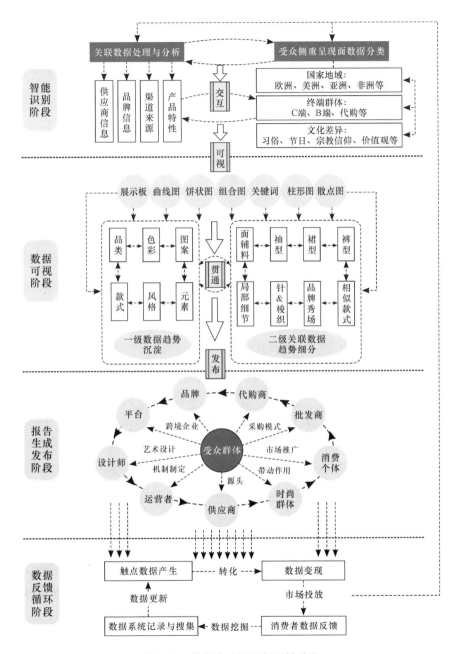

图 5-18　数据介入呈现与反馈阶段

的商业运用,将其投入市场进行趋势验证,可以有效避免运营者因主观判断而错失那些具有潜在销售价值的趋势元素。同时,在用户进行购买后,其行为数据将再次被系统记录与挖掘，并更新至数据库中进行新一轮机制流转，生成的新趋势点将迭代之前的趋势点，形成良性循环的数据闭环，做到实时监测、实时更新，契合跨境电商跨区域、跨时差、跨文化的市场机制。

三、基于大数据驱动的逆向服饰设计模式

(一)设计师逆向设计思维的形成

跨境市场需求端以 Z 世代为消费主力，个性化与差异化的跨境新品更迭使用户不再受限于现有市场的产品，其中用户消费评价成为跨境服饰设计的重要依据与经验来源，促使设计师对产品进行设计再开发。因此，用户行为从"被动选择"转向"主动设计"，使跨境企业的服务对象从大众群体转向个体用户，设计思维从主观判断转向客观依据，生产模式从"闭塞批量生产"转向"互动快反生产"，使设计师形成逆向设计思维。逆向设计思维要求设计师首先明确最终的设计目标和用户需求，将"以终为始"的设计逻辑作为设计目标，通过市场研究数据与用户调研数据深入了解目标市场特点、用户偏好及竞争品牌的产品特色，利用数据分析工具所转化的可读信息做出相应的设计决策。

传统跨境贸易的产品设计、生产制造与营销推广之间的链条是断裂的，其中设计师对新产品的认知是自主完成的。基于跨境电商的海量数据，成熟的数据应用技术改变了传统海外用户的消费模式，使海外用户的认知过程被数据记录与储存。而逆向设计思维要求设计师将用户放在设计过程的中心位置，以用户视角为核心进行设计，考虑用户实际的使用场景、需求与痛点。逆向设计思维强调设计的迭代性，在设计端得益于跨境平台独立运营与企业供应链高效率的提升，使跨境产品的迭代加速。为打通跨境电商设计的完整价值链路，设计师需要在设计过程中不断测试、评估与优化产品，通过构建迭代模型进行用户测试与意见收集反馈，设计师可以及时调整设计策略，缩短产品上新周期，使快速反应的跨境优势激发用户消费热情。

(二)基于大数据驱动的跨境服饰逆向设计框架构建

服饰跨境电商所获得的数据足以满足内部设计流程与部门需求，但由于数据的分散，不同部门之间的数据信息无法有效沟通，导致大量的价值感数据(指以数据形式捕捉人类对某事物的感知，如文化认同、道德判断、审美偏好等)形

成了壁垒,引发对错误信息进行分析和处理,使企业无法全方面剥开数据去观察其背后的需求与表达困境,导致用户在购买过程中出现了信息偏差,降低了消费预期。因此,如何通过对数据的深度挖掘与利用来实现跨境电商数据逆向驱动模式下的设计模式,是当前亟待解决的问题。

跨境产品正向设计的过程是复杂的、系统的,包括需求分析、概念设计、系列设计和细节设计等阶段[163-164]。随着跨境信息的增加与数据知识的堆积,在数据加工和转化过程中设计不断循环迭代,直至最终完成产品设计[165]。而跨境服饰设计的准确性取决于设计过程中输入信息的精确性。跨境逆向设计的数据产生有两种形式,其一为新数据知识的产生,即产品在市场运行过程中发现了原有设计过程中所缺失的新信息,用于设计师完善与补充产品设计方案;其二为设计知识的更新,指在原有设计过程中设计师对产品元素、风格、款式等某项设计存在模糊决策,经过数据分析后对此部分知识进行优化与更新,使其转化为精准量化的设计参数。

数据驱动的跨境逆向设计是指产品经过市场检验后,运用数据技术所呈现的用户对产品的客观真实需求与性能品质偏好,其过程可大致分为"反向分析—建库与分析—再设计"三个阶段。在反向分析阶段,设计师分析在售产品在市场中的表现和用户反馈数据,识别产品的优势和不足。在建库与分析阶段,收集数据,构建数据库并进行深度分析,寻找设计的改进点,基于前期对设计数据的洞察进行产品迭代设计。在此闭环设计过程中,每个数据环节都为后续环节提供了信息与知识,实现从数据到知识再到设计的转化。

设计师基于正向设计过程中基础信息的输入和输出,以逆向设计的方式获取新知识并将其反馈到设计前端,形成一个数据驱动设计的生态闭环。把控用户对跨境产品的偏好度与跨境产品在市场中的表现,以在售产品的数据运行为支撑,获取现有产品设计细节与款式信息,创新与优化"从有到无"的跨境服饰二次设计思路。其本质是将跨境设计决策建立在市场事实基础之上,而非设计师主观判断的假设基础。通过改变参数的再设计、改变局部结构的再设计或者概念再设计,设计出满足用户需求的款式再进行生产,并投放至市场。等产品在市场上投放一段时间后采集用户、市场、产品三方数据,利用数据库获取这三者之间的关联性,反向输出至设计师进行用户需求分析与设计分析,形成动态的循环(见图 5-19)。

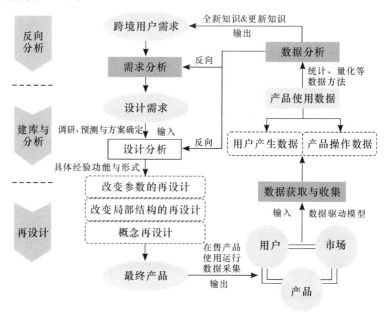

图 5-19　数据驱动逆向设计的闭环框架

为更好地捕捉跨境服饰的逆向设计特征,需加强对跨境数据的管理,即在全球市场需求和趋势不断变化的过程中,跨域的数据管理技术可以捕获、整合和分析来自不同市场的数据,增强对全球消费用户需求的理解。基于应用机器学习和人工智能技术对大数据进行分析,从中挖掘设计趋势和消费用户偏好,利用数据分析工具构建详细的用户画像,以此来预测用户需求和偏好,进而设计出个性化产品,支持设计决策。设计师需具备跨文化设计能力,理解不同地区消费用户的文化背景和需求,在开始产品设计前进行精细化的市场测试,确保新产品与消费用户预期和市场需求保持一致,并以此为基础对产品进行本土化设计。逆向设计需要快速响应市场变化,通过数据分析迅速识别趋势,进行快速的设计迭代。

(三)设计审美趋向的跨境服饰逆向设计机制创新

数据统筹系统以用户主体的行为模式、审美偏好及情感倾向为分析对象,通过算法建模提取主体的审美趋势图谱与行为反馈,并将这些动态数据实时回传至跨境企业数据库。经过多轮数据迭代优化后,系统向市场进行精准内容投放,最终形成双向作用机制:一方面,用户通过数据驱动的个性化审美供给获得深度精神满足与高度细分的审美资源;另一方面,这种由数据内生驱动的审美再生产过程,在消解了传统的中心化美学权威的同时,也建构出具有自我强化特性的封闭审美场域,即技术赋能与文化窄化并存的"审美茧房"现象。用户作为审美主体,无法感知大数据下精准投放但内容拼凑、风格趋同的"审美盛宴",而用户作为感知美的第一交流对象,本质上是在进行信息的传递、接受与反馈,此类"审美盛宴"让主体无法理性辨别自身对审美的科学认知与情感表达,从而导致设计思维的固化。

当下数据技术的爆发式发展使用户在社会环境中产生的"知、情、意、行"等多维的行为触点影响着审美固化现象的产生。审美生存[1]并非设想性的技术介入,而是真实且渗透融入生产场域,重塑数据崇拜与审美纯粹的二律背反命题。跨境数据反哺服饰设计的创新机制是基于"设计价值发现—设计价值创造—设计价值实现"的研究范式,利用设计手法的杂糅形式、超前理念、技术创新与混搭拼凑等,推动设计审美向多元个性化方向发展,赋能跨境服饰设计中审美与人、货、场之间关系的协调统一。离散、多源、大量和异构的数据资源碰撞[166],为跨境企业培养设计师的创新设计思维提供了新机会。此外,服饰跨境企业在设计创新和运营交互过程中积累了大量的用户信息,可以对上述信息进行提炼后形成新的数据,以渐进式与颠覆性的形式创新跨境服饰设计。内外传输的数据资源可以进一步丰富跨境企业数据库。设计师可以通过设计分类获取用户体验的物化数据,实现产品创新,促进知识交互。跨境设计创新在数字化环境下的交织呈现,总体表现为产品承载了设计,从而体现价值,具体体现在跨境服饰的逆向设计、数字技术的阶段性智能操作及其用户反馈的活跃性特征。跨境数字化环境的最大优势在于能够收集、传输、存储和分析用户需求,提供供需互动平台,这有助于跨境供需端重塑知识价值,利用客观的数据驱动主观的决策,赋能品牌精益增长(见图5-20)。

---

①　审美生存是指在数字技术全面渗透生产领域的时代,人类的审美活动已演变为被数据系统干预的生存状态。传统审美(如艺术鉴赏、服饰选择)是主体自由意志的表达,而当代"美学生存"则成为算法预测、用户画像建模的对象,审美决策被转化为可计算的概率事件。如社交媒体通过面部识别数据生成"颜值评分",将身体审美转化为数字生存指标。

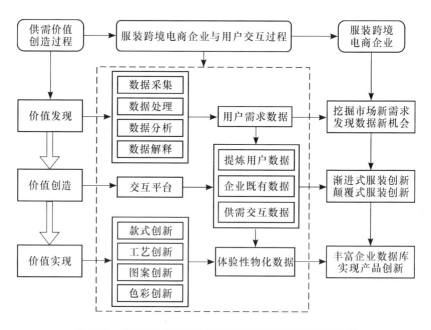

图 5-20　数字化环境下数据反哺服饰创新设计机制过程

　　跨境服饰企业的数字化设计实践,对内可以实现设计流程的优化,加速融合设计内部功能;对外可以实现服饰创新边界的拓展和跨境知识资源的整合。此外,跨境产品设计内容从标准化的粗放型转向精细化的定制型,跨境设计方式从静态的被动式转向动态的主动式,支持跨境企业借助数字化技术创造设计价值。新型跨境企业成为数字化实践的受益者,其基本逻辑是通过数字化技术发掘与创造设计机会,通过供需互动,促进跨境服饰产品的涌现,并通过"小单快反"的供应链促进跨境服饰成果的快速落地。企业秉承由产品主导向数据主导的演进逻辑规律,在跨境设计中以用户需求为依据,体现人文关怀,构建从"用户"到"企业"的数字化逆向定制设计模式,基于浏览、搜索、评论等数据进行用户需求建模和挖掘,寻找匹配目标用户群的特定需求,对目标客群进行结构分析。这使设计师可以有针对性地设计开发出符合用户需求的产品,降低服饰设计的市场风险,节约设计运营成本,提升产品销量,加速海外用户转化和变现(见图 5-21)。

　　为了满足市场对集成化的设计需求,跨境电商在设计与服务体系建设过程中,通过数据采集、整合、管理和应用,运用大数据的收集、处理、判断、分析、储

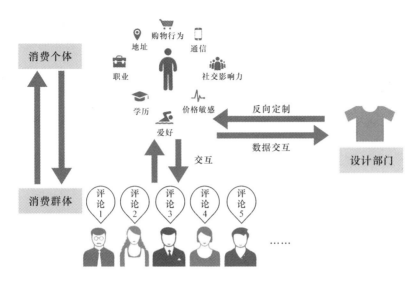

图 5-21　基于用户数据的数字化逆向定制设计模式

存等功能,实现设计端、生产端与营销端的交互协作,整合价值链环节,促进设计模式重构。通过逐步聚焦趋势效益,将其利益最大化,优化垂直供应链资源配置,提升各供应部门之间的配合默契度,完善产品属性标签,加强消费用户搜索的精准度,提高消费用户的满意度和黏性。同时避免数据堆砌和功能限制,实现信息价值最大化,及时淘汰闲置的数据和功能,建立一套数字化、个性化、智能化的数据设计体系,实现低附加值产业向高附加值产业的转型与升级。

第五节　案例分析:数字化跨境黑马的红海突围

　　S公司是杭州成立较早的跨境电商服饰销售企业之一,是以经营女装为主,兼营童装、泳装、家具、灯具等多品类的跨境电商公司。S公司历经跨境电商发展各阶段,建立起了相对完善的跨境电商业务活动及服饰跨境电商产业链,建有杭州临平运营中心、杭州九堡运营中心、杭州仓储物流中心、广州供应链中心、江西生产基地。公司旗下的 Simplee、Glamker 等知名品牌畅销美欧市场,先后荣获了 2016 年速卖通十大出海品牌,2017 年、2018 年速卖通全球用户最喜爱店铺,浙江省跨境电商出口知名品牌等多项荣誉。S公司通过对接跨境电商数字化新模式,对生产制造端、开发设计端及销售运营端产生了深刻影响,跨越企业价值链、产业价值链和全球价值链三个层次,是跨境电商与我国传统产业结合的典型代表。本案例将从 S 公司的发展历程着手,深入分析数据逆向牵引服饰设计的应用,以期给跨境电商企业制定和实施海外扩张战略提供经验和启示。

一、案例概况

S 公司成立于 2015 年,以跨境电商平台为依托,通过自主研发设计和供应链管理,销售休闲度假风格的女装,服务于全球范围内的跨境线上用户,是一家集服饰设计、研发、销售和服务于一体的跨境电商服饰企业。S 公司旗下拥有 5 家跨境电商全资子公司和 7 个跨境电商自主女装品牌,产品销往全球 200 多个国家和地区。S 公司整合国内优质的传统服饰制造业的供应链资源,借助数据技术挖掘国际用户的服饰购物需求,通过企业内部价值活动的优化、重组、创新,打造服饰外贸企业的竞争新优势,并对我国服饰外贸产业和企业在全球价值链中的分工环节产生影响,构建了数字化对外贸易的新业态、新模式。

(一)从 0 到 1,单品牌赋能平台

S 公司是一家以经营女性服饰为主的跨境电商公司,其旗下品牌主打休闲度假风。从 2015 年在速卖通上卖出第一条裙子开始,其核心竞争力就是差异化的设计风格,公司设计团队人员占到员工总数的 10%。S 公司的裙子从每条 15 美元起步,仅用 3 个月的时间销量就冲进速卖通行业前 40 位,第一年的销售额就接近千万元,并始终稳居本类目头部。先定品牌风格,再做产品款式,是 S 公司品牌发展的首选路径。以休闲度假风为中心,设计团队能够切中许多特定需求场景,例如海滩、田园和森林。S 公司在不同的季度会推出不同的设计企划方案,再通过 WGSN、蝶讯网、POP(全球)时尚网络机构及谷歌趋势等第三方时尚信息平台来获得流行数据,通过关注和融合产品的色彩、款式、样式等数据信息,发掘出贴合用户偏好的信息,进而开发新产品。

(二)从 1 到 N,多品牌赋能平台

S 公司基于前期的成功,逆向选择了多品牌孵化平台战略,相继成立了 7 个子品牌,在开发产品及用户、孕育品牌的同时,从品牌故事打造、品牌形象呈现及品牌传播三方面发力,以数据作为用户与产品之间的桥梁,凸显产品功能性价值,以建构品牌故事,主打"实践"。此外,围绕产品应用场景与人来讲故事,使用户看"景"并由此联想到品牌的精神内核,让用户看懂产品、看懂服务,深化品牌信任、品牌文化认同(见图 5-22)。

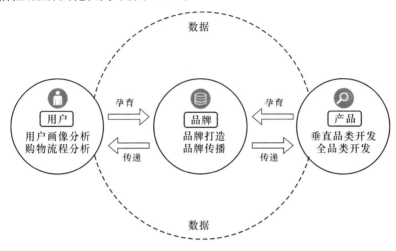

图 5-22　多品牌赋能平台打造

(三)打造开放式的赋能平台

S 公司在第三阶段采用更开放、更包容的方式,赋能多品牌的开放式平台,细化品牌定位,打造头部品牌,以"6—4—1"销售结构主攻北美市场。其中 6 是指第三方平台,比如亚马逊、Temu、速卖通等渠道;4 代表直营渠道,包括 DTC(独立站),即品牌自控的独立站占到近一半销售额;1 是指线下渠道,S 公司自2020 年开始布局海外线下市场,打破区域隔阂,建立实体店铺,以期给用户带来更高质量的消费体验。

二、数字化设计链重构与供应链升级

(一)S 公司产业数字化设计链重构

区别于传统服饰外贸企业的单一角色,S 公司集调研、设计、运营、销售和服务于一体[167],在跨境电商平台的信息整合能力和互联网技术的媒介信息交换能力的支持下,开展数字化设计。通过集成供应商生产制造能力与用户需求导向,S公司同设计师与用户之间形成了互动关联,以跨境电商平台为依托,以互联网媒介为载体,构建了独具特色的用户服务体系,并与国外用户及时高效地交流。

在基础价值创造活动中,S公司以整合、重组和创新等形式重构企业设计链,主要表现在对设计制造、销售服务等基本价值创造环节进行了重构,主要内容有数据信息与资源整合、设计模式革新、生产方式优化、营销机制重组、产品类目重组及平台运营模式设计,最终达到促成海外用户购买的目的,并以此创造价值。

(二)S公司"小单快反"供应链模式的优化与升级

批量小、批次多是跨境电商订单的发展趋势。因此,S公司现在所面临的主要挑战仍然来自供应链,因为切分供应链和微分订单量使供应商需要在限定的时间内快速生产新产品,这是供应商面临的难题。数据驱动的供应链管理能够通过实时的数据分析和预测,提升供应链的响应速度和灵活性,进而实现高效的订单处理和成本控制。基于此,S公司通过构建基于数据分析的供应链管理系统,实现需求预测与智能补货,即利用历史销售数据、市场趋势、季节性变化等因素,预测未来的设计需求。这可以帮助企业更好地计划生产,降低库存积压的风险,同时快速响应订单需求,实现实时监控订单流和生产状态,根据需求变化动态调整供应链配置;优化设计工艺生产,减少成本支出等。S公司建立了一个供应链信息共享平台,可以提高生产与设计各环节之间的透明度和协同效率。

柔性供应链的极致供应周期的实现依赖于原材料的管理、生产、运输等诸多环节的高度紧密配合,这一过程反映出时尚跨境电商供应链的运营状况。S公司将垂直柔性供应链的数据智能生产制造流程分为SKC列表创建、设计管理、寻样任务、打版任务、样衣任务等环节。在创建SKC后,借助设计管理中心对新开发产品的基本信息,包括物料清单、专供渠道、开发季度、款式图片、开发尺码、面料类型等进行数据储存,通过对供应商、工厂、物料档案数据进行搜索,来确定是否有相匹配的需求。若无以上情况,可建立寻样任务并上传样品用途、特征、工艺、材质等;若有以上情况,可直接建立打版与样衣任务。透明的运营机制和智能化设计使产品可以被直观地交付上新至跨境电商平台进行测款,经产品运营与推广快速投放到用户视野中后,依据用户目标产品的数据返单情况,高效、灵活地进行设计再生产。通过整合设计、采购、打样、制造、销售等环节,形成智能的跨境设计供应链协作策略,实现资源的合理利用和设计能力的均衡,最终形成"小单快反"的垂直柔性供应链模式(见图5-23)。

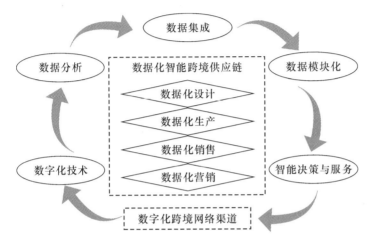

图 5-23 S公司数字化智能跨境供应链

三、跨境产品数字化标签设计与分析

(一)产品标签化词条设计

随着数据算法技术开始渗透服饰设计领域,企业驱使跨境市场与消费用户在社会生活中的审美活动变得商业化、浅表化与符号化,其核心为,消费用户都将成为自身的享乐主体,但数据的智能推送使审美主体趋于惰化。从设计内容、传播方式、用户价值三个方面可以深入剖析数据智能推送下审美固化的成因。在"流量为王"的数据时代,通过抓取当下市场各品牌热卖产品的智能数据,设计师将眩惑的外表("眩惑的外表"是一个批判性概念,指数据算法驱动下生成的表面化视觉吸引力,其本质是数字技术对审美逻辑的异化)赋予美与非美的客体标签,并将审美对象碎片化,即对流行的设计元素进行大量复制与重组拼贴,破坏艺术设计原有的完整性与独立性,利用具有强烈侵略性与渗透性的数字技术应用投放市场,使产品趋于大众化与同质化。

S公司对站内产品进行标签化设计,将产品拆解成可搜索的词条,如 new、

trending、hot、fashion 等,以便于设计师在开发产品过程中追溯过往产品的销量数据,在此基础上设计新的系列产品。通过对行业大数据、竞品数据及自身销售数据的标签化分析,数据驱动实现产品的周期性规划开发和设计。S 公司的季度爆款数量一般控制在 5%～10%,通过对月度或年度热销商品共性标签的分析来设计产品,针对用户痛点与偏好打造的前沿趋势产品等都会脱颖而出成为"新爆款",避免了数据带来的审美困境。该战略使 S 公司摆脱了因和市场现有流量款同质化所引发的价格战,同时也为 S 公司创造了整体销售额(GMV)中 40% 的业绩比例,用 5%～10% 的爆款产品撬动了 40% 的销售额,实现"头部产品高效变现,长尾产品维持生态"的战略平衡。

(二)产品数据量化分析

S 公司的数据库分类信息包括跨境平台标签搜索词、购买爆款产品的用户信息、各大跨境平台服饰类销售数据和互联网时尚图片信息。上述 4 类数据具有广泛性与影响力,但合成库之后,信息的凝结度与关联度较低。S 公司对所获取的平台数据类型(包括女装、男装、童装、饰品等品类)进行划分,通过统计女装收藏、加购、下单、兴趣、点击等销售数据,将其量化为热卖类、趋势类、同款类、节日类数据(见表 5-9)。

表 5-9　平台女装销售数据的一级量化划分

数据类型	具体内容
热卖类数据	区分爆款、旺款、平销款趋势
趋势类数据	区分经典款、流行款趋势
同款类数据	各大平台热卖的产品信息数据,以标题为主
节日类数据	当地特殊节日或事件发生相关的关键词描述

由于一级量化划分比较笼统,仅能分析出产品的大范围布局,由此 S 公司对女装部分类目数据进行二级、三级量化划分,用描述词条细分 4 类销售数据中的类目。以女装热卖类目为例,先量化款式、风格、色彩、图案、元素等二级数据字典,再细分二类数据形成三类数据子库。如以连衣裙为例的二级款式中,其下设的三级款式依据不同连衣裙的设计点,从裙型、裙摆、裙身等角度可划分为围裹裙、紧身裙、不对称裙、鱼尾裙等,以便于进行产品细化分类(见图 5-24)。

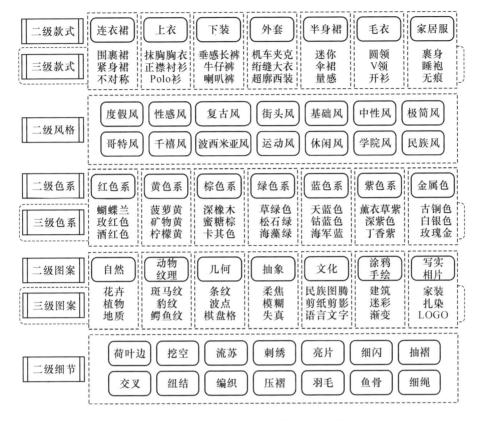

图 5-24 女装部分类目数据的二级、三级量化划分

(三)产品数据的搜索环节

在数据收集和搜索阶段,编制数据字典是一个关键任务,其核心在于规定数据录入的标准和规则,包括数据的量化方法。针对不同类型的资源,需要制定一套统一的量化规则,并根据这些规则建立数据收集阶段的基础框架。示例中涉及多类数据字典的构建,包括色彩数据字典、图案数据字典、款式特征数据字典等。这些数据字典对数据类型进行了详细分类,明确了数据录入的要求和说明。为了便于筛选与查阅,详细的数据字典信息以完整图片形式提供,涵盖每种数据字典的分类、录入要求和具体说明等关键信息。数据字典的制定需要考虑到数据的来源、性质和用途,以确保数据的准确性和可比性,从而为后续数据处理和分析提供可靠的基础(见图 5-25 至图 5-27)。

色系	红色系	黄色系	棕色系	绿色系	蓝色系	紫色系	金属色系	中性色	多彩色
色彩	蝴蝶兰	菠萝黄	深橡木	草绿色	天蓝色	薰衣草紫	古铜色	黑色	渐变色
	玫红色	矿物黄	蜜糖棕	翡翠绿	钴蓝色	深紫色	白银色	白色	拼色
	酒红色	柠檬黄	卡其色	松石绿	海军蓝	丁香紫	玫瑰金	灰色	
	杏红色	金黄色	米色	海藻绿	湖蓝色	紫罗兰			
	桃红色	土黄色	驼色	马尔代夫	孔雀蓝	紫水晶			
	朱红色	桔黄色	茶褐色	青绿色	墨蓝色	深紫色			
	深红色	鸭黄色	栗棕色	苹果绿	藏蓝色	紫红色			
	粉红色	淡黄色	棕红色	翠绿色	靛蓝色	暗紫色			
	正红色	拿坡里黄	亚麻色	豆绿色	裙蓝色				
	橘红色	撒哈拉黄	可可棕	墨绿色	群青色				

录入要求与说明
1.色系与色彩均为必填项目。
2.若一件衣服上出现渐变、拼色等多种色彩可划分到多彩色,不可多选。
3.一个sku若出现多色产品,需录入每个skc的相应色彩。

图 5-25　色彩数据字典

图案	自然类	动物纹理	几何类	抽象类	文化类	食品类	人物类	字符类	无图案
子类别	花卉	蝴蝶	条纹	柔焦	民族	蛋糕	人像	文字	
	植物	斑马	波点	波浪	图腾	水果	血管	徽章	
	地质	豹纹	棋盘格	模糊	剪纸	海鲜	细胞	音符	
	太空	鳄鱼纹	菱形纹	失真	剪影	蔬菜	骷髅	爱心	
	沙漠	蜻蜓	格纹	渐变	语言		肌肉	皇冠	
	草原	猫	千鸟格	扎染					
	河川	狗	圆点						
	沙滩	兔子	迷彩						
	雪花	飞鸟							
	雨点	瓢虫							

录入要求与说明
1.图案类别和子类别均可多选。
2.录入产品信息时,若图案涵盖较多,建议按占比排序选择
3.图案类别中的无图案仅供产品信息录入及搜索,数据分析结果显示以"纯色"为主

图 5-26　图案数据字典

(四)产品数据的分析环节

产品数据的分析环节主要表现在数据结果可视化的过程中。首先,针对数据库中所需分析的类目设置筛选条件,导出相关数据表至 Excel 表中。接着,设置判断依据,运用函数公式如 VLOOKUP、SUMIF、MATCH 等进行数据筛选(见图5-28)。然后,通过数据透视表选择相应的分析字段,罗列后对所需数据进行可视化设计,最终,制作成一份完整的产销数据报告(见图5-29)。

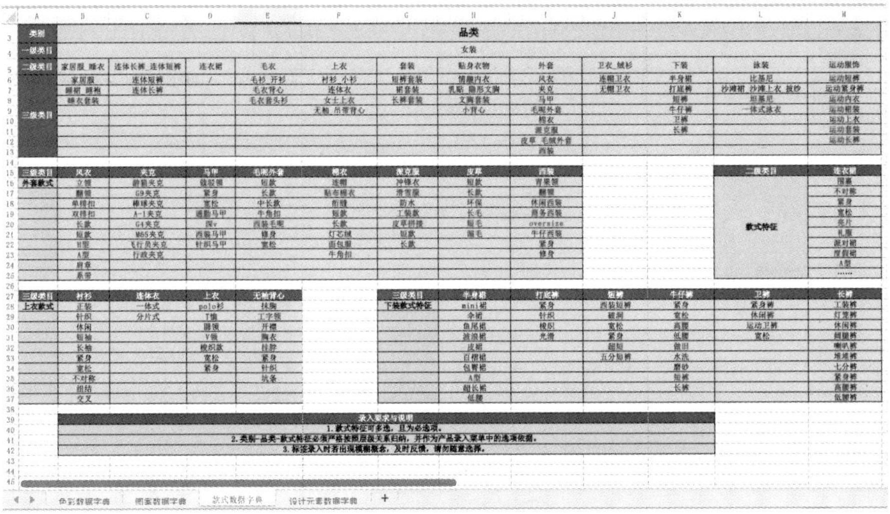

图 5-27　款式特征数据字典

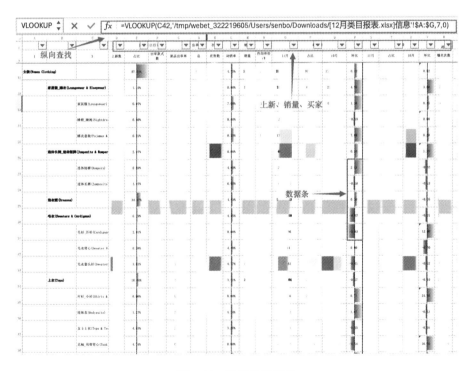

图 5-28　数据分析环节

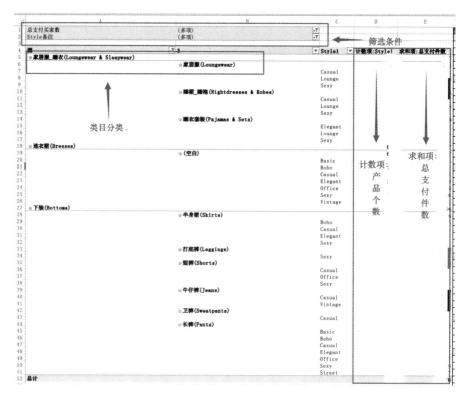

图 5-29　数据透析环节

四、数字化用户画像构建与设计选择

(一)数字化感知用户需求

在用户画像分析中,主要可借助内部调研和外部分析工具(如谷歌等)搜集用户画像相关信息,并对此类核心人群展开有针对性的产品研发和市场营销,对品牌进行清晰定位。品牌除了明确目标用户外,还需要对用户的购物过程进行分析,以便更深入地理解用户消费决策过程中的重要信息,识别各个关键触点和指标,寻找流失用户的原因,以此来弥补在品牌构建的过程中的不足。

通过用户画像感知用户需求,S公司利用信息搜索渠道,挖掘用户性别、年龄、职业、身高等人口统计数据,先勾勒宏观的画像轮廓,再细化用户穿着喜好、审美特征、消费观念、消费模式等偏好与行为数据,构建完整的目标消费画像(见表 5-10)。

表 5-10　S 公司用户画像

画像细分	画像类别	特征描述
个人属性	年龄	22～35 岁
	身高	160～170cm
	体型	匀称占比大于 70%,肥胖占比小于 30%
	角色标签	小女人
社会属性	职业与收入	主要从事文化与生活休闲产业及现代生活产品制造业行业,收入水平中等
	核心人群	年轻的白领、上班族、在校大学生、自由职业者等
	市场层级	二线或三线城市
行为细分	行为偏好	热衷于社交媒体平台,习惯线上购物与通勤便利,注重生活与社交,喜欢旅行、聚会、野餐
心理细分	心理偏好	关注高性价比、个性化、有设计感的时尚单品
风格细分	风格偏好	休闲、波西米亚度假风、性感、优雅

通过分析 S 公司自身用户的特征,再对市场流行趋势进行调研与分析后,利用数据技术获取的用户画像信息可用于需求趋势的处理、分析与呈现环节。S 公司的数据采集源于流行资讯及趋势、市场销售、竞争品牌及用户画像。首先,创建多类型的数据字典,如事件、品牌、面料、版型、色彩、图案、风格、场景等,设置等级式的量化规则后,将数据进行归类并录入数据库中。通过设置产品数据词条、销售数值范围、上新时间段等筛选条件,结合云计算统计技术细化数据,确保数据的精准度。其次,利用智能识别技术,从产品供应商、产品关键词、产品价格等维度找到大量相似或相同产品。最后,基于服饰产品目标销售市场的地域性特征,以国家地域、终端群体、文化差异三点为关键要素划分产品,并以饼状图、折线图、柱形图等可视化的方式呈现。

（二）产品本土化选择

S 公司基于前期追踪的数据,洞察用户消费的波段性偏好。本土化选品已成为跨境服饰企业发展的一个核心命题,而选品策略的弹性制定则决定着生产布局、销售周期和营销策略的发展方向。数据选品是通过深度探索目标市场趋势、竞品热卖情况、用户喜好等数据,以及评估市场动态与款式数量等情况来进行的。在选品时,S公司从本土供应商、产品、文化、语言等维度出发,结合数据了解类似款式的元素特征在各大平台的销量与定价,进而评估自身平台选品的优势与竞争点(见图5-30)。

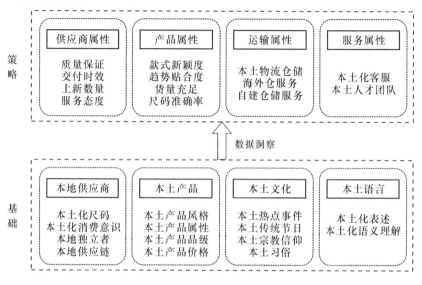

图5-30 S公司的产品本土化选择

本土化选品是一个系统性的工程,涵盖多个环节,不同环节间的融合与相互作用构成了本土化产品选择的基础层和策略层。北美市场服饰有着时尚、简约、舒适的风格,并且当地有不同种族的宗教信仰,基于此,S公司需要借助热点与传统节日策划有针对性地选择产品,确保销售转化率最大化。S公司在产品描述时参考了北美地道的表述词,避免用户产生理解歧义,同时也会针对用户兴趣点进行着重描述,如圣诞节、环保、个性等。S公司合作的供应商超过500家,这些跨境供应商提供的产品尺码都适合北美用户的身材;考虑到用户的环保意识,大部分供应商都选用了新型可降解面料,以博取用户好感。S公司综合考量供应商属性、产品属性、运输属性和服务属性四大要素,每日推出超百个符合市场与用户标准的SKU。为研究目标市场的用户画像,S公司持续监测市场热销产品及其元素特征,以选品或自主设计的方式将热销元素融入产品,并通过试销及时获取用户反馈数据,深入分析反馈结果,确定下一步的产销策略。

五、以用户需求数据反哺产品设计

数据驱动创新在产品维度上主要源于两个层面：一是对垂直类品牌而言，对用户核心痛点进行准确定位，打造出具有独特功能优势的单品。二是对全品类品牌而言，以需求为导向，借助数据洞察，从而更科学地规划产品上新周期并创造出能令用户眼前一亮的爆款。

(一)数据逆向牵引的跨境服饰设计

借助数据技术配合设计团队，能够加快产品更新的步伐。面临快速上新的设计压力，设计师需要导入数据以确保高效选款和过款，并且增强对数据的洞察能力和商品企划反馈能力。S公司利用知衣科技的大数据产品收集用户反馈，抓取关键词、面料、色彩等流行元素，自定义用户画像。S公司的设计师团队在知衣科技系统的辅助下进行集中式的流水线设计，设计师对获取的数据进行加工，对流行面料、元素、版型等进行排列组合，对产品进行模块化的设计。S公司旗下的各品牌每个月都会至少上架80款新产品，单品牌每年开发新产品超1200种，每位设计师每周都以设计12个新款为目标，设定好每周固定的选款和过款时间进行集中开发。而运营者在产品上新后，需对其进行数据追踪与分析，并将结果反馈至设计师。设计师依据用户反馈再设计爆款、趋势款等，这一流程节省了设计师挖掘流行趋势的时间成本，满足了设计师在短时间内设计出大量爆款产品的需求。

S公司利用知衣科技的"海外探款"功能，直接监测海外各站点的热销情况和上新款式排行榜，根据设计师需求对"商品中心"的产品进行区域、类别、设计细节和上架时间各细分维度的甄别，直到发现目标样式。如S公司的供货客单价大多超过30美元，设计师看款后可以在"商品中心"进行品牌筛选或者搜索，一站式准确直达"建立目标款式库"，也可从销量、评价或者价格的维度进行排序并批量采集导出数据(见图5-31)。

此外，S公司充分利用跨境电商平台、社交媒体和搜索引擎等面向用户的智能数据分析工具，以消费大数据为依托，及时把握海外消费需求发展趋势，通过品牌搭建了强大的独立站App，与消费群体直接对接，获取一手消费数据，做到针对细分市场消费需求的精准洞察；同时在供给侧以数字化工具为辅助，构建

图5-31 S公司利用知衣科技的产品进行选款

供应商网络,构建"小单快反"柔性制造供应链,以达到产品快速迭代、针对性创新研发的目的,进而以快速物流的方式按时交付产品。全链路充分展现出跨境电商对品牌出海企业消费洞察、精细运营和持续创新的赋能能力,成为品牌出海企业实现高价值的一条能力护城河。其中,对 Instagram、TikTok 等社交媒体火爆程度的评估具体体现在知衣科技的"海外探款"的"社区流行"板块。设计师可以搜索目标平台最近流行的产品图文、产品视频,依据点赞、收藏等数据统计产品下单转化率,筛选出爆款产品,并通过"爆款元素拆解"指导产品设计,对未来市场流行趋势进行预测。相较于传统手工记录的站点榜单和点赞等方式,知衣科技支持一键批量输出数据,大大提升了设计流程的便捷性。在前期数据充足的基础上,设计师可以展开流畅的选款定款流程,使 S 公司的服饰设计成功率由 20% 上升至 60%,首单产销率超过 60%,充分体现出数据反哺设计的价值(见图5-32)。

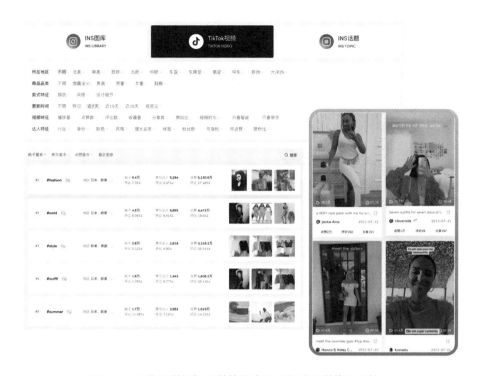

图 5-32　S公司利用知衣科技的产品进行社交媒体热度筛选

(二)跨境爆款产品打造逻辑

除了垂直类产品创新推动力之外,创造爆款对于全品类品牌来说也至关重要,它也是全品类品牌经过用户精细化运营获取周期性创新的动力源泉之一。服饰设计需要回到用户需求场景,风格必须具备一定美感,同时应从用户角度出发,而非一味地根据数据对设计变量进行调整。爆款是1,而爆款衍生改造后的风格实际上就是1后面不断复制的0。S公司目前的设计模式就是在1的基础上再进化出1,进行横向创新。

在数据辅助设计过程中,设计师不仅要关注产品销量与价格,也需要观察本土用户的行为习惯和本地市场的流行风格。S公司的设计总监在每周的过款会上着重看设计师对款式的理解,了解设计师对于风格的认知和设计思路的来源。为了达到数据和趋势相互验证的要求,S公司通过知衣科技"知款"中"报告"板块获得连衣裙和衬衫等各个品类的爆款趋势,结合资料归纳各热卖属性市场占比,以此协助设计师归纳跨境爆款创作理念(见图5-33)。

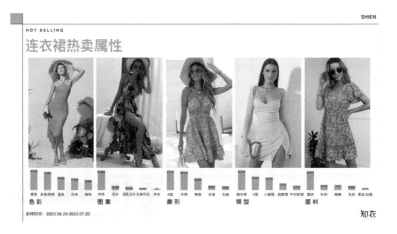

图 5-33　S 公司利用知衣科技的产品归纳连衣裙热卖属性

基于正确运用"知款""海外探款"等数据智能 SaaS 产品,目前 S 公司从管理层到设计师助理,由上至下构建起"数据驱动设计"的良性循环。设计总监基于大量数据验证设计的走向,设计师则以数据为支撑选择并确定款型。凭借充足、准确的前期数据准备,服饰产品更加贴合市场的需求,使成功率得到了极大提高。该数据驱动设计流程不仅大大提高了团队整体工作效率,而且降低了库存风险。S 公司的设计团队通过数据洞悉潮流方向与用户偏好,实现设计创新价值,避免盲目地追随市场爆款(见图 5-34)。

在长期累积后,数据思维改变了 S 公司设计团队的工作模式,使 S 公司产品的竞争力不断提升,且难以被竞争对手效仿,因为打造爆款的核心在于运用数据的设计思路,而不仅仅是单一的花色或面料。在设计师个人经验和大数据的有效交互下,S 公司借助平台鼓励差异化的流量扶持政策,打造品牌效益,逐步走出目前服饰跨境电商行业日益严重的低价竞争困境,在激烈的跨境服饰市场竞争中一路领先。AI 大数据赋能设计师和品牌,带来更智能、高效的设计工作体验,使工作效率与设计质量双提升,进而验证了数据逆向牵引服饰行业发展的有效性。

图 5-34　知衣科技跨境电商专题趋势报告

六、以销售数据逆向牵引产品设计的方式

(一)用户数据偏好测试定向上新与推广

在品牌化进程中,S公司不断跟踪顾客整个购物旅程核心指数的变化情况,并在保留、推荐等关键环节增加与顾客的互动触点。S公司巧妙地使用了数据工具和客服团队,针对购物旅程中的关键指标,如对网站流量数据、产品点击次数、浏览停留时间、购物车弃置率、产品购买数据、用户打分数据及会员数量等进行追踪,并且每日以表格汇总的形式对这些核心指标及其前一日、前一个月、去年同期的变化情况进行分析,以此通过对购物旅程数据的追踪来指导产品设计(见图 5-35)。

S公司基于用户搜索、浏览、兴趣、点击、购买等行为数据触点,在前端页面设置热门板块,有针对性地对用户进行个性化热卖推荐,如风格、颜色、设计元

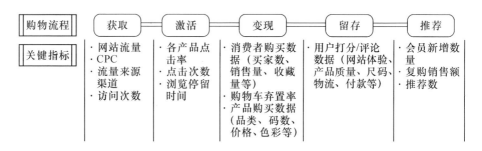

图 5-35　S公司全购物流程追踪指标

素点等进行相似款推送,以提升销售转化率。数据精准推款的模式逻辑在于,通过用户下单款筛选,结合销售与上新时间生成产品报表,并进行产品维度的数据分析;在访客数、兴趣次数、加购率、点击率等数据词条的基础上,结合用户行为数据量形成数据算法模型;将数据算法筛选出的产品数据按要求细分为爆款、旺款、测款、推款 4 类;通过算法解析产品标签并应用于分类页面、用户个人收藏加购页面;同时,通过运用后台老款 30 天与新款 7 天的销售、点击、浏览、趋势、兴趣等数据智能拉取,将款式分为趋势款、季节款、节日款、热卖款、相似款等,推送至分类页面、个人中心页面等;在用户进行相关行为触点后更新迭代数据词条,并依据前台展示规则更新产品页面顺序,从而有效地依据用户实时动态形成数据,精准投放产品,提升设计转化率(见图 5-36)。

(二)销售数据导向的专题页推荐

S公司通过对站内用户累计数据的分析,并结合多方数据趋势相关性走向,合理调整上新产品分类,并结合用户行为偏好,在平台上制定可视化运营策略,如增设趋势关键词导航栏、设计趋势专题页、推送邮件趋势资讯、投放站内广告等,策划主推产品主题。通过设计推荐页面并发布至平台顶部横幅(topbanner)、用户邮箱、广告位等提升产品曝光率与投放率,让用户在短时间内找到自己想要的产品,增强用户兴趣与品牌黏性,优化用户"拉新—留存—复购"的行为闭环。

在数据探测阶段,平台前端所呈现的产品顺序是通过设置流行趋势数据、个体用户的选购偏好数据、群体用户的触点数据、供应商等级数据、产品标题数据等参数占比后统计形成的。此外,对前期推款的产品专题页的可视化设计是基于产品上新时间与专题页的贴合程度展开。运营者在搭建不同专题页时,可

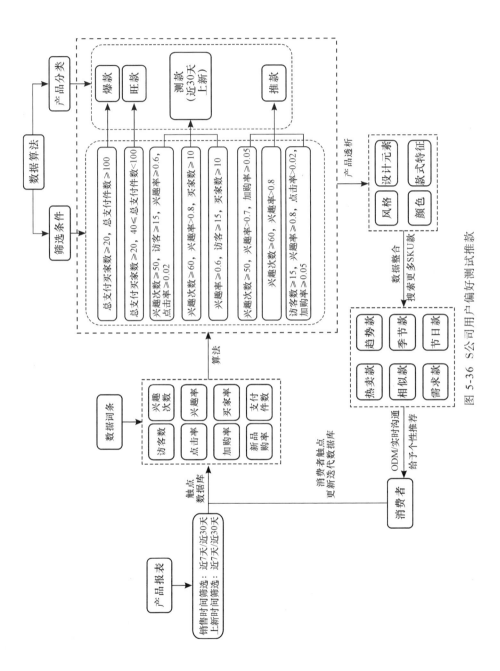

图 5-36　S公司用户偏好测试推款

213

以手动调整产品或供应商的排列顺序,并增设投放页面的链接追踪码,用于区分不同专题页的流量,同时运营者可以将优质数据及时反馈至设计部门。在页面发布的不同周期内,运营者可在数据分析后台利用追踪码查取网页数据,从网页浏览量、页面停留时长、销售转化率、跳出率等数据直观了解用户对产品的偏好程度。运营人员可在导航栏、顶部横幅、相关供应商头部横幅设置对应的追踪码,利用运营手段监测产品是否引起用户共鸣。若数据不乐观,设计师可以及时做出相应改变;若出现爆款趋势产品,设计师可以顺势而为,结合其他数据可观的产品设计点进行优化设计(见表5-11)。

表5-11 S公司上线专题页近一个月追踪码数据统计

网页追踪码	网页浏览量/次	页面平均停留时间/s	进入次数/次	退出率/%	网页价值/元
/supplier/popular-elements-2022Fw/? ici＝nav	385	159	153	8.11	10429
/supplier/popular-elements-2022Fw/? ici＝topbanner	361	253	214	4.76	38914
/premium-vendors/popular-elements-2022Fw/? ici＝topbanner	492	187	336	5.39	24397
/trend/vintage-prints/? ici＝nav	572	246	672	4.28	49217
/premium-vendors/western-style/? ici＝topbanner	102	68	93	9.21	2031
/collection/let-s-chill-in-pre-Fall/? ici＝nav	203	105	133	7.54	12901

(三)反馈数据引导跨境服饰设计

北美市场用户在线上消费时不仅关注产品销量,还重视卖家的信誉度与好评率。基于前期专题页发布与每周的热点(hot)页面更新,S公司的运营者在产品发布的不同周期内对产品进行复盘。其中专题页复盘会选取两个周期内的数据,从出单款式数、买家数、支付件数等维度对专题页推荐的产品进行分析。以专题页"Western-style"数据为例,通过深入分析新增爆款产品的特征,发现牛仔款上衣出单时间较快,款式选择多,较贴合用户喜好;流苏款多以夹克外套为主,风格更偏向美式经典;带有阿兹特克部落纹理的产品兴趣次数与收藏次数较高。因此可以推测,用户喜好正在向特色部落风转移,相关分析结果会反馈至设计部门(见表5-12)。

表 5-12　专题页 Western-style 周期数据复盘统计

周期/周	选款总数/个	原出单款式/个	现出单款式/个	原买家数/个	现买家数/个	原支付件数/件	现支付件数/件	新增爆款/个	出单款新增/个	新增出单数/件
2	543	49	137	56	103	732	1348	11	88	616
4	543	49	189	56	192	732	2316	23	140	1584

对 hot 页面的运营基于用户的偏好测试,S 公司通过提取一个月的运营复盘数据,布局爆款、旺款、推款与测款,并投放到平台前端进行测试。运营者通过一周的数据沉淀,从后台拉取各 SKU 的数据表,通过数据算法对数据进行筛选与清洗,提取每周爆旺款式数、支付件数、新增爆旺数、hot 命中数等,实时辨别设计师的设计方向是否正确,同时有效避免因运营者主观因素而淘汰有销售潜力的产品。同时,在用户完成购买后,其行为数据将再次被系统记录与挖掘,并更新至数据库中进行新一轮机制流转,生成的新数据将迭代之前的数据,形成良性循环的数据闭环,实现实时监测、实时更新,贴合跨境电商跨区域、跨时差、跨文化的市场运营机制(见表5-13)。

表 5-13　S 公司 2023 年 6 月热点页面产品运营复盘

运营时间	总爆旺/个	总爆旺支付件数/件	总支付件数/件	总新爆旺/个	新爆旺占比/%	hot 命中款数/个	hot 页面推测款的爆旺命中数	运营提升占比/%
第一周	152	3653	24535	102	67.1%	93	推款:爆款 9 个,旺款 21 个;测款:爆款 1 个,旺款 17 个	91.2
第二周	157	3899	27801	135	86.0%	133	推款:爆款 4 个,旺款 17 个;测款:爆款 4 个,旺款 12 个	98.5

续表

运营时间	总爆旺/个	总爆旺支付件数/件	总支付件数/件	总新爆旺/个	新爆旺占比/%	hot命中款数/个	hot页面推测款的爆旺命中数	运营提升占比/%
第三周	163	4071	29014	142	87.1%	136	推款:爆款8个,旺款21个;测款:爆款6个,旺款19个	95.8
第四周	172	4326	30756	151	87.8%	144	推款:爆款11个,旺款32个;测款:爆款9个,旺款23个	95.4

第六节　本章小结

　　本章探讨了跨境电商大数据逆向牵引的服饰设计模式研究,主要围绕服饰跨境电商的商业发展特征、数据逆向牵引的服饰设计要素、跨境电商大数据牵引服饰设计模式,以及基于大数据驱动的逆向服饰设计模式的构建。本章详细分析了服饰跨境电商市场的快速发展态势、数据技术对设计质量的升级作用,以及跨境电商文化环境对服饰设计的影响。此外,还提出了一系列基于大数据驱动的创新逆向设计机制,通过案例分析,展示了数字化跨境服饰品牌如何通过逆向选择和数据分析实现红海突围。本章的研究为跨境电商企业提供了利用数据驱动服饰设计的新模式,旨在通过数据分析优化设计流程、推动设计创新,进而提升市场竞争力。

第六章 人工智能大数据驱动的服饰设计模式研究

第一节　大数据训练下的智能设计背景

一、国家政策引领下的服饰设计数字化智能化

"十四五"时期是我国工业经济向数字经济转型的关键期,对大数据产业发展提出了新的要求。"十四五"规划明确指出,要打造数字经济新优势,培育壮大大数据等新兴数字产业[168]。在数字鸿沟加速弥合的背景下,将服饰设计与数字化、智能化结合,带来更灵活高效的设计模式。通过数据建模、趋势预测和智能生成等手段,该模式能够实现从设计到产业链的全面升级和创新,给予行业发展更多机遇和发展空间,推动整个行业向数字化、智能化和可持续发展的方向进一步迈进,同时也能为消费用户提供更好的体验和选择,满足其不断变化的个性化需求。

其一,数据要素市场体系初步建立,数据资源正推动研发、生产、流通、服务、消费全价值链协同发展。数字化和智能化的设计模式借助虚拟设计、数据分析和智能算法等手段,输出更准确、快速的设计方案,达到更好的预测效果,设计师利用大数据分析和算法模型来理解消费用户需求、趋势和偏好,从而更好地创造出满足市场需求的服饰设计。

其二,产业数字化转型迈上新台阶,制造业数字化、网络化、智能化程度不断加深,生产性服务业融合发展加速普及,在数字化转型过程中推进绿色发展。

数字化和智能化的设计模式可以实现从设计到产业链的全面升级和创新,提高服饰生产的质量、效率和可持续性,推动整个产业向更智能、高效的方向发展。

其三,数字技术自主创新能力显著提升,数字化产品和服务供给质量显著提高,产业核心竞争力不断增强,新产业、新业态、新模式持续涌现并广泛普及。数字化和智能化的设计模式可满足消费用户不断变化的个性化需求,通过数字化技术,设计师可以更好地实现定制服饰,满足消费用户对独特风格和个性化选择的要求。数字化和智能化的设计模式也可以提供更多交互式的体验,例如虚拟试衣和个性化推荐,使消费用户能够更好地参与设计。

综上,在国家政策的引领下,服饰设计与数字化和智能化相结合,可以带来更灵活、高效的设计模式,推动整个行业向可持续发展的方向迈进。这不仅为服饰产业带来了更多机遇和发展空间,同时也为消费用户提供了更好的体验和选择。

二、大数据驱动人工智能生成内容快速发展

参数规模增幅、学习范式更新和模型结构的不断升级,使人工智能生成内容具有更高的样本多样性和逼真度。大量文本数据集进行自主学习和训练后,人工智能生成内容(artificial intelligence generated content,AIGC)可以输出复杂的、类人的作品,其完成任务的质量一定程度上取决于参数规模。以自然语言处理领域具有代表性突破的 ChatGPT 为例,从 GPT 到 GPT-3,参数量由1.17亿增加至1750亿;据媒体爆料,具备生成多种形式内容和执行各种任务能力的 GPT-4,其数据量或许已达万亿级别[169]。数据驱动的学习范式更新是从基于规则的机器学习向基于损失函数和梯度下降的学习范式转变的过程,基于规则的机器学习依赖于人工设计的规则和特征工程,局限于人类专家的先验知识,而基于损失函数和梯度下降的学习范式通过优化模型在训练数据上的损失函数来自动学习模型参数,充分利用数据中的信息,这使模型能够从数据中自主学习,并在面对未知数据时具有更好的泛化能力。模型结构也不断升级以应对更复杂的任务和数据,卷积神经网络(convolutional neural network,CNN)在图像识别和处理方面开启了深度学习的序幕,变分自编码器(variation alauto encoder,VAE)结合变分推断和自编码器的思想,可以生成高质量的连续型数据,生成对抗网络(generative adversarial net,GAN)则通过生成器和判别器的

对抗训练,能够生成逼真的样本,transformer 模型的出现拓展了数据增强的方式,拓宽了模型生成空间。通过大规模数据集的训练和多层次的模型结构,生成的样本可以涵盖更丰富的内容和更多样的变体,为广泛的应用场景提供了更丰富、准确和有创意的内容生成能力(见图 6-1)。

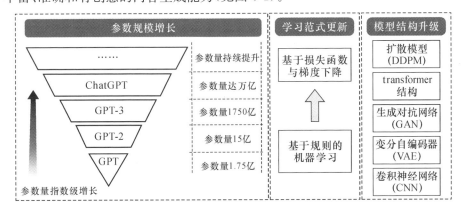

图 6-1　数据驱动人工智能生成内容发展

三、人工智能大数据技术推动下的服饰设计发展

人工智能大数据的发展经历了专业生成内容(professional generated content,PGC)到用户生成内容(user generated content,UGC)再到人工智能生成内容(artificial intelligence generated content,AIGC)三个阶段,数据参与扩容带来了应用场域的显著拓展。PGC 时期数据收集和分析相对较少,数据主要由专业的设计师团队来创建和展示,生成内容通过传统的设计流程和方法完成。在 UGC 阶段,移动终端消费方式的出现和自媒体等新型传播方式的迅速发展,致使大数据的价值凸显[75],加上社交媒体和网络平台的普及,使用户、设计师、企业成为多源异构的大数据创造者。人工智能大数据技术在机器视觉、图像处理方面的应用研究持续深入,依托技术基础的工具平台日益完善,成为设计方式革新的稳定动力[170]。AIGC 时期,通过机器学习和深度学习等算法,AI 可以分析和理解大量的服饰数据,并生成新的设计和风格,这使设计师能够从一个更广泛和多样化的设计空间中获得灵感和创作的可能性。

在早期生产优化阶段,大数据和人工智能技术逐渐起步,此时的数据产生主体较为单一,相关技术在服饰领域处于发展初期,仅应用于生产过程的优化[171]。服饰企业通过关注模式识别和数据分析,运用机器学习算法提高服饰生产的效率和精确性[172];研究物流与供应链管理[173]等领域,并利用专家系统和规则引擎辅助决策制定和工艺控制[174]。从 1990 年起,计算机辅助设计(CAD)软件的引入加速了服饰设计过程[175],CAD 软件可以辅助设计师绘制服饰草图、进行图案设计和面料模拟。2000—2010 年间,随着机器学习和数据挖掘技术的发展,服饰产业开始应用智能软件。规则引擎、专家系统及预测分析等技术被用于销售预测、库存管理和供应链优化[176]。智能系统从最初的生产优化提升至辅助设计与销售管理层面[177],虽然受算力限制,应用尚处于初步阶段,但为后续的发展和实践应用奠定了重要基础。大数据人工智能技术在内容生成方面的运用逐渐发展,大约在 2010 年,开始出现了一些基于机器学习和自然语言处理的 AI 自动生成内容的尝试,计算机视觉技术进行服饰图像识别和分类成为新兴研究方向[178],随后深度学习算法和卷积神经网络被应用于识别服饰款式、颜色和纹理等属性,综合智能算法、3D 扫描和打印技术实现了个性化服饰定制,基于用户身体特征,智能算法能够生成服饰款式、定制尺寸和设计细节[179]。但此时完全是针对功能和结构层面,并未突破创意的生成。自 2014 年起,以生成式对抗网络(GAN)为代表的深度学习算法的提出和迭代更新,使生成内容的创新迅速被突破。Wu 等[180]提出 3D-GAN 模型用于生成指定色彩角度或形状的三维椅子,不过此时人工智能的创意能力依然有限,其生成内容相较于训练数据并未出现美学层面的突破。2018—2019 年间,预训练语言模型出现,降低了数据标注需求和成本,生成式对抗网络逐渐成熟,人工智能大数据技术研究至此迎来关键拐点。2020 年后,自监督学习成为业界主流,模型体量和复杂度不断提升,其中 OpenAI 发布的 GPT-3 极具代表性。2021 年,随着叠加多模态多任务领域的不断发展,文本图像对齐方向的研究呈井喷态势,CLIP以 40 亿个文本及对应图像对为训练数据实现文本到图像跨模态,并借助Midjourney 易用的网页对话式交互和 Stable Diffusion 使用个人电脑,即可实现本地部署,这些成果推动着 AI 技术全面普及并在应用层面呈现出百花齐放的局面。大数据时代,交互设计的对象从小数据、非智能的实体和虚体转变为大数据、大智慧的生态环境[181],人工智能在设计领域的深入应用及开发在近 10 年来成为研究的重点[119]。罗仕鉴等[74]提出了将创新设计同下一代互联网、人工智能、大数据、区块链等新兴数字技术相结合的理念，以此作为解决社会复杂设计问题的综合创新手段。刘永红等[182]提出以设计大数据为主线，按照"数据—工具—平台—应用"的研究框架，创建"海量数据驱动—智能设计决策—云端创意生成—虚拟孪生评价—云生态柔性制造—精准营销"商业模式及全新设计范式。在大数据时代，数据不仅仅用于发现和解决问题，其更大价值还体现在重新定义问题上[183]。生成式 AI 通过从大数据中学习要素，进而生成全新的、原创的内容或产品，至此真正实现了生产、设计、营销和内容领域的全流程介入，为各个领域带来巨大的生产力提升（见图 6-2）。从 Midjouney、Sora 到更近的 Genie，人工智能技术向我们呈现出人类与世界深层次重新沟通的可能性，在此意义上，AIGC 就绝不局限于"AI generated content"（人工智能生成内容）这一定义，而是可以将其重新定义为"an impossibly great civilization"（一个好到不可思议的文明）[184]。决策式智能通过大数据洞察消费用户的喜好、需求和时尚趋势，优化了服饰生产的流程，精准预测市场需求，制定更为合理的生产计划，从而减少库存积压和浪费，为设计决策提供有力的支持。生成式智能预设参数产出草图，缩短了设计周期并降低了成本，通过批量迭代获得合适的设计方案。大数据训练下的智能设计是科技高速发展的映射，充分利用了大数据和人工智能等先进技术，为设计师提供了更加精准、高效和个性化的设计支持。

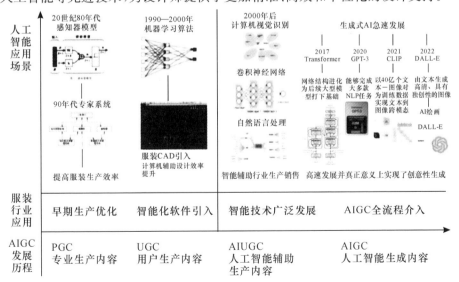

图 6-2　人工智能大数据技术推动下的智能服饰设计发展历程

第二节　智能时代大数据处理层级与产业应用案例

一、人工智能及大数据处理应用层级

　　人工智能大数据处理与应用是一个分阶段的系统,可划分为数据收集与储存、预处理与标注、数据分析与建模和可视化与交互四个层级,每个层级都有其特定的任务和目标,以实现从数据处理到智能应用的转化(见图6-3)。

图 6-3　智能时代数据处理与应用层级

　　首先是数据收集和存储,从不同来源和渠道收集结构化和非结构化的数据,如款式图像数据、社交媒体数据、用户行为数据等,这些数据会被存储在大规模的数据仓库和分布式系统中,以供后续的分析和处理。在这一层,重点是处理海量数据的能力,确保数据的完整性、可靠性和安全性。其次是海量数据清洗和预处理,包括关键词提取、图像清洗等。对于大规模文本数据,除了语义解析与分割,还需要压缩和摘要文本以减少存储和计算资源的消耗。随后对所需内容进行分类与标注,涉及品类、款式、图像和细节等维度,并校对中英文标注的互译,以确保后续模型能够准确理解和处理具体的内容应用领域所需的信息。再次是数据分析与建模,应用机器学习、深度学习、自然语言处理等技术对数据进行分析和建模,如运用规则推理、聚类分析等技术,以识别和提取特征、模式和关联,并综合数据标注与数据分析结果抽取信息,再通过训练、验证、迭代完成模型开发。最后是人工智能大数据训练结果以可视化与交互的方式呈现,以促进决策者和用户对大数据分析与结果的深入理解和应用。通过图表、图形、交互机器人等可视化工具,实现智能决策、趋势预测、智能推荐、端到端设计生成、用户交互和数据探索等应用场景。

二、人工智能大数据牵引下的设计趋势预测——以知衣科技为例

大数据处理技术为设计学中的传统用户调研和测试提供了坚实的理论基础和方法支持[156]。人工智能利用大数据挖掘并预测流行趋势和消费导向,根据数据生成相应的设计方案。对于各种渠道收集的大量关于服饰的数据,例如社交媒体上的图片及购物平台上的销售信息等,包括图片、文字描述、销售数量、流行度等内容,可利用自然语言处理分析收集的数据,通过处理文本数据,分析用户对服饰的评论、描述及关联性等信息,借助图像识别技术辨识图片中的服饰款式、颜色、材质等特征。在此基础上,分析不同层次网络的拓扑结构,得到其主要拓扑特征参数[185]。应用机器学习和数据挖掘技术,对收集到的数据进行深入分析,发现隐藏在数据背后的模式和规律,从而预测未来可能的流行趋势。收集、整理和标注海量的服饰相关数据的目的是建立起一个庞大且准确的数据集,为后续学习、理解和预测服饰设计模式提供支持(见图6-4)。

网络服饰流行信息可以被视为一种特定的舆情,而流行趋势的预测本质上是从网络海量信息中提取有效的信息,归纳信息的来源、发展规律,对相关信息加以利用[185]。大数据主导的智能设计预测平台是指通过大数据分析和挖掘技术,利用海量的数据对设计趋势进行预测和分析,帮助设计师和企业做出更有前瞻性和市场导向的决策。其中,知衣科技凭借AI智能算法、图像识别等专利技术,结合秀场、社交媒体等渠道的数亿张时尚图片和电商销售数据,对服饰的品类、面料、颜色、廓形等设计要素进行全面解析,挖掘出最新的流行趋势并以可视化形式呈现(见图6-5)。

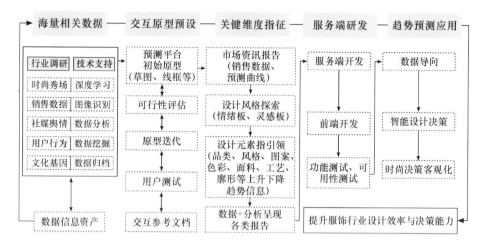

图 6-4　人工智能大数据库设计趋势预测

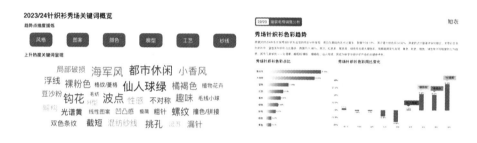

图 6-5　知衣科技可视化报告

　　知衣科技将数据化趋势发现、爆款挖掘和供应链组织能力进行标准化输出,打造智能化服饰设计的供应链平台。凭借图像识别、数据挖掘、智能推荐等核心技术能力,不断升级服务体系,自主研发了知衣、知款、美念等一系列服饰行业数据智能 SaaS 产品。这些产品为服饰企业和设计师提供流行趋势预测、设计赋能、款式智能推荐等核心功能,并通过 SaaS 入口向产业链下游拓展,提供一站式设计及柔性生产的供应链平台服务(见图 6-6)。

　　在现代设计领域,大数据的应用日益广泛,特别是通过机器学习算法对庞大的数据集进行训练,能够发掘出其中的特定模式、风格和趋势。在服饰设计的语境中,深度学习算法能够对服饰图像进行精确的分析和分类,并从中提取关键信息。结合辅助设计工具、算法优化及情感识别等先进技术,为设计项目带来了前所未有的可能性。虽然大数据预测可以提供具有一定价值的指导,但

消费者行为数据 ➡ 统计分析 ➡ 知晓电商行业大盘 ➡ 通过过去预测未来 ➡ 淘系市场的行业洞察
买了什么
收藏了什么　　　　　　　　　　占比：品类/颜色/面料/　　　　　　　　　　抖音市场的大盘分析
花了多少钱　　　　　　　　　　……
　　　　　　　　　　　　　　　趋势：过去的趋势变化

时尚前沿资讯 ➡ 统计分析 ➡ 知晓时尚前沿大盘 ➡ 了解时尚前沿趋势 ➡ 秀场和社交媒体的
秀场品牌有什么　　　　　　　　　　　　　　　　　　　　　　　　　　　　趋势分析
INS有什么　　　　　　　　　　占比：品类/颜色/面料/
小红书有什么　　　　　　　　　　……

图 6-6　知衣科技智能预测平台

时尚趋势是一个复杂的生态系统，受到多种因素的影响，包括文化、艺术、社会变革等。因此，不仅要考虑其宏观特性，如流行趋势的整体走向、不同地域和文化的时尚差异，还要深入研究其微观特性，如个体用户的时尚偏好、社交网络中的时尚信息传播机制等。宏观特性揭示了时尚的整体面貌和发展趋势，而微观特性则反映了时尚在个体和社交层面的多样性和复杂性。通过大数据和机器学习算法，同时捕捉时尚的整体趋势和个体偏好，发现两者之间的关联和互动，这种综合的视角有助于更准确地预测时尚潮流的发展，为设计师提供更全面的创意指导。

三、人工智能大数据牵引下的个性化定制——以万事利为例

互联网、智能制造、云计算的深度融合促使产品向网络化、数字化、智能化、个性化发展。消费需求的快速迭代和差异细分催生出新的个性化需求，使传统制造模式向服务型制造模式转变[186]。万事利"喜马东方"选品平台以 S2B2C 模式实现了端到端柔性化生产制造，提高了生产效率和快速响应市场需求的能力，为产业链的各个环节创造了更多的机会和价值。

在人工智能与大数据的推动下，服饰设计个性化定制正展现出前所未有的创新活力，其中模块化设计、参数化设计和交互式设计是常用的方法，这些方法能够有效简化设计过程并提供素材参考[187]。模块化设计强调将产品划分为多

227

个功能模块,每个模块都具有特定的功能和性能。在万事利的产品定制中,模块化设计使其能够根据不同的用户需求,快速组合和调整功能模块,生成符合个人审美的丝巾图案。消费用户根据自己的喜好选择不同的风格、场景和个性化信息,平台则通过组合相应的功能模块,快速生成符合要求的服饰设计。参数化设计通过标准化和关联关系来实现设计的自动化。在万事利的定制平台上,参数化设计使 AI 能够根据消费用户的具体需求,通过调整参数来快速生成不同变体的设计方案,提高了设计的准确性和效率,使消费用户能够更直观地参与设计过程,满足个性化需求。交互式设计注重用户与产品之间的信息传递、反馈和操作等,旨在提高产品的易用性和用户体验。在万事利的定制平台上,交互式设计使消费用户能够轻松地选择风格、场景、个性化信息等,并通过直观的 UI 界面和反馈机制,实时查看和调整设计方案,以 AIGC 图形创意设计能力为核心竞争力,从海量的花型数据中提炼出美的规律,构建出一个独特的"美的数字化模型"。

一方面,通过收集和分析大量消费用户数据,万事利能够精准把握消费用户的喜好和需求,借助大数据技术对消费用户的购买行为、审美偏好等进行深入挖掘,为个性化定制提供有力的数据支持。另一方面,AI 技术的应用使个性化定制变得更加高效和精准。通过 AI 技术对设计元素进行智能组合和优化,生成符合消费用户个性化需求的设计方案。同时,AI 不断学习并提升品牌的设计能力,为消费用户提供更加优质的设计服务(见图 6-7)。

第三节 人工智能大数据训练下服饰设计生成

一、人工智能图像生成平台

2022 年下半年起,AI 的文本生成图像技术迅速崭露头角,成为科技和艺术领域的一个热点话题。基于人工智能大数据应运而生的应用程序,如 Midjourney、Stable Diffusion、DALL-E、文心一格等各具特点和优势。其中,Midjourney 以其简单的交互方式、高效的图像生成速度和强大的图像生成能力

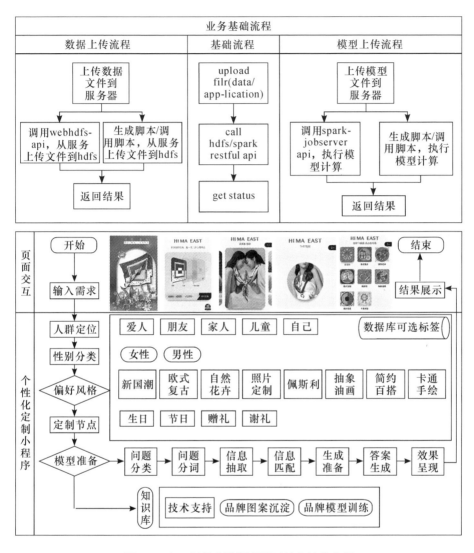

图 6-7 人工智能大数据牵引下的个性化定制

受到广泛关注,使用户能够在短时间内获得所需的图像;Stable Diffusion 以其开源、可本地部署及出色的可控性,为用户提供更加准确和稳定的体验;DALL-E 在细节表现和文本理解方面表现出色,使创作者可以通过简单的文字描述实现复杂的图像创作;文心一格则关注中国文化元素和艺术表现力,为人们提供了更具中国特色的图像生成服务(见表 6-1)。

表 6-1　代表性人工智能图像生成平台

项目	Midjourney	Stable Diffusion	DALL-E 3	文心一格
开发公司	Midjourney	Stability AI	Open AI	百度
是否开源	否	是	否	否
突出优势	简单的交互方式 较高的艺术性	丰富的可控插件 较为稳定的质量	具有较强的文本 语义理解能力	较好的中国文化 元素表现力
图片处理	云端	本地	云端	云端

　　智能图像生成平台的初衷是面向整个艺术领域应用,实现对各种图像风格、主题和艺术的泛化。AI绘画并不等同于设计,但设计师可以凭借具体的设计指令,以文生图或在上传设计草图后以图生图,获得无限趋近于设计需求的AI绘画作品。未来,随着技术的成熟和发展,智能图像生成在应用中必然会逐渐向更垂直的场景拓展。目前,服饰设计师使用人工智能图像生成技术,通过关键词指令来描述设计概念,系统便会生成相应的图像,这样的交互方式不仅缩短了设计师的创作周期,也使设计师产生了多样、多元的设计想法。正因为其在服饰设计领域的潜力和创新性,使用人工智能图像生成技术的服饰设计作品开始在设计大赛中崭露头角并屡屡获得奖项。这些作品通过创新的设计理念和独特的图像生成技术,吸引了评委和观众的关注,并在众多竞争作品中脱颖而出,这也反映出在智能图像生成范畴中设计与绘画界限的模糊。

二、基于 Midjourney 大数据训练的智能服饰设计生成

　　Midjourney在海量图像数据及算法算力的支持下,基于机器学习、深度学习和图像生成模型技术,凭借大量的训练数据和模型的学习能力,利用自然语言处理技术识别和理解文本描述中的关键信息,并将其转化为图像的特征和细节(见图6-8)。用户在添加机器人后可以通过Discord向Midjourney输入简单的句子或具体的描述,用"/imagine"指令即可唤起生成图像的描述界面,键入一段文字描述并点击生成按钮,例如场景、物体、颜色等,每次可以输出一组4张相对应的图像。AI算法将文字描述转化为图像的过程类似于设计师在纸张上作图,只不过作品呈现者是智能程序,而画纸是大数据及云端处理器。实践表明,Midjourney可以实现服饰款式生成、服饰图案设计、虚拟模特形象设计和服

饰虚拟展示空间等多种应用方案(见图 6-9)。

图 6-8 Midjourney 人工智能绘画平台

图 6-9 Midjourney 智能模式

(一)大数据人工智能生成图案设计

通过智能算法和大数据分析,设计师可以更加精准地把握消费用户的审美偏好、购买习惯和文化背景,从而创作出更符合市场需求、更具个性化的图案设计。服饰图案设计在服饰设计中的重要性不可忽视,它不仅能够塑造品牌形象和吸引消费用户,还能提升产品质感和附加值,突出服饰的功能美和形态美。服饰图案设计可以按照不同的属性进行分类,其中包括独幅图案、连续图案和散点图案,图案分类可根据设计的用途和效果而有所变化,有时候分类可能会出现重叠。比如连续图案中可能包含独幅图案元素,或者连续图案与散点图案相结合,因此在实际的服饰图案设计中,可以根据需求和创意要求进行自由组合和变化。在 Midjourney 中添加"-tile"指令可辅助程序快速生成可用服饰图案(见表 6-2)。在人工智能和大数据的支持下,设计师能够创作出更加精准、多样和个性化的图案设计,为时尚产业注入新的活力。

表 6-2　服饰图案智能生成及应用案例

	分类定义	生成范例 1	应用范例 1	生成范例 2	应用范例 2
独幅图案	在服饰上使用单个图案或图案组合的设计,占据一定的独立区域				
连续图案	由一个或多个元素组成并重复出现,形成连续的排列,具有和谐对称的视觉效果				
散点图案	在服饰上使用的无规则、离散、分散的图案点缀,以散布在服饰上的小点、小花等形式呈现				

(二)大数据人工智能生成服饰设计

Midjourney 可以依据关键词或通过垫图生成各种类型的服饰设计,包括单独的服饰款式图、服饰效果图及真实的秀场效果图。

(1)单独的服饰款式图:输入服饰设计的初始关键词,例如品类、设计细节、廓形等,即可生成具有艺术感和细节的服饰款式图。虽然对于一些具体专业的设计词汇,Midjourney 无法识别其关键词语义,但可以通过上传图片,采用以图生图的方法解决该问题。在海量数据算法支持下,通过循环迭代地修改关键词最终输出目标款式图片(见图 6-10)。

(2)服饰效果图:设计师利用 Midjourney,可以将所选服饰款式图借助数据呈现出手绘质感并生成服饰效果图。通过在模特身上渲染和展示服饰设计,可以更好地展示出设计师的创意和想法,从而用于展示服饰品牌、宣传材料或线上销售(见图 6-11)。

(3)真实的秀场效果图:Midjourney 可以生成真实的秀场效果图,利用大数

图 6-10 Midjourney 生成的服饰款式

图 6-11 Midjourney 设计的效果

据人工智能模拟时装秀场景并将设计的服饰款式图应用于模特身上，使观众能够更直观地感受到服饰的风格效果（见图 6-12）。

图 6-12 Midjourney 生成的秀场效果

（三）大数据人工智能生成服饰展示空间

Midjourney 可应用于生成服饰的展示空间和为虚拟服饰创建各种场景环

境的背景,以大数据人工智能辅助增强服饰设计的展示效果和艺术表现力。其可以生成模拟的展示空间,例如时尚展览厅、设计工作室、零售店铺等,为设计师提供一个虚拟的场景环境来展陈服饰。这些展示空间可以根据设计师的需求和创意进行自定义设置,包括照明效果、背景墙、展示架等,以营造出适合展示服饰的氛围(见图 6-13)。

图 6-13　Midjourney 生成的服饰展示空间

Midjourney 通过智能分析和处理相应的场景数据,为用户提供广阔数字空间中虚拟服饰的展示效果,创造出逼真的虚拟环境,为用户打造出符合需求的场景背景,根据用户的个性化提示词描述需求,灵活调整场景中的光线、色彩、纹理等细节,进一步提升虚拟服饰的视觉呈现效果(见图 6-14)。

图 6-14　Midjourney 生成的虚拟服饰背景应用

三、Midjourney 在服饰设计中的创新应用与局限

通过模拟和可视化的方式,Midjourney 生成服饰设计可以实现上述多样化的设计场域空间并提供高度的灵感和创造力,其生成的图像无论是清晰度、质感还是色彩表现都达到了较高的水准。在服饰设计领域,Midjourney 的个性化服务特点尤为突出,允许用户根据自己的喜好和创意选择不同的绘画类型和风格。同时,其简洁直观的界面和导航设计也降低了使用门槛,即使是缺乏专业设计或技术知识的用户,也能通过简单的 prompt 文本描述快速生成创意设计,不仅降低了服饰设计的门槛,也进一步推动了行业的发展和创新。

尽管 Midjourney 在服饰生成方面提供了许多有益的功能,但也存在一些不可忽视的问题。首先,由于人工智能大数据模型的训练和生成过程存在局限性,生成的服饰款式图可能在真实性和细节方面存在不足。其次,Midjourney 生成设计在适用性和实用性方面可能存在一定的限制,无法完全考虑到面料、剪裁、缝制等实际制作过程中的技术要求和约束条件,在实际生产和销售中可能会产生一些问题,设计师在使用 Midjourney 生成的设计时,需要充分考虑这些实际问题并做出相应的调整和优化。最后,Midjourney 在处理具体工艺关键词或小众品牌时存在局限性。由于图片在云端处理且无法自行载入数据库,Midjourney 无法准确识别与输出一些特定的工艺关键词或小众品牌信息。为了解决这个问题,用户需要配合其他工具,如 Stable Diffusion 本地部署和自行载入图像数据库来生成更为精确可控的内容。

第四节　大数据训练下的智能服饰设计生成

一、人工智能大数据训练模型 Stable Diffusion

Stable Diffusion 是一款免费、开源文本转图像生成器。用户只要简单地输入一段文本,Stable Diffusion 就可以迅速将其转换为图像。Stable Diffusion 的训练基于 LAION-5B 子集,即一个包含大量 512×512 像素图文模型的数据集。

该数据集用于潜空间中的模型预训练,使其学习文本与图像之间的语义关系,进而能够准确地生成与输入文本相匹配的图像。Stable Diffusion 人工智能大数据模型的训练可以被视为一个利用深度学习和大规模数据集进行图像生成与优化的复杂过程(见图 6-15)。原始的训练素材包括图像和文本,通过变分自编码器(variational autoencoder,VAE)进行高效编码,转化为隐含向量 z;人工智能模型对图像进行加噪扩散处理,从而获得随机的高斯噪声 zT。进入图像生成阶段后,Stable Diffusion 会结合输入的文本或图像信息及随机噪声 zT,将文本转化为数据,再与噪声 zT 一同送入 U 网络(U-Net)进行深度处理,通过循环迭代的方式进行采样并逐步更新像素值,以逐步逼近并最终生成目标图像。每一次迭代过程中,Stable Diffusion 都会依托其强大的人工智能和大数据处理能力,根据当前的像素值和附加的文本信息,对像素值进行微调。这种微调基于对图像梯度的精确计算,以及对像素值与目标值之间差距的最小化优化来进行的。经过多轮迭代更新,图像像素的排列和分布会得到显著优化,使输出数据与输入的文本信息高度匹配,并精准呈现出所期望的内容。通过 z_0 与向量 z 的尽可能相似,Stable Diffusion 能够确保解码后生成的图片在质量和内容上都能接近甚至超越原始图片,从而实现基于人工智能和大数据的高效、精准图像生成与优化。

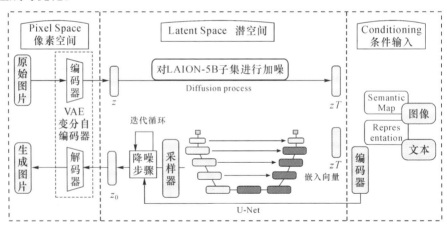

图 6-15　Stable Diffusion 大数据训练原理

首先,在 Stable Diffusion 文字生成图片过程中,输入的目标图像单词被送到文本编码器,它将人类语言转化为机器语言,即将单词转化为机器可理解的

token 代码。编码过程产生的向量表示将作为生成图像的条件，用于指导图像的生成过程。其次，生成模型会在潜空间（latent space）[188]中引入随机噪声，利用深度学习方法迭代地更新图像的像素值。在此过程中，生成模型不断尝试利用输入的文本条件来生成与之匹配的图像。最后，再通过解码器输出生成图片，从而表达目标文本信息[189]。在生成过程中会发现，在原有模型的基础上无法直接生成较为符合预期效果的图片（见图 6-16），推测可能的原因是模型原始训练集和款式图存在较大视觉认知层面的偏差，以及模型无法正确理解数据中某些单词的定义，因此需要对原有模型数据进行调整，更新部分参数进而改善生成效果。

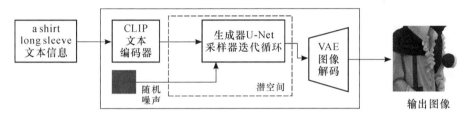

图 6-16　Stable Diffusion 文字生成图片过程

二、LoRA 微调 Stable Diffusion

（一）Stable Diffusion 微调模型 LoRA

人工智能大数据领域中的大模型低阶适应（low-rank adaptation of large language models，LoRA）技术，最初由微软研究人员为解决大型语言模型的微调问题而开发，并随后被引入图像生成领域[190]。采用 LoRA 训练方式，仅需少量样本即可实现服饰特征在 Stable Diffusion 生成内容中的迁移[191]。在人工智能大数据训练过程中，LoRA 技术发挥了巨大作用，有效改善和优化了预训练的神经网络模型，使其能够更好地适应各种特定的图像生成任务。

LoRA 的核心原理在于低秩近似，通过巧妙地对模型参数施加约束，实现了模型的高效适应。这种约束方式可以大幅度减少参数数量，或选择性地冻结部分参数值，模型在微调过程中的计算量大幅降低，仍然能够保持相对较好的性能和效果。微调的过程就是一个通过反向传播更新网络参数的过程，左半部分为预训练完成 Stable Diffusion 的模型（见图 6-17），LoRA 不直接改动原本模型参数，而是通过增加旁路的方法微调模型，增加了 A 和 B 两个矩阵，对于这两种构造,它们的参数是以正态分布和 0 为初值的,即训练刚开始时附加的参数就是 0。对于任何一个神经网络中的矩阵,权重的更新[192]都可以改写为:

$$W_0 + \Delta W = W_0 + \boldsymbol{BA}, \text{where} \in \boldsymbol{R}^{d \times r} \tag{1}$$

其中,W_0 是预训练模型初始化的参数,ΔW 是需要更新的参数。

在训练过程中,W_0 的参数固定不动,$\boldsymbol{B}$ 和 $\boldsymbol{A}$ 的权重可以根据训练数据进行调整优化,并且 W_0 接收的输入 x 会同时传递给 $\boldsymbol{B}$ 和 $\boldsymbol{A}$ 进行处理。

$$h = W_0 x + \Delta W_x = W_0 x + \boldsymbol{BA}x \tag{2}$$

其中,h 为输出维度,LoRA 通过 $\boldsymbol{A}$ 矩阵将 d 维度降为 r 维度,x 为输入数据。

对于不同的训练任务,只需要在预训练模型基础上学习 $\boldsymbol{B}$ 和 $\boldsymbol{A}$ 的权重即可,因此在训练过程中 LoRA 技术使训练能够在微调 Stable Diffusion 模型时更高效地进行计算,并且在数据集或任务特定的情况下进行性能的优化。

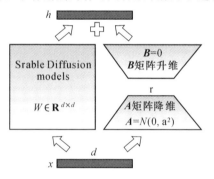

图 6-17　LoRA 原理

(二)实验框架的设计与实施步骤

为了运用 Stable Diffusion 及微调模型 LoRA 生成对应图片,需要利用 Python 语言编写代码,构建模型架构来保障实验的顺利进行,具体实验流程(见图 6-18)文字描述如下。

(1)环境部署:进行本地部署,下载人工智能大数据预训练模型及外挂模型,根据特定的任务需求,适应性地更改和调整选定模型的结构和参数。

(2)数据准备:为微调模型准备特定任务的数据集,需要收集与训练目标相关的图像数据并进行标记和清理。

(3)微调模型训练:导入准备好的数据集,加载参数对微调模型进行训练。此过程中通常会使用较小的学习率,以平衡预训练模型的知识和新任务数据的影响。

（4）评估和调整：对微调模型进行评估，并根据需要进一步调整模型权重和优化参数。

（5）嵌入与生成：将训练成功的模型嵌入 Stable Diffusion 并进行结果验收。

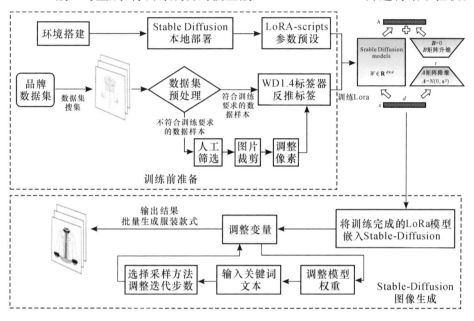

图 6-18　训练数据流程框架

首先进行 Stable Diffusion 本地部署，其次选择预训练模型。本次实验选取在大规模数据集上进行过预训练的模型 anything-v5-PrtRE 作为初始模型，animevae. pt 作为外挂 VAE 模型。这些预训练模型已经通过大量图片任务训练，具有较强的特征提取能力。

以 Z 品牌为例准备数据集，在人工智能大数据的背景下，Z 品牌的数据集构建是训练的关键步骤。需对品牌独特的设计元素和风格进行抽取，以便后续进行模型训练和分析。首先，数据集的构建基于对 Z 品牌目标消费用户需求的深入理解，通过收集和分析常见品类如衬衫、风衣、马甲和连衣裙等，确保数据集涵盖广泛的消费用户偏好和市场需求。数据多样性使训练出的模型能够更准确地预测市场趋势和消费用户喜好。其次，数据集中的设计细节捕捉了 Z 品牌独特的设计语言和风格，领型、袖型、剪裁和版型等设计元素被详细记录，从标准领、翻领、立领等领型，到长袖、短袖和三分袖等袖型，再到修身、宽松、腰身收紧等剪裁和版型，这些详细的设计信息为模型提供了丰富的特征，使其能够学习到 Z 品牌独特的设计风格和理念。最后，数据集中还包括前襟设计信息，如纽扣开襟和不开襟等，这些细节进一步丰富了数据集的多样性。通过收集 1000 张品牌服饰图片，确保数据集能够充分反映其设计特点和风格，使用 ECharts 库进行可视化（见图 6-19）。

```
1    var option = {                                  23    data: [
2      title: {                                      24      // 假设数据点
3        text: 'Z品牌设计元素多样性'                  25      {value: [3, 60], name: '领型'},
4      },                                            26      {value: [4, 70], name: '袖型'},
5      tooltip: {                                    27      {value: [3, 65], name: '剪裁和版型'},
6        trigger: 'item'                             28      {value: [2, 55], name: '前襟设计'}
7      },                                            29    ],
8      xAxis: {                                      30    symbolSize: function (val) {
9        type: 'value',                              31      return val[1] / 10; // 根据多样性指数调整散点大小
10       name: '设计元素种类数',                      32    },
11       min: 0,                                     33    encode: {
12       max: 10                                     34      value: 2
13     },                                            35    },
14     yAxis: {                                      36    label: {
15       type: 'value',                              37      show: true,
16       name: '设计元素多样性指数',                  38      formatter: '{b}'
17       min: 0,                                     39    },
18       max: 100                                    40    itemStyle: {
19     },                                            41      color: 'rgba(220, 20, 60, 0.8)'
20     series: [{                                    42    }
21       name: 'Z品牌设计元素',                       43    }]
22       type: 'scatter',                            44  };
                                                     45
                                                     46  echarts.init(document.getElementById('main')).setOption(option);
```

图 6-19　数据集可视化代码

对无法直接使用的素材进行图像分类和数据预处理，包括人工筛选（删除低像素图片）、数据清洗（将背景处理成白色并保留具有合适构图的图像）、裁剪调整至 512×512 像素。最后采用 WD1.4 标签器（tagger）反推标签，对反推出的标签进行人工干预修改，获得最终的图文数据集（见图 6-20）。通过以上清理和标记数据集步骤，模型能够更容易理解并学习任务所需的特定风格特征。

（三）微调模型训练

大数据对于深度学习至关重要，因为更多的数据通常意味着模型可以学到更多的模式和细节，从而提高泛化能力。将原始预训练模型的参数加载到微调模型中，并根据任务和数据集对相关参数进行初始化，选择初始模型的底模路

图 6-20 部分实验数据集

径。将预处理完成的训练图集和标签文本数据导入训练目录文件夹,对本文数据模型进行生成训练,设置参数并在主函数下运行程序(见图6-21)。以下代码描述了深度学习模型训练的参数配置:

pretrained model name or path 为指定预训练模型的路径或名称,使用预训练模型可以加速训练过程,并且通常能够获得更好的性能,体现了迁移学习在深度学习中的价值,即通过利用先前学到的知识来改进新任务的性能。

train data dir 代表训练数据的目录,即指定存放训练数据的文件夹路径。

resolution 代表训练图像的分辨率,代码中指定了输入图像的尺寸。

enable bucket 代表了是否启用分桶处理,分桶可以帮助管理不同大小的数据样本,确保训练过程中的数据均衡。

min bucket reso 和 max bucket reso 为分桶的最小和最大分辨率,用于控制数据处理的复杂性。

output name 和 output dir 即输出模型的名称和目录。

```
pretrained_model_name_or_path = "./sd-models/anything-v5-PrtRE"
train_data_dir = "./train/6-model"
resolution = "512,512"
enable_bucket = true
min_bucket_reso = 256
max_bucket_reso = 1_024
output_name = "design model"
output_dir = "./output"
save_model_as = "safetensors"
save_every_n_epochs = 2
max_train_epochs = 10
train_batch_size = 1
network_train_unet_only = false
network_train_text_encoder_only = false
learning_rate = 0.0001
unet_lr = 0.0001
text_encoder_lr = 0.00001
lr_scheduler = "cosine_with_restarts"
optimizer_type = "AdamW8bit"
lr_scheduler_num_cycles = 1
network_module = "networks.lora"
network_dim = 32
network_alpha = 32
logging_dir = "./logs"
caption_extension = ".txt"
shuffle_caption = true
keep_tokens = 0
max_token_length = 255
seed = 1_337
prior_loss_weight = 1
clip_skip = 2
mixed_precision = "fp16"
save_precision = "fp16"
xformers = true
cache_latents = true
persistent_data_loader_workers = true
lr_warmup_steps = 0
```

图 6-21　训练参数预览

save model as 为模型保存格式,以有效的模型序列化 safetensors 格式保存人工智能大数据模型。

save every epochs 代表每多少个 epoch 保存一次模型,在训练过程中监控模型的进展,并在必要时恢复训练。

max train epochs 为最大训练轮数,限制了模型训练的总时间,防止过拟合。

train batch size 为训练时的批大小,即每次模型权重更新时使用的样本数量,较大的批大小通常可以加速训练,但也可能需要更多的计算资源。

learning rate 代表了学习率,是深度学习训练中的一个关键超参数,决定了模型权重更新的步长大小。

lr scheduler 对应训练过程中的学习率的进度调整。

optimizer type 为优化器类型,这里使用了 Adamw8bit 优化器,这是一种针对深度学习模型的优化算法,能够更有效地更新模型权重。

network module 和 network dim 指定了网络模块和维度,其参数定义了模型的架构,对于模型的性能和功能至关重要。

logging dir 代表了日志记录目录,指定了保存训练日志和监控信息的文件夹路径,分析模型的训练过程和性能。

caption extension 用于处理文本或标签扩展的参数。

shuffle caption 有助于在训练过程中引入更多的随机性,防止模型过拟合。

max token length 即对于处理文本数据的模型,该参数限制了输入序列的最大长度。

seed 代表随机数种子,用于控制随机过程的初始状态,以确保实验的可重复性。

prior loss weight 为先验损失的权重参数,用于平衡不同损失函数之间的贡献,确保模型在训练过程中能够同时优化多个目标。

clip skip 用于梯度裁剪或跳过某些步骤的参数。

mixed precision 为混合精度训练,这里使用了 fp16(16 位浮点数),可加速训练过程,同时减少内存使用。

save precision 即保存模型的精度,以便后续使用或部署。

cache latents 为缓存潜在表示,通过缓存中间结果来减少重复计算,旨在加速模型的推理过程。

persistent data loader workers 指是否使用持久的数据加载器工作进程并行加载数据,以提高训练效率。

warmup steps 为预热步骤数,在训练开始时学习率通常会从一个较小的值逐渐增加到预设的值,预热步骤数定义了这一过程的长度。

大数据和人工智能参数共同定义了深度学习模型训练的所有方面——从模型架构到训练过程、从数据处理到优化算法。大数据的重要性体现在提供了丰富多样的训练样本,使模型能够学习到更一般化的规律,而人工智能则通过自动化的特征提取、模型选择和参数调整等技术,提升了训练效率和模型性能。

(四)模型训练评估

对比训练前后嵌入 LoRA 同组关键词下生成的不同图像,结合主客观评价法对实验结果进行评估。在客观评价方面,实验选择结构相似性算法(structrual similarity index metric,SSIM)和峰值信噪比(peak signal to noise ration,PSNR)对生成图像进行评价。其中,SSIM 结构相似性算法主要从亮度、对比度、结构三方面来评估两幅图片间结构的差异性,SSIM 的范围为 $0-1$,其得分越接近 1 就表示生成图像与原有图像差异越小。PSNR 是用来评价噪声水平或图像失真的客观评价指标,PSNR 越大则说明失真越少,生成图像的质量越好。将原始底模直接生成的图像与原始数据集编组为样本 1,将微调后的数据集和原始数据集编组为样本 2 输入算法,结果如表 6-3 所示,可得出微调训练后图像与原数据的差异性更小,生成质量更高的结论。

表 6-3　实验结果客观评价

样本编号	平均 SSIM	平均 PSNR
样本 1	0.745	6.465
样本 2	0.943	7.876

在主观评价方面,选取结构、构图、风格、细节 4 个指标对生成的图像进行对比评定(见表 6-4),从而分析图像的整体质量、视觉吸引力和内容的准确性。结构指标考虑了图像中物体的相对位置、比例和布局是否正确,未嵌入 LoRA 生成图像存在结构比例错误情况,微调后生成的图像更加准确地表达了服饰结构信息;构图指标关注图像中物体的摆放位置和整体布局是否符合美学原则,训练改善了原有模型出现倾斜构图的情况,使生成图片更加平衡和有条理;风格指标考察图像中所呈现的风格是否与训练数据相符合,嵌入 LoRA 后生成的图像更好地保留了原数据集图像中的品牌风格特征;就细节指标而言,生成的图像展示了更真实的细节和质感,使其微调后生成图像风格更加稳定,从而支持大数据人工智能批量化生成具备特定品牌特征的图像(见图6-22)。

表 6-4 原始生成图像与微调后生成图像对比评估

评价指标	未嵌入 LoRA 效果	评价	嵌入 LoRA 生成	评价
结构		生成结构有误		结构较为准确
构图		构图存在偏差		构图完整合理
风格		厚涂板绘风格		真实模特风格
细节		细节粗糙简陋		细节真实丰富

三、Stable Diffusion 服饰模拍

人工智能和大数据技术的深入应用,以及各类算法及插件的安装和应用,为服饰模拍带来了前所未有的便捷和创新(见图 6-23)。结合 ControlNet 网络的扩散模型能够控制虚拟模特的姿态特征,通过服饰 Canny 边缘算法可以生成

图 6-22　训练完成后生成的图像

特定服饰款式的虚拟试衣效果[193]。

　　首先,根据具体场景,通过数据爬取、实地调研、资源库信息获取等方式,收集和整理相关的数据和信息,为后续的模拟试衣实验提供数据支持。在预处理过程中,使用选取工具精细地提取衣服的轮廓,并形成清晰的蒙版图片是识别衣服轮廓的关键,在 Photoshop 或类似的图像处理软件中打开需要处理的照片,使用选取工具勾勒衣服轮廓并填充为黑色,创建一个新图层并填充背景为白色,生成蒙版图片。这一操作能够确保后续的模拟试衣实验精准地聚焦于服饰本身,排除其他背景因素的干扰。

　　其次,安装 ControlNet 并选择 Canny 算法,载入 OpenPose 等插件,ControlNet 为 Stable Diffusion 提供了一种新的方式来控制图像生成过程,传统的文本图像生成模型如 Stable Diffusion 使用文本作为输入,虽然可以描述想要的内容和样式,但复杂而模糊。而 ControlNet 学习生成一个 128 维的控制码,每个维度对应一种特性,如形状、对象、背景和颜色。用户可以直接输入文本描述作为起点,ControlNet 会为该描述生成一个控制码,帮助用户探索图像空间并精确地表达出想要的内容和样式[194],实现了更加逼真且符合需求的图

图 6-23　OpenPose 调整生成模特姿势

像生成。Canny 算法则是一种边缘检测算法,广泛应用于智能图像大数据处理和计算机视觉领域。在服饰模拍中,Canny 算法可以帮助提取服饰的边缘线条并突出服饰的轮廓和细节,从而更好地还原服饰的特点和风格。OpenPose 是一种开源的人体姿态调整工具,用以识别出人体各个部位的位置和姿态,包括关节角度、运动轨迹等。在模拍过程中,OpenPose 可以调整骨骼以呈现人体姿态和运动特征,从而更加精准地设计出符合需求的模特姿态。

再次,提取素材提示词,将原始素材图片导入 Stable Diffusion 项目的 WebUI,在工具中打开标记(tag)页签,导入准备好的素材图片以进行反推,识别相应的 Prompt 提示词,如"shirt""full body""a girl"等数据库中的标签词汇,这些提示词将指导 AI 模型生成与期望一致的图像内容。此外,生成前需要对反推得到的提示词进行优化,去除无用的、描述错误或包含特定词语的提示词。

最后,在 WebUI 中设定相应参数,切换到生成图(generations)页签,前端交互输出生成效果模块作为用户与系统的交互接口,提供一个直观、便捷的操作界面,使用户能够方便地上传设计需求、查看生成的图像和效果,并进行相应的调整和修改,在局部重绘模块中反复调整,设定步数和采样方式等参数,并根据具体情况动态调整相关参数,如面部修复、重绘幅度等,以确保生成的图像符合设计需求。如有需要,可在生成后进一步处理图片的亮度、对比度、色彩平衡等,以增强生成图片的艺术感;或使用软件中的裁剪、旋转等功能,对照片进行微调,使其更符合设计意图(见图 6-24)。

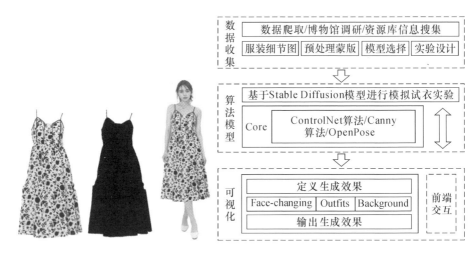

图 6-24　Stable Diffusion 数据处理与智能模拍生成

　　大数据建模与人工智能的融合打造了现代设计新范式,Stable Diffusion 与 Style 3D 的结合,使三维建模在虚拟空间中呈现出真实的立体效果。Style 3D 作为一款支持实时渲染和呈现的三维设计软件,广泛应用于服饰设计和展示领域,通过数字化建模呈现淡黄色碎花茶歇裙等精细的服饰设计,并匹配虚拟模特进行展示,不仅降低了制作成本,也大大缩短了从设计到展示的时间。

　　借助人工智能进一步渲染背景和人物形象,启用 AI 换脸功能替换成真人模特效果,通过多角度图片渲染功能,展示同一个模特身着同款服饰的不同角度的效果,从而保持品牌形象的统一性。Style 3D 对虚拟模特脸部形象进行了更精准的调控,目前 Style 3D AI 开放了 13 个新模特试用,代表 13 种不同风格的人物,通过大数据技术可以对模特进行无数组智能裂变,使同款服饰能够快速在线生成不同模特的展示效果(见图 6-25)。

　　在拍摄环境中,充分利用人工智能和大数据的优势,对光线、背景和道具进行智能选择,调整出最佳的光源和角度,以突出服饰的质感和细节。人工智能还可以根据服饰的风格和特点,自动推荐和选择最适合的背景,大数据则提供了不同服饰风格与背景的匹配关系模型,为设计师提供智能化的背景选择建议(见图 6-26)。

　　通过融合人工智能和大数据技术,设计师可以更加高效、精准地控制拍摄环境,优化拍摄效果,提升服饰设计的表现力和吸引力,获得更加便捷、智能的

图 6-25　Style 3D AI 替换虚拟模态形象

图 6-26　Style 3D AI 背景图生成

设计工具和方法。随着技术的不断发展和进步,相信这种结合会在未来的设计领域中发挥更加重要的作用。

四、Stable Diffusion 生成设计的优势及问题

(一)Stable Diffusion 的设计优势

作为可本地部署的开源项目,Stable Diffusion 在稳定性和可控性之外,还有着集成度高、有活跃社区支持、项目易用性强等诸多优势。首先,高集成度体

现在 Stable Diffusion WebUI 具有多种功能和插件,整合了先进的人工智能算法和技术,能够实现虚拟模特的生成和细节调整,且支持自行输入数据集并训练模型,相较于其他 AI 生成软件具有较高的可控性。其次,Stable Diffusion 社区是一个非常活跃的社区,拥有大量的开发者和用户,这意味着可以从社区获得良好的技术支持、bug 修复和功能改进,同时,活跃的社区也意味着不断有新的创新和功能集成的可能性。最后,其模型具有易用性,Stable Diffusion WebUI 项目提供了一个用户友好的界面,将使用人工智能生成内容技术变得相对简单和便捷,无需精通复杂的编程技术,只需按照界面上的指引进行操作,即可实现服饰电商模特拍摄的新场景。

(二)Stable Diffusion 存在的问题

Stable Diffusion 存在的问题包括模型精度限制、精修成本、训练数据依赖性等。尽管 Stable Diffusion 采用了先进的人工智能算法,但其生成的虚拟模特还无法生成完全精准的人物外貌和衣物细节。目前的模型仍存在一定的相似度限制,在细节精确性方面还需要进一步提升。为了获得更好的效果,一些生成的虚拟模特可能需要进行后期的精修,一定程度上增加了额外工作量和时间成本。此外,Stable Diffusion 的生成结果受到所使用的训练数据的影响,如果训练数据集不够全面或不具有代表性,可能会导致生成图像的质量和准确性不够理想。

综上,尽管存在一些问题和不足,但 Stable Diffusion 作为一个开源项目,通过不断的研究和改进,有潜力成为推动数字化和智能化服饰设计的重要工具之一。

第五节　大数据与生成式人工智能对设计的影响

一、设计学研究视角的跨学科革命

(一)突破传统桎梏,迈向跨学科融合

以大数据和生成式人工智能为双翼,设计学研究的视角正在经历一场革命性的转变,不仅突破了传统学科话语的桎梏,更引领设计学研究跨越人文学科的疆界,与社会科学和自然科学深度融合,从而催生了理论的深度对话与范式的颠覆性创新。跨学科的研究视角使设计学不再局限于传统的美学和形式探讨,而是能够深入社会、经济、文化等多个层面,揭示设计与这些领域之间的内在联系与互动机制。大数据和生成式人工智能的结合,能够更加精准地把握设计的本质和规律,也推动了设计学与其他学科的交叉融合。通过与这些学科的对话与交流,设计学研究得以从更加全面和深入的视角,审视和理解设计的复杂性和多样性。在大数据的浩瀚海洋中,设计学找到了前所未有的研究资源,每一份数据都如同设计元素的微粒,相互关联、交织成网,构成了设计的复杂生态系统,而生成式人工智能则如同设计师的得力助手,能够从这些数据中洞察设计的内在逻辑与未来趋势,为设计创新注入源源不断的灵感。

（二）揭示设计与多元领域的内在联系

跨学科的研究方法成为设计学理解这些领域间相互作用与影响的关键,社会科学与设计的结合,让设计学能够深入理解人类行为、社会结构和用户需求,正如心理学揭示用户的认知与情感,社会学洞察不同社会群体的期望。自然科学与设计的融合,揭示了物质世界的基本原理,如物理学、化学和生物学,这些原理对产品的功能、性能、材料选择及制造工艺具有决定性作用。通过设计学与其他学科共同探索新的研究领域和解决方案,设计的创新得以深化。大数据和人工智能为设计提供了强大的数据分析工具,也为设计师提供了全新的创意来源和设计方法,进一步拓展了设计表现力和实践应用的范围。跨学科研究不仅为设计学提供了坚实的理论支撑,也使其在实践应用中更加科学和有效。技术与理论的结合使设计学研究能够更加深入地探索设计的可能性与边界,推动设计学科不断向前发展。

（三）大数据与生成式人工智能下的学科赋能

在大数据与人工智能的浪潮下,设计学科正迎来前所未有的赋能新机遇。可持续性设计思维借助大数据的洞察能力,精准地分析产品全生命周期的环境影响,并通过人工智能的优化算法引入可循环材料、节能技术和生态设计原则,从而为社会创造更加环保、健康且持久的解决方案。以人为本的设计在大数据的支撑下,更深入地理解用户需求、行为和体验,通过人工智能的个性化推荐和模拟技术,设计出更加符合人性、贴近生活的产品和服务。跨界融合创新在大数据和人工智能的推动下,正加速设计学科与科技、艺术、商业等领域的深度融合,通过数据分析和智能算法,为设计注入新的技术和灵感,拓宽设计的边界和可能性。设计教育也在这一浪潮中不断创新,利用大数据和人工智能技术,开发新的教学方法、课程设置和实践项目,培养具备跨学科素养、创新能力和社会责任感的设计师,为设计学科的未来发展提供坚实的人才支撑。在大数据和人工智能的助力下,设计思维正迅速普及到社会的各个角落,大数据分析为深入理解不同行业和领域的需求和挑战提供了精准的数据支持,人工智能的智能化处理和分析能力为更高效地提炼关键信息提供了创新灵感和解决方案。设计思维的普及不仅培养了人们的创新思维和解决问题的能力,也强化了同理心和社会责任感,进而提升了整个社会的创新能力和生活质量。最终这种全面赋能将推动社会在科技、经济、文化等多个领域实现全面进步和可持续发展。

二、设计方法与设计工作流程变革

设计正由传统的经验主义走向数据驱动的客观分析,通过对海量、多维度的数据进行深度挖掘与分析,设计从一种基于直觉与经验的艺术活动,转变为一种基于数据与科学的理性探索。大数据与生成式人工智能的结合,正在以前所未有的方式推动设计方法的创新,其海量的数据体量与跨领域的数据资源,形成了动态扩张的边界,使设计得以触及更为广阔的视野和领域,不仅涵盖了用户行为、市场趋势等传统信息,还涉及更为复杂的社会、文化、技术等多维度数据。英国设计委员会于 2005 年提出双钻设计模型(Double Diamond Design Model)(见图 6-27),将设计工作分为发现期、定义期、发展期及交付期,模型描绘了设计流程中思维发散和收缩的过程,核心是发现正确的问题和发现正确的解决方案,其灵活性和可适应性使该模型适用于各类项目的设计工作。人工智能的广泛应用为设计领域带来了新的方法和设计模式,同时也要求设计工作流程更加适应快速变化的需求和创新,基于这一目标对双钻设计模型进行一定的扩展和调整,从而提出智能时代的四钻设计模型(见图 6-28)。

以业务需求作为整个设计流程的起点,深入调研市场动态与用户行为。在"发现"阶段,充分利用数据中台所积累的市场调研和用户研究数据,深入地挖

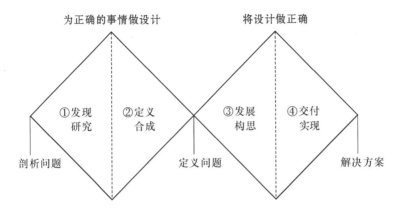

图 6-27　2005 年英国设计委员会提出的双钻设计模型

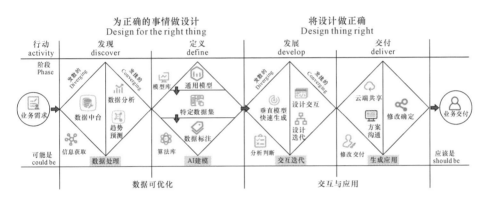

图 6-28　大数据智能时代的四钻设计模型

据这些数据背后的价值,并引入人工智能算法和模型,捕捉市场的细微变化和用户偏好的转变,为后续的设计工作提供有力的数据支撑。

进入"定义"阶段后,根据"发现"阶段所获得的市场和用户数据进行细致的需求分析,从现有的庞大数据集中精准抽取与设计需求紧密相关的数据样本,结合行业专家的意见和专业知识,对这些样本进行详细的标注和解读,以构建出一个针对设计任务的特定数据集。

在"发展"阶段,采用垂直模型进行设计的迭代与优化,根据设计需求和用户反馈进行持续的学习和改进,使设计方案更加贴近市场和用户的实际需求。设计师通过与模型的持续交互,根据模型的反馈不断调整设计参数和方案,确保设计符合预期的方向。

当设计流程进入"交付"阶段,借助先进的协同设计工具和平台,设计团队实时分享设计进展、讨论设计问题,并确保信息的及时、准确传递,充分利用数据驱动的设计决策方法并结合智能技术的应用,大幅提高设计的效率和质量。

在整个设计过程中,从搜索发现、定义问题到生成创意和实施交付等各个阶段,都紧密地融入了技术和数据驱动的方法。这种方法强调设计的快速迭代和优化开发,使团队能够迅速响应市场的变化和用户的需求,同时保障了设计解决方案的有效性和实用性。

三、设计尺度的拓展

19世纪,工业革命推动了设计与生产的分离,形成独立的设计专业领域,奠定了设计和科学技术一体化的基础。20世纪,计算机技术的崛起引领设计进入新纪元。而21世纪人工智能技术的迅猛发展,催生了人工智能设计领域,彻底颠覆了设计以人类为唯一主体的传统。在大数据与生成式人工智能的推动之下,设计领域正经历着一场前所未有的尺度变革——不仅拓宽了设计的物理边界,更在思维层面为设计师打开了一扇通往无限可能的大门。

从宏观尺度看,大数据的广泛应用使设计师能够以前所未有的深度和广度洞察市场、用户和社会文化的变迁,这种洞察并非数据的堆砌,而是对数据的深度解读和提炼,进而转化为设计决策的有力支撑。设计不再满足于表面的形式创新,而是开始深入探索本质和价值,以人工智能分析的数据结果为引导,创造出真正符合用户需求和市场趋势的设计作品。

微观尺度的设计优化,同样在生成式人工智能的助力下更进一步。设计师能够借助智能算法和机器学习技术,实现设计方案的自动生成和优化,这不仅仅是细节上的打磨,更是对设计理念和用户体验的深度挖掘,提升了设计作品的品质,使设计作品能够在激烈的市场竞争中脱颖而出,成为引领潮流的标杆。

跨尺度的设计整合,正成为设计领域的新高地,设计师需要在不同尺度之间进行巧妙的平衡和协调,即具备全局性的视野和战略性的思维,并能综合运用各种设计资源和信息,实现设计的全局迭代和局部迭代的有机结合。通过人机协同的跨尺度整合,设计师可以更加专注于创意思维和概念设计,将烦琐的数据处理和设计优化工作交给人工智能,将更多的时间和精力用于探索和尝试创新思考、用户体验研究和个性化定制等无法被机器替代的方面。

　　大数据与生成式人工智能对设计尺度的拓展,正在重塑设计的面貌:设计的主体从单一的人类设计师转变为技术与人的协同合作,设计过程也从传统的线性模式转变为数据驱动、智能生成的动态过程,推动设计领域的创新和升级。在这场尺度革命中,设计师不再是孤立的创作者,通过大数据和生成式人工智能的赋能,设计师得以不断拓展设计尺度和思维深度;设计也不再仅仅是形式的创新,更是对人类生活方式的深刻洞察和引领。

第六节　数据智能时代的艺术设计嬗变及反思

一、人工智能大数据在艺术创作中的角色与创造力解析

(一)大数据与人工智能生成艺术作品的角色

　　大数据训练下的人工智能可以生成足以乱真的艺术作品,甚至通过了图灵测试。例如,生成上述众多设计作品的网站 Midjourney,借助扩散模型 Stable Diffusion 和海量数据库,在接受指令后可以独自创作全新的服饰设计。人工智能生成图像作品的创作源于人类及人类产生的数据,人工智能图像生成中最核心的智能算法也是由人来编写的,而且往往需要会设计的人或者有艺术家参与,故而不能由于增加了机器和人工智能算法,就彻底否定人类在人工智能工作中所扮演的角色。人工智能的设计难度并不比传统的设计低,不仅需要创造过程,而且需要收集各个参与方的数据,并通过编程语言来将其表现出来,其智能算法的复杂程度是个人能力难以企及的。市面上开发的人工智能图像生成软件,都是经过大量数据训练及反复审核才完成了原型设计,虽然设计的创造工具发生了变化,但是创造的发起者还是人类,只不过智能设备节省了大量的劳动,包括一些创作过程中的素材选择和技法表现等,其中必然包含着更复杂的智力劳动[195]。

(二)大数据与人工智能作为新内容创造者的角色

　　人工智能生成模型的核心思想之一,就是将人类创造的内容,用高维或者低维数学空间中的矢量来表示。如果这种"内容—矢量"的转化设计足够合理,

那么人类所创造的一切内容,都可以被表示成某种数学空间中的向量的一部分。而这些在无穷数域中的其他矢量,则是从理论上讲可以被创造却还没有被制造的东西,这正是目前 Midjourney、Stable Diffusion 这些 AI 绘画模型所做的事情,人工智能可以说是创造了新的东西,也可以说是新作品的搬运工。人工智能所产生的新设计在某种意义上一直是客观存在的,只不过人工智能借助算法将其从抽象数据库中提取了出来。以人工神经网络运行方式为启发,人工智能模拟人类的思维与决策,是由运算法则执行而成,并非建立在人脑的思维过程之上,只是让程序以一种特定的方式,以一种数据的方式按照算法的要求,通过建立在数据库中的经验来进行的,可以显示出一种有意识的行为,而非来自意识的主动倾向,这说明虽然现在的人工智能还不具备人的意识,但是拥有与人类意识活动思考方式相似的特征。

（三）大数据与人工智能在艺术创作中的哲学与认知角色

亚里士多德的四因说为艺术活动的外在路径确立了哲学根基,为解释人工智能艺术活动的合法性提供了形而上学的基础,随着人工智能的发展,其与人类设计创造活动的相似性日益凸显[196]。四因说包含质料因、动力因、形式因和目的因,为理解艺术创作的本质提供了深厚的哲学基础,也为评估大数据与人工智能在艺术创作中的角色提供了框架。

在质料因素层面,传统艺术创作依赖于物理材料如颜料和画布,然而随着艺术形式的多样化,现代艺术已扩展到非物质的、概念性的元素,如光影和空间。对于人工智能而言,其"质料"主要是数据,如图像、音频和文本,通过机器学习和深度学习技术,人工智能能够从这些数据中学习和提取模式与特征,进而生成艺术作品。在动力因素层面,艺术家与设计师的创作动力源于其个人情感、经历、信仰和社会观察等多维度因素,这些因素交织在一起,形成了独特的创作动机和视角。相比之下,人工智能的动力主要来源于数据和算法,通过学习大量的数据和样本不断提高自身的智能水平,并根据输入的信息进行逻辑推理和问题解决。这种基于数据和算法的动力与人类艺术家的情感驱动存在本质区别。艺术家与设计师在创作过程中,对动力因的选择和运用往往涉及深层的文化、历史和社会因素,这些动力因不仅仅是驱动艺术家创作的直接原因,更是其创作理念和表达意图的深层次体现。形式因在艺术创作中表现为艺术家如何运用和塑造材料来展现作品,对于人工智能而言,其形式基于算法和模型,尽管通过学习艺术规律可以模拟不同的艺术风格,但其选择仍然缺乏人类的创造力和想象力。在目的因层面,艺术家的创作目的具有多样性和复杂性,旨在表达情感、传递信息、探索艺术或追求形式创新,这些目的可能同时存在于同一件作品中,也可能在不同的作品中各有侧重;而人工智能在艺术创作中的目的则相对单一,主要是为了生成符合特定要求的艺术作品。

大数据和人工智能在艺术创作中扮演着重要角色,但它们与人类艺术家在质料因、动力因、形式因和目的因等方面仍存在本质区别。尽管人工智能能够模拟和生成艺术作品,但其作品往往缺乏人类艺术家所特有的情感深度、人文内涵和创造力。因此,在欣赏和评价艺术作品时,我们需要考虑这些差异,并充分认识人类艺术家的独特价值。

二、大数据人工智能与人类在艺术设计上的根本差异

(一)大数据人工智能在艺术创作中的知识表示与数据处理

对人工智能来说,数据库的形式就是知识表示的形式,常用的知识表示方法有特征向量、谓词演算、产生式规则、过程、LISP 函数、数字多项式、语义网络和框架[197]。与传统模式中草图勾线、上色不同,人工智能生成图像是通过描述关键词后利用数字程序生成图案,数据的收集、分析、整理、创造方式和过程的建立,代替了设计的主观性,对作品的创造有着直接的影响。传统上需要耗费数小时甚至数日才能达到的效果,智能程序在给出关键词后,借助大数据只需要短短十几秒即可实现。但是事实上,计算机的运算能力更多地体现在对一定的运算法则的执行上,这并不代表它可以理解这些海量的符号语义及数据的含义。就目前的人工智能发展水平而言,人工智能要达到人类智能的复杂度和灵活性,还存在着一道不可逾越的门槛。

(二)大数据人工智能在艺术设计中的审美挑战与局限

人工智能无法提供人类艺术生产中特有的审美经验[198],审美经验是人类审美发展过程中的产物,它源于人类在自身审美实践与审美体验基础上的抽象与叠加,并以潜在的观念形态影响着后续的审美实践。相比之下,人工智能由于汇聚了大量的数据信息,其每一次艺术创作都是对这些数据进行分析和加工

的产物。即使人工智能完成了无数次的艺术演算和创作,前一次的艺术创作经验也无法指导后续的创作实践,因为数据随机分布缺乏连续性和递进性。形成人类世界审美经验体系的民族习性、文化心理和社会意识等对于智能机器而言尚难以企及。尽管人工智能已经取得了巨大的进步,能够处理大量的结构化数据并做出高度精准的决策,但由于数据库的建立和分析能力及机器的计算能力直接决定着其艺术创作水平的高低[199],因此,人工智能在艺术创作方面的应用,仍然面临着诸多挑战。

(三)大数据人工智能库设计决策中的多维平衡

设计承载了相应历史阶段的人类文明中方方面面的内容,是生产方式、生活方式的见证,也是文化传承的载体与审美媒介[200]。首先,设计创作不仅仅是数据的处理和决策,更多的是灵感、情感和创新的融合。尽管人工智能可以模仿和学习现有的设计风格,甚至能创造出新颖的图像和音乐作品,但它仍然难以触及设计艺术的灵魂——那种深刻的人性、情感与生活的体验,这种无法量化的、深层次的情感体验,是机器目前还无法完全理解和复制的。其次,设计创作需要对多元文化的深度理解和融合。艺术设计是人类情感、思考和对世界理解的投射,涉及历史、文化、社会、心理等多方面的因素。人工智能虽然可以学习和模仿,但在理解和创新方面,尤其是在跨文化和跨领域的艺术创新上,还存在明显的局限。最后,尽管数据库的建立和分析能力及机器的计算能力对于设计创作的技术层面有着重要的影响,但艺术设计创作不仅仅是技术的堆砌,更多的是对美的追求和对生活的洞察。

三、数据驱动下的设计决策:平衡艺术性、个性化隐私及伦理责任

(一)数据驱动的决策与设计的艺术性

在大数据的支持下,设计师能够精准地洞察用户的行为模式和偏好,为设计决策提供坚实的数据基础。艺术性与数据驱动设计策略的交织有助于提高产品的实用性和市场接受度,进而降低市场风险。但设计不仅是一门基于数据的科学,设计的核心——艺术性是无法完全被数据量化的,设计所包含的审美、情感及文化表达也是单纯的数据分析无法全面捕捉的。为了在设计中平衡数

据驱动与艺术创新,应将数据视为指导而非束缚,允许设计理念的自由探索,推动设计与数据分析协同合作,将艺术性深植于设计师的作品之中,展现对美的追求,并在用户体验中引发情感共鸣,最终通过设计传达文化价值。艺术性勇于挑战常规、追求创新,是设计师内心创造力的外化;数据驱动的设计需要在大数据的逻辑性与艺术的直觉性之间寻找一个平衡点,用数据支持决策,用艺术丰富体验,将产品设计提升到一个新的高度。数据与艺术性在设计中并非对立的,而是相辅相成的,当数据支持创意、艺术赋予数据生命时,设计的力量便能创造出远超单一元素所能达到的效果。

（二）个性化与隐私的权衡

大数据和人工智能技术为个性化设计提供了新的可能,使产品和服务能够更精准地满足个人用户的需求,但这种个性化设计通常依赖于对用户数据的深入分析,从而引发隐私保护问题。因此寻找技术使用和隐私保护之间的平衡点变得至关重要,在设计初期就应将隐私保护纳入考量,践行"隐私设计"原则,从源头上确保用户数据的安全与合规,严格遵守数据保护法规,如欧盟的《通用数据保护条例》(General Data Protection Regulation,GDPR)等。确保算法"向善"而不违背人类社会基本的伦理价值或道德原则[201]。在收集和使用用户数据之前,明确告知用户并获取其同意是至关重要的一步,向用户解释数据的使用目的、范围及处理方式,确保用户充分了解并同意数据的收集和使用。数据使用的透明度不仅要符合法律要求,更需要建立用户信任,从而维护品牌形象。

（三）技术的误导与伦理责任

在当今技术日益主导的设计环境中,算法和数据分析已然成为设计师们不可或缺的工具。强大的技术工具在带来便利的同时也带来了一系列潜在的风险,过度依赖算法和数据分析可能会导致误导性决策,进而影响设计结果的准确性和有效性,甚至可能触及伦理问题。

误导性决策往往源于算法的固有偏见、数据样本的代表性不足及数据的时效性问题。算法偏见已经造成了现实生活中信息圈层之间的分化,并可能延续甚至加剧社会发展多个方面的失衡[202]。因此设计师在使用算法时需要时刻保持警惕,避免受到可能带有偏见的数据集的影响。数据样本的代表性同样十分关键,如果数据样本无法真实反映目标群体的多样性,那么基于这些数据所做的决策就可能偏离实际。为此设计师需要积极采取措施,使用多样化的数据源,以确保数据的广泛性和代表性。此外,过时或不准确的数据可能导致设计决策与当前市场趋势或用户需求脱节,进而影响到产品的竞争力和市场接受度,设计师需要定期验证和更新所使用的数据集,以确保其能够真实反映当前的实际情况。

价值失范等伦理问题深植于机器学习驱动的算法社会中[203],在综合考虑算法、数据及其社会影响时,设计师应保持批判性思考,避免盲从于技术和数据,要深入理解技术的优点和局限性,并在设计过程中做出明智的决策。为了实现这一目标,设计师需要与其他利益相关者保持密切沟通,如用户、管理层和社会公众等,通过了解其需求和期望,更好地平衡技术、数据与社会影响之间的关系,从而创造出既具创新性又符合伦理要求的设计作品。

第七节　本章小结

在大数据人工智能时代,设计思维重构体现在对数据和智能技术的重视上。传统的设计模式注重创意和审美,设计师在设计过程中起到了决定性的作用。设计师负责提出设计需求、制定设计方向、进行创意构思最终实现设计,凭借专业知识、创造力和审美能力来塑造产品和体验。当下,设计师的主导地位正被大数据及人工智能挑战和改变,人工智能辅助技术可以应用于流行趋势分析、设计方案优化和工作流程变革等多个方面,从而高效地优化服饰设计模式。设计师需要与技术专家、数据分析师等合作,通过融合智能技术和自身独特的视角及创造力,创作出既独特又符合实用需求的设计作品。

数据与智能时代推动了设计方法的变革:从手绘设计到利用计算机制图软件进行调整,再到基于机器学习的算法辅助创意生成和方案评估,设计师可以更高效、精确且多样化地进行设计。人工智能图像生成技术的应用消除了设计与绘画之间的某些技术和时间约束,提供了更高效和便捷的创作工具。设计师只需提供基本的设计要求和参数,人工智能生成技术就可以自动生成符合要求的设计方案。尽管人工智能绘画技术在设计过程中提供了便利和灵感,但设计师仍需要对生成的图像进行适当的改进和调整,才能将人工智能生成的图像转化为独特而有创意的服饰设计作品。可以预见,随着大数据人工智能技术在艺术设计领域的深入应用,必将催生全新的艺术形态和表达方式。值得注意的是,人工智能与大数据的出现并非要完全取代传统的设计形式,而是推动设计形态与数字技术的深度融合,从而更好地适应社会发展、观念变革和新兴需求。

第七章　数智设计的艺术审视

第一节　大数据人工智能时代艺术概念的演变与再定义

一、中国传统文化中"艺术"概念的演进

在中国古代象形文字中，"艺"字的构形描绘了一个跪坐之人双手扶持一株草木状植物的形象。根据东汉许慎在《说文解字》中的解释，"执，种也"，此定义暗示了"艺"与种植活动之间的关联。清代学者段玉裁在《说文解字注》中进一步阐述"艺犹树也，树种同义"，强调"艺"不仅指简单的种植行为，还包括树木的栽培和生长过程。当代古文字学家商承祚指出，"持种之。此象手持木之形"，明确揭示"艺"字所蕴含的"种植"意味，即通过人类的努力来培育和发展自然的生命力。

艺术概念的发展过程既是一个历史的过程，也是一个受到特定文化影响的过程。在中国文化传统中，"艺术"概念的演进呈现出丰富多样的面貌。早在《周礼》时期，"六艺"之说便已被提出，涵盖礼、乐、射、御、书、数六个方面，这些技艺不仅反映了当时社会对综合素养的要求，也体现了早期对于艺术与技能之间关系的理解。

儒家观点强调"艺"的非实用性，孔子在其著作《论语·述而》中指出："志于道，据于德，依于仁，游于艺。"他将艺术活动置于个人修养和社会伦理之后，凸显其作为精神追求和道德实践的一部分的重要性。参与艺术活动，人们可以提

升自己的人格,达到更高的精神境界,此观念不仅赋予艺术以教育功能,而且将其与社会秩序和个人品德紧密相连。

相比之下,道家的艺术观更注重自然规律"道",认为艺术创作应当顺应自然,追求简朴和真实的表现形式。在道家看来,"艺"的含义不仅体现在道德礼仪的超越性上,更重要的是它表现为一种与自然大道沟通的方式。艺术家试图通过作品表达内心深处对宇宙和谐的感受,建立人与自然之间的深层次联系。因此在道家思想的影响下,艺术不仅是技艺的展示,更是心灵与自然对话的媒介。

到了汉代,随着阴阳五行学说及神仙方术的流行,对艺术内涵的理解变得更加神秘化。《后汉书》注中提及"艺谓书数射御,术谓医方卜筮",表明当时的艺术概念已经包含更多超自然或预测性质的内容。此时,"艺"与"术"被区分开来,前者主要指传统技艺,后者则涉及医学、占卜等带有神秘色彩的知识领域。这种分类既反映出汉代社会对不同类型知识和技术的不同态度,也为后来的艺术理论发展提供了新的思考方向。

二、西方文化传统中艺术概念的演变

在古希腊哲学中,"艺术"(techne)涵盖所有将经验和知识相结合的实践活动,其概念不仅指具体的技艺,还包括联结理论与实践的各种能力。与此同时,在希腊神话中,艺术被视为由阿波罗及其九位缪斯女神所掌管,每位缪斯负责不同类型的艺术或科学领域,如史诗、抒情诗、舞蹈、戏剧等,体现出古人对艺术灵感来源的一种浪漫化想象。柏拉图的学生亚里士多德在其著作中首次明确提出对艺术含义进行界定的必要性。面对当时艺术概念的泛化和混乱,亚里士多德尝试对其进行分类,分为"完美的艺术"和"不完美的艺术"两类,前者包括那些能够激发情感共鸣的艺术形式,如诗歌、音乐等,后者则更多地涉及实用性的手工技艺。

进入中世纪后,随着基督教神学成为学术研究的核心,古典艺术的概念经历了重大转变。到了文艺复兴时期,西方艺术观念发生了重大转折。艺术的范围显著缩小,逐渐脱离早期广泛的技术实践范畴,转向更专业化的审美表达。这一时期的艺术家开始追求更高的自主性和创造性,强调个人风格与创新。文艺复兴时期艺术家借助理性和科学的知识,在创作中开拓出新的局面,"透视法"的出现成为新艺术诞生的关键因素之一,它让画家可以创作出人人都能理解的生动场景,开辟了现实主义的先河。

到了 18 世纪,法国美学家阿贝·巴托在其著作《关于美的科学》中首次系统地区分了"美的艺术"与"机械的艺术"。他提出"美的艺术"主要包括音乐、诗歌、绘画、雕塑和舞蹈五种形式,这些艺术形式的共同特征在于模仿自然并引发人们的审美愉悦。德国哲学家伊曼努尔·康德进一步深化了这一区分,将现在称之为"艺术"的、以表现美为目的创作活动定义为"自由艺术",而将出于生活需要的强制性工艺操作称为"报酬的艺术"。他还特别强调依赖于勤劳和学习的工艺美术与依靠艺术家天才灵思的表现性艺术之间的区别。

三、数智时代的"艺术"概念的演变与再定义

无论是中国古代对"艺"的理解,还是西方古典时期对"艺术"概念的界定,都展示出不同文化背景下人们对技艺、知识和创造力之间深刻联系的探索。这些丰富的思想为后续艺术理论的发展奠定了基础,持续影响着现代人对艺术本质及其社会功能的认知。在当今大数据与人工智能生成内容时代,技术进步不断带来新形式和新媒介的涌现,故而有必要重新审视"艺术"的定义及其在现代社会中的角色。

在数据与智能时代,传统的创作者身份被重新定义,机器是否可以被视为艺术家成为一个值得探讨的问题。假设 AI 能够模仿人类的情感和灵感,那么其所创造的作品是否也应该被视为真正的艺术? 一些理论家认为,存在着一种阐释路径,认为人工智能本质上是一种工具性的存在,其输出严格受限于编程者的指令和选定的数据集。AI 的作用被限定为执行预定任务,缺乏真正的自主性和创造性。甚至通过 Glaze 和 Nightshade 工具数据"投毒"的方式打破"概念"与"图像"的标准化对应关系,以此抵抗 AI 装置的主体化趋势,为原创作者提供了展现自身能动性的机会[204]。AI 所生成的作品无论多么复杂或精妙,最终仍是人类设计的算法和数据结构的衍生品,无法超越这些基础框架的限制。该观点强调人类在艺术创作中的主导地位,将 AI 视为辅助工具,而非创造主体。

另一些理论家则提出了更为复杂的解读,认为当 AI 能够在没有直接人类干预的情况下产生具有意义的作品时,就表明其已经超出传统意义上的工具范畴,具备一定程度上的自我组织能力和模式识别功能。有学者认为 AI 生成式作品既满足了康德所界定的艺术的三个维度,同时也依赖审美主体的创造力和智慧,因此在艺术的身份认同上获得其应有的合法性[205]。也就是说,AI 能够在特定条件下展现出类似创造力的行为,从而挑战对艺术家身份的传统认知。

在艺术哲学的抽象维度,人工智能驱动的创作实践激发了对创作主体性、原创性及创作意图的深层辩证思考。算法与数据驱动的艺术生产方式变得更为常见,有必要深入探讨新兴创作模式如何重塑艺术的独特性和原创性。在传统艺术领域中,个体化表达与手工痕迹的不可复制性被赋予极高的价值,而人工智能生成的艺术作品往往依赖于大规模数据集,数据样本的不足可能会导致作品间的相似性增加,进而削弱个体差异的重要性。

为了维系艺术的独特价值,艺术家必须探索与人工智能协作的新途径,既要利用技术的优势,又要保留独特的风格;社会也需构建新的评价体系,以适应不断演变的艺术生态。艺术的转型不仅涉及形式与内容的变迁,更深刻地影响着对艺术本质的理解。在人工智能的推动下,艺术正经历一场深刻的变革,既体现在技术和媒介的演进上,更体现在艺术观念与社会功能的重新定位。

(一)数智时代传统美学与创新的融合

进入大数据与人工智能时代,艺术与设计的边界被重新定义,其哲学意义也随之深化。AI 不再仅是工具,更成为探索人类创造力极限的新媒介,设计师与 AI 的合作揭示了一个新的存在状态,Pereira 等[206]探讨了后数字时代的时尚演变和创作周期,认为后数字设计叠加了创造力与技术,模糊了物理和数字之间的界限,且不局限于非物质性;同样,Boughlala 等[207]认为数字时尚已经成为一个丰富且复杂的领域,它的发展轨迹标志着传统着装观念的转变——从超越物理限制到拥抱虚拟领域的数字特性。此模式下,AI 不仅是执行者,更是创造过程中的参与者,共同构建出一种新的创作者身份;不再局限于单一的生物实体,而是扩展到了算法与数据模型的集合体之中。

AI 的设计过程基于复杂的算法和海量的数据模型,其不仅改变了设计的方式,还重塑了对艺术品独特性的认知。在机械复制时代的讨论中,本雅明提出的"灵韵"[208](aura)概念曾经指向原作的独特性和不可替代性,然而在 AI 生成的服装作品中,灵韵似乎不再是静态的存在,而是在数据流中不断变化、动态呈现的状态。AI 生成的作品通过其独特的生成机制,实现对传统灵光概念的重构,揭示了一种存在于流动数据中的新形态的灵光。

AI 带来的不仅仅是设计方式的变化,还有对时间感知的根本转变。就服装艺术范畴而言,传统的时尚艺术是一个线性的过程,从构思到成品需要经历一系列明确的步骤,但在 AI 的帮助下,设计过程变得更加非线性和即时化,设计师可以通过实时反馈调整设计,这个过程模糊了创作的时间界限,挑战着传统的完成与未完成的概念。时间感知的转变暗示着一种新的存在模式,即一种超越线性时间的、永恒变动的状态。作品的"完成"不再是一个固定的终点,而是一个持续演变的过程,每一步都是整体的一部分。现象背后隐藏着多重悖论:其一,艺术作为一种高级的人类精神活动,在社会场域中如何实现个体表达与集体价值的和谐共存,这涉及主体性与共同体价值的复杂辩证关系。其二,艺术表达与体验在提升个体精神境界的同时,如何与推动社会整体文化水平的提升相协调,这涉及个体与集体之间的动态张力和相互作用。

在大数据与人工智能驱动的新时代,从符号互动理论与结构功能主义理论的交织视角出发,无论是中国古代还是西方古典时期的艺术现象,都可被置于更为广阔的阐释空间。正如康德对审美判断力的深刻剖析,以及黑格尔对绝对精神的宏大建构,智能艺术被赋予超越物质和技术层面意义的倾向,实则折射出文化表征与价值建构的复杂互动。

(二)数智时代艺术内涵的塑造

在艺术含义的构建过程中,其与自由的、独特的创造性活动的密切关联不容忽视,此类活动往往倾向于技术劳作的层面。正如中国传统哲学中"道"对"技"的指导作用,以及"技"作为实现"道"的手段,此关系在人工智能时代得到了新的诠释和扩展。设计师借助人工智能算法,不仅能显著提高设计工作的效率,还能探索更为复杂和精细的设计元素,进而实现更高层次的艺术表达。人工智能生成的设计方案基于对海量数据的分析,揭示了潜在的趋势和模式,为设计师提供了前所未有的灵感来源,从而在技术劳作层面上达到了艺术创造的新维度。在西方文化的历史脉络中,从文艺复兴时期至启蒙时代,"艺术"的范畴经历了一个逐渐收缩的过程,趋向于更为专业化的审美表达。18 世纪,法国美学家阿贝·巴托提出了"美的艺术"与"机械的艺术"的区分,前者涵盖音乐、诗歌、绘画、雕塑和舞蹈等形式,后者则关联于实用工艺和技术。在人工智能时代,传统的二元对立变得愈发模糊,有人工智能辅助的设计过程打破了传统的创作界限,再现了"美的艺术"与"机械的艺术"的融合,创造出既具有美学价值又具备实用功能的复合型作品,体现了艺术与技术在现代性语境下的深度交织(见图 7-1)。

图 7-1 人工智能生成服饰设计内容

在后结构主义与媒介技术理论的交织阐释框架下,人工智能在服装设计领域的介入导致了符号权力的重新配置,并触发审美习惯的根本性转变。基特勒则认为新媒介同时颠覆和构成了人类存在,例如光和声波的传播方式原本是截然不同的,但在计算机中,整体的数字化消除了媒体间的不同,声音与图像、说话和文本都融合成为表面现象(surface phenomena)[209]。人工智能作为一种新兴媒介,重塑对服装设计的认知范式。本雅明对机械复制时代的深刻思考,在人工智能时代被赋予了新的意义——人工智能生成的作品虽然具备大规模复制的能力,却依旧能够维持高度个性化的特征。人工智能生成的设计挑战了对真实与虚拟的传统理解,引发了关于原创性和真实性的深刻问题。人工智能的应用解构了传统艺术的本质主义观念,开辟了全新的审美范式。

设计师不再受限于特定的风格或流派,而是得以在无限的可能性中自由探索。人工智能生成的作品不仅展示着技术所能达到的艺术高度,也预示着一种新的美学体验,其中美不再是一个静态的概念,而是一个不断演进的过程。从微观实践到宏观图景,从个体经验到群体命运,从历史维度到未来想象,人工智能时代的艺术创作正处于一个充满不确定性与可能性的十字路口。

(一)艺术身份的演变及其文化内涵

在中国古代思想体系中,有"士先器识,而后文艺"的表达,这里的"器"不仅指具体的工具或器物,更象征着一种衡量和运用事物的能力,而"识"则涵盖了广博的知识与深刻的洞察力。该表述强调,在追求艺术之前,个人必须首先具备扎实的基础技能和深厚的文化修养。该理念不仅适用于文人墨客,同样适用于工匠和其他技艺从业者。《考工记》中提到"智者创物,巧者述之守之,世谓工。百工之事,皆圣人之作也",揭示了创造与传承之间的紧密联系,同时凸显了工匠在社会结构中的重要性。它表明,无论是智者的创新还是巧匠的实践,都是对传统智慧的延续和发展。在这里,"智者"代表了那些能够构思新事物的人,而"巧者"则是指那些能够将这些构思转化为实际成果的人。两者相辅相成,共同构成了中国古代工艺和技术进步的基础。《考工记》的观点反映了当时社会对创造力和技艺之间关系的理解,在这种理解下,"智者""巧者"及工匠并非截然不同的群体,而是形成了一个连续体,每个人都贡献着自己的专长。无论是设计蓝图的智者,还是实施建造的工匠,都参与了同一个伟大的创作过程,而这一连续体的存在,使技艺不仅是技术层面的操作,更成为一种承载文化和哲学思考的方式。

进入魏晋时代,中国的艺术开始经历重要的转变。艺术表现形式与创作主体的身份认同逐渐脱离先前圣哲与匠人两端的固有范式,向更为明晰且独立的艺术家身份形态演变。书法大家钟繇以独特的笔法和风格著称,绘画领域的陆探微以细腻的人物画闻名,他们的出现,更深层次地揭示了创作者内在的思想波动与情感积淀,标志着艺术实践与中国文人士大夫阶层的行为模式及精神特质之间建立了不可分割的纽带,使艺术创作成为一种超越物质层面、深入心灵世界的表达手段。艺术家们通过各自的作品抒发个人内心世界的情感起伏与

271

哲学思考,进而提升了艺术在社会结构中的地位,并赋予其更高的文化价值。

相比之下,直到18世纪,西方艺术家与工匠之间的界限才逐渐清晰化。即便在文艺复兴鼎盛时期,诸如达·芬奇、米开朗琪罗等声名远播的艺术家已崭露头角,他们的创作活动仍受制于教会权威及宫廷意志的约束。随着17世纪艺术学院在意大利、法兰西、英伦三岛乃至俄罗斯广袤大地上的相继创立并获取官方正式承认,艺术家这一职业身份才得到法律形式上的确立。此过程不仅显著提升了艺术在社会结构中的地位,亦促成了"artiste"(艺术家)与"artisan"(手艺人)在概念上的分野,前者象征着追求崇高精神境界的艺术创造,后者则更多与具体技艺操作层面关联。

正如卡冈在《艺术形态学》中所言,艺术家与手工艺人的区分标志着艺术家的精神创作观念与手艺人相对缺乏情感投射和诗意表达的实践活动,在理论层面实现固定化。艺术家的身份因此被赋予超越纯粹技术操作的深刻内涵,成为承载个人思想与情感表达的重要媒介,而手艺人则继续专注于技艺传承与物质生产。这一转变不仅反映了社会对艺术理解的变化,也揭示出艺术实践从技艺展示向精神探索过渡的历史进程,以及艺术家作为独立创作者的社会认同逐步形成的过程。

现代及后现代艺术的发展看似使艺术的含义再次变得宽泛模糊,但不同于艺术形成初期的广泛性,而应当被理解为艺术含义深刻性、丰富性和复杂性的进一步展现。艺术不仅涵盖传统意义上的美学表达,还融入了社会批判、哲学思考和个人体验等多个层面。Ornati[210]通过后现象学分析数字技术介导对服饰设计形态的影响作用,认为未来服饰设计趋势将聚焦于多感官体验和超现实虚拟环境。在艺术创作领域,个体通过运用多维媒介和技术手段,对既定的艺术规范进行挑战,以此探索新的表现形式,并创造出更加多元化的作品。此类创作实践不仅标志着对过往艺术传统的继承与演进,也预示着对未来艺术可能性的探索,映射出艺术传统定义的危机,以及艺术创造过程中的异化困境,同时也隐喻了人类与机器关系的复杂性。大数据与人工智能对艺术的影响,不仅是对传统艺术哲学的解构,也是对数字时代新艺术观念的重构。

第二节 从艺术本质论看数智化设计

一、从美学史上的模仿论和再现论看数智艺术

模仿论这一艺术哲学领域的关键理论,其起源可追溯至古希腊时期。柏拉图的反视觉观念以模仿为基础,强调艺术的非真实性;亚里士多德的视觉中心主义选择摒弃听觉而同视觉结盟。柏拉图和亚里士多德基于视觉观建构了模仿理论,隐藏在视觉争论背后的是图文张力[211]。早期的思想家提出了艺术是对自然现象的模仿的观点,为模仿论的进一步发展奠定了哲学基础。

"宙克西斯和巴赫西斯比赛"的故事,体现出早期艺术家对于真实感的追求,也展示了模仿论在艺术实践中的体现。宙克西斯以其绘画中的逼真葡萄吸引了鸟类,而巴赫西斯则以其绘画中的帘布骗过了宙克西斯本人,这个故事象征着艺术模仿自然的能力达到了极高的水平。亚里士多德对模仿论的发展起到了决定性的作用,他在《诗学》中将模仿论系统化,并将其提升为解释艺术本质的重要理论。亚里士多德认为,艺术模仿的对象是实实在在的现实世界,艺术作品不仅复制了事物的外观形态,更重要的是捕捉了事物的内在规律和本质。艺术模仿的本质在于其能够达到比现象世界更加真实的程度,因为艺术通过提炼和概括揭示了现实中隐藏的真理。

模仿论在后世的影响和演变也值得关注。文艺复兴时期艺术家和哲学家重新审视了亚里士多德的观点,并将其应用于绘画、雕塑和文学等领域。在启蒙运动时期,模仿论虽受到理性主义的挑战,但仍然在艺术创作中占有一席之地。19 世纪,随着浪漫主义的兴起,模仿论受到了更多的质疑,艺术家开始探索更加主观和个人化的表达方式。20 世纪,随着现代主义和后现代主义的兴起,模仿论再次受到挑战。艺术家和理论家开始质疑艺术是否能够真实地反映现实,以及是否存在客观的现实供艺术去模仿。尽管如此,模仿论仍然是艺术理论的重要组成部分,它揭示了艺术与现实之间复杂的关系,以及艺术在模仿现实时的选择和转化。

模仿论不仅是一种古老的艺术理论,也是一个不断发展和适应新艺术实践的理论框架。随着时代的变迁,模仿论逐渐演变为再现论,即认为艺术并非对现实世界的简单复制,更是对社会生活和社会结构的深刻再现。这种观点强调艺术作品不仅要忠于外部现实,还要反映创作者所在的社会环境和个人视角。艺术不再仅是视觉或听觉上的享受,更是思想和情感的表达工具,能够引发观众共鸣并推动社会反思。

在大数据与 AI 时代,模仿论和再现论获得了全新的意义和技术支持,人工智能技术使机器能够模仿历史上著名艺术家的画风,甚至创造出全新的视觉体验和拟人化外观的数字实体[212]。然而 AI 生成的艺术作品是否仍然符合传统的模仿论和再现论? AI 确实能够在一定程度上模拟人类艺术家的行为模式,创作出看似具有高度创意的作品,但这些作品往往缺乏真正的主观意图和情感投入,更多地依赖于算法和数据集的选择。基于此,尽管 AI 生成的艺术作品可能在外形上接近传统意义上的"模仿",但在内在精神层面仍然难以完全替代人类艺术家的独特价值。

二、从现代美学中的艺术本质论看数智艺术

在探究大数据与人工智能范式在转型期间的艺术表达时,对现代美学框架内有关艺术本体论的核心论述进行回溯性审视,即形式主义论、符号学理论和想象表征理论,将为解析此类理论在新兴技术语境下所经历的演化及诠释提供坚实的学术基础。形式主义理论聚焦于作品内部结构的自主性及其审美特质的纯粹性;符号学理论强调符号系统作为意义生产与传递机制的重要性;想象表征理论则倾向于探讨观者心理活动在艺术体验中的建构作用。在数据驱动与算法导向的技术革新潮流中,传统的美学观点迎来了从多个层面重新界定其内涵与外延的反思,进而构建出更加包容且多元的美学框架。

(一)形式主义论:艺术是有意味的形式

克莱夫·贝尔在《艺术》中提出,艺术是"有意味的形式",这一观念对现代西方美学和艺术产生了深远影响。贝尔指出:"在各个不同的作品中,线条、色彩以某种特殊方式组成某种形式或形式间的关系,激起人们的审美情感,线、色的关系和组合这些审美地感人的形式,我称之为有意味的形式。"他认为,"有意

味的形式"是所有视觉艺术的共同性质[213]。

贝尔的理论强调了艺术作品中的形式要素(如线条、色彩、构图等)对观众审美体验的重要性,他的立场在当代技术语境下得到了新的诠释。在算法生成的艺术和数据驱动的创作实践中,"有意味的形式"不仅限于人类艺术家的传统手工技艺,更拓展到了由计算机程序和机器学习模型构建的复杂模式之中。更甚于元宇宙技术对时尚行业数字化转型的影响,用户通过数字化身进行互动,为数字时尚提供了新的发展维度[214]。此时,"有意味的形式"超越了传统的视觉感知范畴,延伸至多感官参与的综合性体验。算法和大数据分析使艺术创作能够基于个体用户的偏好进行个性化定制,这既是对贝尔理论的一种延续,又代表了对艺术形式的新探索。

在人机协作的艺术创作过程中,形式往往不是单一创作者意志的结果,而是多种因素交织作用的产物。艺术家设定的参数、算法的选择和观众的反馈共同构成了一个复杂的网络,决定着最终呈现给公众的艺术形式。因此在考量与评论新型艺术时,需要考虑其背后的技术逻辑和社会文化背景,而不是只关注表面的形式特征。

(二)符号学理论:艺术是人类情感的符号形式创造

根据苏珊·朗格的观点,艺术是一种独特的符号形式,它不同于语言这样的推理性符号,而是一种表现性符号,是艺术家创造出来的表现人类感受的符号形式,它以语言所不能的方式反映和揭示生命的形式[215]。新型艺术实践利用数字技术和数据分析来捕捉并表达集体经验及情感模式,其过程超越了个体创作者的意图和控制。艺术形式不仅反映出即时的社会心理状态,也促进了更加复杂和多维的符号交流。

设计师可以通过自然语言处理抓取与特定事件相关的评论、标签和帖子,并分析这些文本内容的情感倾向,识别出正面、负面及中立的情绪分布,进而量化为具体数值。根据情感分析的结果,开发智能面料和可穿戴技术,当检测到积极情绪上升时,服装的颜色可能会逐渐变亮(见图7-2)。设计师依据收集到的情感数据设计一系列时装,作品既反映当下的社会心理状态,也融入对社会现象的独特见解。服装上的 LED 灯带反馈被实时整合进下一轮的设计迭代中,形成一个持续改进的艺术创作过程,增强了用户的参与感和个性化体验。

"情绪感应时装系列"展示了当代社会中人们共同经历的情感波动,探索了艺术如何作为连接个体与集体情感世界的桥梁。创新方式也为时尚产业带来了新的可能性,鼓励更多跨界合作和技术应用,推动了艺术与科技融合的发展。苏珊·朗格在人类文化符号论哲学基础上,在对前人理论的批判借鉴中,提出了艺术是人类情感符号形式的创造这一全新命题[216],为思考大数据和人工智能时代的艺术提供了深刻的洞见,超越了单纯的形式主义视角,关注艺术作品背后所蕴含的情感结构及其符号表达方式,以探索新兴技术条件下艺术创作与接受的新路径。

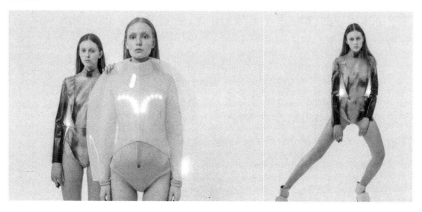

图 7-2　根据心情改变颜色的智能服装

图片来源:https://my.mbd.baidu.com/r/1AkZjLvzgmQ? f=cp&rs=284982188&ruk=IXo27A7FnSjCNrfLNwmn3w&u=b5c7afd23e2ba8b9。

（三）想象表征理论:艺术的本质是在想象中表现自己的情感

随着近代主体论哲学观念的产生,西方美学逐渐转向强调心理经验和个体感受的表现说。康德一方面把自由视为艺术的灵魂,另一方面认为艺术根植于艺术家天才的想象力和理解力,并且不关涉任何实际功利和目的。席勒站在复归人性的立场上,强调了艺术和审美的自由精神和个体创造性。尼采更是将人的主观精神推向极致,提出主宰世界万物的是人的主观意志,实际上是人的生命本能或"生之欲"。

从现代美学中的艺术本质论来看,大数据与 AI 时代的艺术或许没有改变艺术作为人类创造力表现、技术和知识结合体及社会交流与文化传承媒介的基本属性。相反,新技术的应用拓展了艺术的边界,赋予了艺术更多的可能性。

在此过程中，需要不断调整对艺术的理解和评价标准，以适应不断变化的艺术生态。变革不仅改变了艺术的形式和内容，更重塑了对于艺术本身的理解，推动艺术向着更加多元化、复杂化的方向发展。

AI生成艺术的出现，挑战了传统的艺术家身份和艺术作品的概念，尽管AI能够在某些方面模拟人类的艺术创作过程，但它仍然难以完全替代人类艺术家的独特贡献。在拥抱新技术的同时，我们也应珍视传统艺术的价值，继续探索艺术在人类生活中不可替代的意义。

三、数智化时代艺术定义与本质的多重视角探讨

（一）客观精神论的阐释与数智艺术的审视

在探讨当代技术语境中的艺术时，客观精神论提供了一种深刻的理论框架。从思想史序列的维度来考察，客观精神思想是在对前人，特别是康德、费希特思想的继承、批判和发展的基础上构建起来的[217]。根据黑格尔的观点，绝对精神通过不同的历史阶段和文化形态逐步实现自身，而艺术则是此过程中不可或缺的一环。艺术不仅是社会生活的再现，更是特定历史时期社会结构和文化特征的反映，艺术作品作为绝对精神的具体显现，承载了普遍的历史进程和社会现实，并通过审美体验得以显现与超越。

AI生成的作品虽然可以在一定程度上模拟人类的艺术表达，但其背后的技术机制决定了这些作品更多的是对已有模式的重复和优化，而不是原创性的思考和探索。算法的选择和数据集的构建不可避免地带有一定的主观性和局限性，限制了AI在捕捉社会变迁细微差别方面的能力。同时，由于缺乏主体意识和情感体验，AI生成的艺术作品难以触及那些深层次的社会问题和人文关怀，而这正是传统艺术创作中不可或缺的重要组成部分。两者的对立揭示了技术手段与人类创造力之间的张力，也提出了在新的创作环境中如何保持艺术的批判性和独立性的问题。

从长时段的历史视角来看，艺术不仅是某个特定时期的产物，更是跨越时空的精神传承。黑格尔所谓的"绝对精神"体现在艺术史的连续性和演变过程中，反映了人类文明的进步。相比之下，AI生成的艺术作品更像是一个个孤立的片段，虽然能够迅速响应当下的流行趋势和技术条件，但在构建连贯的历史

叙事和传递持久的文化价值方面存在不足。这意味着在追求技术创新的同时,不应忽视艺术作为社会记忆载体的功能及其对于塑造未来世界的重要性。通过对绝对精神的追寻,艺术在不断演进的过程中,持续地实现着对人类存在的深刻反思和对未来的前瞻指引。

在此基础上,可以进一步追问:在技术理性主导的时代,如何重构一种以"绝对精神"为导向的艺术实践?实践能否突破现有技术和数据的局限,真正触及社会现实的核心问题?又或者,是否存在一种超越当前认知框架的可能性,使艺术能够在更高的层次上实现对人类经验和情感的综合表达?追问不仅是对艺术本质的重新思考,也指向了在数字时代背景下人类精神追求的新方向。

(二)主观精神论的阐释和数智艺术审视

技术在客观物质层面超越和支撑着艺术本体特别是创作形态表现,艺术则在主观精神层面努力突破着技术模式的客观制约和技术理性的巨大惯性,同时艺术还在用自身的创新和先锋思想,在审美欣赏和价值判断等精神层面实现着对社会的引领和超越[218]。康德在其美学论述中将艺术视为一种超越功利性的活动,认为它源自艺术家的创造天赋,此创造力独立于任何实际目的或物质利益之外。席勒则进一步拓展了此观点,主张艺术和审美活动应当是自由精神的表现,体现个体创造性的无拘无束。

从主观精神论的角度看,真正的艺术创作是一种充满情感和想象的精神活动,其过程不仅仅是技术上的实现,更涉及创作者如何通过作品表达自己内心深处的情感和思想。创作者不仅构建了作品的形式和内容,还建立了与观众之间的隐秘对话,这种互动不仅发生在感官层面,更重要的是触动了人们的心灵深处,引发共鸣。但由于AI缺乏内在的情感驱动力和自我意识,其生成的作品更多的是对已有模式的重复,而非原创性的探索和表达,这引发了以下几个问题。

其一,在AI生成艺术的过程中,出现了创造性缺失。传统的艺术创作依赖于艺术家的直觉、灵感和对材料的感性处理,这些都是机器难以模拟的。AI虽然可以在大量数据的基础上进行优化和模式识别,但它缺乏那种突然涌现的灵感瞬间和不受规则束缚的创新突破。创造性缺失使AI作品在情感深度和个体独特性方面显得苍白无力。

其二是情感模拟与真实体验的鸿沟。尽管 AI 可以通过算法学习和数据训练来模仿情感表达,但它始终无法跨越从情感模拟到真实体验的关键步骤。这是因为 AI 缺乏真实的感知能力和深厚的社会文化背景,而这些正是人类艺术家在创作过程中不可或缺的因素。人类艺术家的情感体验是多维度的,受到个人经历、社会环境、文化传统等因素的影响,这些因素共同作用,形成了独特的世界观和价值观,进而影响他们的创作选择。相比之下,AI 的情感模拟基于预设的数据集和算法模型,缺乏对复杂社会文化的深刻理解和个体差异的敏感度。尽管 AI 可以生成看似逼真的艺术作品,但如果将其公之于众,则往往会被认为缺少能够引发观众共鸣的真实情感。

其三是艺术中的不可计算性,这一特性挑战了技术理性主导的艺术生产模式,即使是最先进的 AI 系统,也无法完全预测或复制某些艺术创作的关键要素。正如艺术作品中那些意外的笔触、非理性的转折点和突发奇想的创意,都是计算模型难以涵盖的部分。这些可遇而不可求的"不可计算"的元素构成了艺术的独特魅力,也是人类创造力区别于机器生成内容的重要标志。算法美学依赖于数据驱动的模式识别和优化过程,虽然可以高效地生成大量视觉内容,但其局限性在于过分强调形式上的完美而忽视了内容的深度和情感的复杂性。算法美学倾向于追求标准化和可预测的结果,这与传统艺术追求独特性和不可预见性的原则相悖。随着 AI 和大数据技术在艺术领域的广泛应用,出现了技术中介下的审美异化现象。梅洛-庞蒂意义上的"身体意向性"与唐·伊德意义上的"技术意向性",构成了胡塞尔之后意向性概念的两种发展方向。从两种意向性的概念出发,也就构成了技术与身体的相互关系与相互作用,并继而构成了"技术的身体维度"与"身体的技术维度"[219]。技术中介使艺术创作过程变得更加透明和技术化,但也可能导致艺术家与作品之间关系的疏离——艺术作品可能更多地反映了对技术手段的选择而非创作者的个人情感和思想。技术中介还改变了观众与艺术作品的互动方式,使审美体验变得更为间接和抽象。

(三)信息论的阐释与数智艺术的审视

信息论的核心在于其对信息传递过程——映射、放大、编码、调制和改造——的关注[220]。从信息论的角度来看,艺术创作可以被视为一种高度复杂的编码过程,其中艺术家将内在的情感、思想和意图转化为具体的符号和形式,以供观众解码。转换不仅是简单的信息传递,更涉及深层次的文化背景、社会语境和个人经验。因此艺术作品不仅是信息的载体,更是情感和意义的交织体。在大数据与 AI 时代,信息论为理解 AI 生成的艺术提供了一个全新的视角。AI 生成的作品本质上是一种信息的编码和解码过程,通过算法和数据集的选择来确定特定的形式和符号,以实现信息的有效传递。

然而信息传递往往基于算法的优化逻辑,而非人类情感和意图的真实表达。AI 系统依赖于预设的数据集和算法模型,这些模型虽然能够高效地处理大量信息并生成看似合理的内容,但它们缺乏真正的情感体验和主观意识。因此在 AI 生成艺术的过程中,存在一个被忽视的现象——"信息冗余与缺失",即 AI 可以通过优化算法提高信息传递效率,但在某些情况下,优化可能导致信息的过度简化或冗余,从而削弱了作品的情感深度和个体独特性。此外由于 AI 缺乏对文化和社会背景的深刻理解,所生成的作品可能在传递关键情感和意图方面存在局限,导致信息的缺失或误解。

信息论还揭示了在评价 AI 生成艺术时,应关注其背后的"隐含信息结构"。传统艺术作品往往包含多层次的意义和暗示,这些隐含信息需要观众通过个人经验和文化背景进行解读。相比之下,AI 生成的作品通常侧重于表面形式的优化,而忽略了深层次的隐含信息。信息熵的本质是负熵,是对消除不确定性的度量。大数据时代对信息熵的本质研究深化了事物从量变到质变的辩证过程,信息熵对大数据的量化有效衡量了系统有序和无序的水平,通过熵增和熵减的矛盾运动促进了系统自组织能力的完善[221]。在艺术创作中,信息熵可以用来描述作品的不确定性和新颖性,高信息熵的作品往往具有更高的创新潜力,能打破常规模式,引入新的元素和视角。

第三节　数智设计的审美与批判

一、从"未来艺术"追问服饰数智设计的形式

在探讨数智设计的形式时,不可避免地要回溯到"未来艺术"的理念。未来

艺术是 19 世纪中叶艺术大师理查德·瓦格纳首先提出的概念,它与同时出现的"未来哲学"一道,呼应了初级技术工业所引发的人类文明裂变[222]。传统艺术是自然人类的手艺或劳动,即希腊人所谓的"techne",以模仿性、技巧性、尚古性为特征;而未来艺术则是新人类即技术人类的艺术,是技术生活世界的艺术,具有弱自然性、观念性和未来性等特征[223]。未来艺术理念植根于对未知世界的幻想与探索,预示着艺术与科技融合的无限可能。作为超前于时代的精神产物,它挑战传统边界并打破现实与虚拟的隔阂,为数智设计的形式创新提供了丰富的理论依据。

（一）数智设计的历史沿革与技术突破

运用人工智能进行艺术创造的灵感源于图灵提出的一个问题:"Can machines think?"该问题从提出到现在已过去了 70 多年,其间人工智能在各种质疑声中不断发展并介入原本仅仅属于人类的领域[224]。就绘画艺术领域而言,从 20 世纪 70 年代起,美国加州大学教授哈罗德·科恩开发了人工智能绘画程序 AARON,哈罗德用数十年的时间把他对艺术的理解通过程序表现了出来。21 世纪初,英国西蒙·科尔顿开发了"绘画傻瓜"(The Painting Fool)程序[225],在智能绘图方面进行了一些初步的探索。2012 年,谷歌公司的吴恩达和杰夫·迪安联合构建了当时全球最大的深度学习网络,并突破性地引导电脑绘制出图像,正式开启了深度学习模型支持的 AI 绘画的研究方向。2014 年,人工智能学术界提出了深度学习模型——对抗生成网络[226]。近三年来,AI 绘画技术更是连续取得了突破性的进展,从 CLIP 模型基于无需标注的海量互联网图片训练达成,到 CLIP 开源引发的 AI 绘画模型嫁接热潮,再到 Diffusion 扩散化模型作为更好的图像生成模块[227],AI 绘画加速向生产领域迈进,艺术领域也涌现出了一大批人工智能创作的艺术作品。其中,由游戏设计师杰森·艾伦通过 AI 绘图工具 Midjourney 创作的绘画艺术作品《太空歌剧院》夺得美国科罗拉多州博览会艺术比赛一等奖之后引发了艺术界的争论,经由互联网的传播与发酵,关于人工智能对艺术创作的影响等相关问题正式进入大众视野(见图 7-3)。

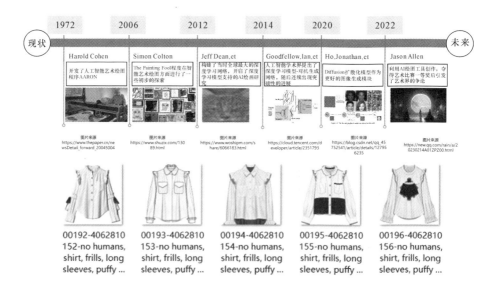

图 7-3　人工智能艺术创作时间线

（二）数智设计的现实影响与艺术争议

　　未来本身是一种观念创造[228]，而未来艺术是一种预见性和探索性的艺术形态，根植于当代艺术的多元化与实验性土壤中，又超越了当前的艺术实践，预示着艺术与科技、社会、文化等多领域更深层次的融合与创新。算法时代下的艺术则带有更多革新的意味，审美感受不仅是形式的刺激，而且关涉未来场景的时空延伸[229]。未来艺术作为一个开放且不断进化的概念，将在持续的技术进步与社会变革中寻找新的表达语言，既是对未知世界的探索，也是对人类自身深层次需求和价值观的深刻反思。然而，随着数智设计在未来艺术创作中的广泛应用，一系列争议也随之而来。

　　一方面，人工智能的创作实践展示了算法如何超越单纯的技术辅助，转变为创意过程中的合作者。艺术家通过调整关键词来引导 AI 系统的过程可以看作在与算法进行一场创意对话，打破了传统的创作模式，在创作中突破了人类的思维定式及知识的局限性，脱离地域、技法、工具的藩篱，短暂超脱于时代历史文化背景与社会价值体系，使绘画融入更具广博性的视域当中[230]，展示了人工智能在模拟复杂艺术风格和创造视觉叙事方面的潜力。

　　另一方面，新型的创作方式引发了对艺术本质和创作权归属的关注。当艺术创作过度依赖算法和技术时,可能会削弱作品的人文价值和情感深度。此外,随着算法越来越多地参与艺术创作,版权归属问题变得日益复杂。当一件艺术品是由人和机器共同创造时,界定最终的著作权归属成为一个难题。数智设计作为一种新兴的艺术实践形式,正在不断地改变着人们对于艺术的传统认知。它既为艺术家提供了新的创作工具和灵感来源,也为观众带来了前所未有的审美体验。与此同时,伴随而来的争议促使人们反思如何在科技进步与艺术纯粹性之间找到平衡,以及如何在此过程中维护创作者的权利和作品的价值。

(三)数智设计的未来趋势与艺术创新

AI艺术作品的涌现对传统艺术品的价值体系构成挑战[231]。尽管AI缺乏人类的情感和意识,无法像人类艺术家那样通过内心的感受来创作,但它能够基于海量的数据学习模拟出富有感染力的画面,这是对艺术表达边界的一次重要拓展。传统观念认为艺术是创作者情感的流露和个性的表达,但《太空歌剧院》却表明,当下即使没有情感和意识的AI,也能通过数据学习和算法模拟,创造出具有强烈视觉冲击力和情感共鸣的艺术作品。除此以外,算法的高效性及其处理重复性任务的能力,在设计创作中优势显著:快速生成一系列风格各异的草图,缩短了前期的构思和尝试阶段;对于需要大量标准化或模块化素材的项目,如款式设计或服饰图案生成等,算法的介入能够显著提升内容生产效率,降低人力成本。这意味着艺术家可以将更多精力投入创新设计和概念深化,探索在传统创作模式下因资源限制而难以触及的创意空间,从而推动未来艺术形式的不断创新与突破。

算法的引入为服饰设计提供了前所未有的表达手段,其价值不仅限于表面的技术手段,更在于深入了艺术表达的新阶段,新颖的表现手法拓展了未来艺术的视觉和感知边界,融合不同的艺术风格,创造出既传统又现代、既熟悉又新颖的全新艺术语言。随机算法成为隐喻,其随机值的不确定性打破了观众对作品经验的预期,带来了开放性和新鲜感[232]。技术与艺术不断深度融合,挑战了既有的审美标准,探索更为个性化和深刻的艺术表达,进而促进未来艺术领域整体的进化和繁荣。

二、从"观念艺术"思索数智服饰设计的审美

(一)思维的转变:从观念艺术到数智设计

从语义来看,观念艺术首先是一种艺术,它的素材就是观念与精神,思想与观念成了艺术的主体,所以观念艺术就是一种关乎思想与概念的艺术,在艺术活动中,从始至终都是人的思维活动在参与[233]。如同观念艺术挑战传统艺术形式,强调思想观念的直接表达,数智设计的审美首先关注的是设计背后想要传达的观念或思想,技术在这里是实现手段,而非最终目的。

观念艺术兴起于20世纪60年代末至20世纪70年代,这一时期的西方社会正处于剧烈变革之中,观念艺术的出现反映了艺术家们对社会、政治、文化等议题的深刻反思和批判。艺术家们通过文字、图片、影像等非传统媒介和材料,直接将观念传达给观众,引发观众的思考和体验,因而艺术不只是单纯地"观看",也能够被"阅读"和"理解"[234]。在观念艺术的先驱中,马塞尔·杜尚的《泉》被公认为观念艺术的早期代表作之一,它挑战了传统艺术的观念,引发了关于"什么是艺术"的广泛讨论。约瑟夫·科苏斯的《一个和三个椅子》通过椅子的实物、照片和定义引发观众对"椅子"这一观念的深入思考,挑战了观众对艺术的传统认知(见图7-4)。

图7-4　科苏斯的作品《一个和三个椅子》

索尔·勒维特强调创作过程的重要性,认为艺术家的决定比实际创作更为重要,这些理念在数智设计中同样具有指导意义,数智设计师需要关注设计过

程中的每一个决策,确保这些决策能够准确地传达出特定的观念。这不仅需要具备精湛的技术能力,更需要有深厚的文化积淀和敏锐的社会观察力,以便将观念准确地融入设计之中。在设计形式不断变革的当下,设计师应思考如何利用智能技术作为媒介,将特定的社会、文化或哲学观念转化为观众可感知、可互动的体验。

观念艺术以其独特的思想性、观念性及对传统艺术形式的挑战,为当代艺术注入了新的活力,其不仅是艺术表达方式的革新,更是思维方式的转变。在智能时代,这一艺术形态的影响进一步延伸,为数智服饰设计提供了新的审美视角和思考方式。在此背景下,设计不再仅仅局限于技术的实现和形式的创新,而是更加注重设计背后的理念、目标和深远意义,这与观念艺术所强调的思想、观念的艺术表达不谋而合。

(二)元图像与自我指涉:数智服饰的审美反思

米歇尔在图像理论中深入探讨了图像不仅是现实的反映,还能自我反映,成为思考图像本质、图像与语言关系,以及图像在社会文化中角色的媒介。元图像揭示了图像的生成、传播和接受过程中隐藏的权力结构,挑战了图像与现实之间简单的对应关系,促使观众思考"看"这一行为本身及其背后的意识形态。此视角同样适用于审视 AI 生成的艺术作品,人工智能不仅创造了视觉内容,还揭示了其背后的算法逻辑、数据偏好及技术权力结构。

本雅明在《机械复制时代的艺术作品》中,探讨了技术复制如何改变艺术作品的"灵韵",即原作独一无二的存在感和时空位置的特定性,预示了后人对图像自我指涉性的思考。本雅明关注的是,随着摄影、电影等复制技术的发展,艺术作品开始能够自我反射,展现了媒介本身的特性及艺术生产与接受的社会条件。对艺术再现技术的反思,与元图像自我指涉的特性有相通之处,即都关注艺术作品如何指向其自身的技术、历史和社会背景。"灵韵"的概念在 AI 艺术领域呈现出新的含义。传统上,AI 生成的艺术作品可能被质疑缺乏原创作品的独特"灵韵"。AI 通过学习历史上的无数艺术作品,创造出了融合多种风格、跨越时空的新颖作品,这实际上赋予了 AI 艺术一种新的"灵韵"——基于大数据和算法创造的、对艺术史的综合反映。AI 作品的"灵韵"在其对艺术传统的重新组合与再创造的能力,以及对技术复制时代艺术价值的重新定义。

在数智服饰设计中,自我指涉性表现为 AI 系统通过学习和模仿来生成新的艺术作品,这些作品既是历史的反映,又是对技术现状的诠释。双重属性 AI 生成的作品不仅仅是视觉上的创新,更是一种对艺术创作过程和技术发展的反思。通过自我指涉,作品揭示了技术与艺术之间的互动关系,以及技术如何影响人们对艺术的理解。当 AI 生成的服饰设计图像包含了多种风格元素时,元素的混合不仅展示了技术的多功能性,也反映了艺术史的多样性和复杂性。混合体本身就是一个元图像,指涉了自身的生成机制及艺术史上不同风格之间的关系。

（三）提示词:从观念到数智服饰图像的桥梁

从宽泛的意义来看,图像叙事是指以图像符号为传播媒介和传播载体的一种叙事表达,即运用图像符号作为工具或手段来表情达意和传播信息,因此图像叙事是一种可视性叙事[235]。在探索 AI 出图的过程中,借鉴米歇尔的图像理论,可以构建关于图像的语义桥梁的理解框架,尤其是当以提示词作为思维问题的核心时,图像不仅是视觉的再现,更承载着丰富的意义和社会文化背景,与语言和思想紧密交织。

提示词作为思维问题的具体表达,实质上是用户意图和想象的初步投射,它要求用户将内在抽象的想法转化为具体的词汇或短语,这个过程本身就是一次思维的组织和明确化。正如米歇尔所强调的,图像与思维不可分割,提示词的选择和构造,实际上是在搭建一座从思维到图像的桥梁,确保概念范畴的明晰性,使生成的图像能够尽可能接近创作者的意图或预期。观念艺术的核心在于通过艺术作品传达思想观念,而非仅限于形式的美感。同样,服饰设计在智能时代下,超越了传统设计对形式与功能的单一追求,转而强调设计背后的思想性、观念性。设计师利用先进的技术手段,将对社会、环境、人性等深层次的思考融入作品中,使设计成为一种具有启发性和批判性的表达方式,促使观者反思。观念艺术常常对社会、政治、文化现状进行深刻反思与批判,数智设计同样承担起了这一角色。在智能时代,设计作品往往能够利用大数据分析揭示社会现象,通过艺术化的表达,引起公众对特定议题的关注与讨论,设计实践既成为对现实的批判,也成为对未来可能性的探索和建构。

从"观念艺术"出发,数智服饰设计的审美展现出一种综合性的、前瞻性的风貌,它不仅重塑了对设计的理解,也对智能时代的人类生活提出了新的思考和期待。设计不再是孤立的存在,而是与人类的思想、情感、社会现实紧密相连,成为推动社会文化发展的重要力量。在这个过程中,观念艺术的精神内核为数智设计提供了丰富的灵感源泉,促使设计界不断探索、创新,以更加智慧和敏感的方式,回应这个快速变化的世界。

三、从"未来哲学"审度数智服饰设计评论

对未来的集中关注始于 19 世纪 40 年代,一批欧洲哲学家和艺术家首先觉察到了技术工业的效应和风险,意识到了自然人类文明的衰落和技术人类文明的兴起。今天的新技术(生命技术和数字技术)愈加引发了人们关于未来的期待和忧虑,从而使"未来哲学"成为必然的和急迫的[236]。从"未来哲学"的角度审视数智设计评论,意味着要超越当前的思维框架,站在未来的视角回望当下的设计实践,深入探讨其对人类社会、文化、伦理的长远影响。

(一)未来哲学在伦理维度的探讨

作为艺术实践的标志,艺术文本的生产始终是艺术活动的中心环节,其决定着后续的艺术传播、艺术接受乃至评价的基本框架,故而揭示艺术文本生成的算法实践成为审议艺术场域算法话语的优先对象[237]。未来哲学作为一种批判性和前瞻性的评价体系,强调对潜在趋势的预测、对未知可能性的探索及对技术伦理的深度考量。在未来哲学下,数智设计评论必须深入探讨设计的伦理维度,评论应考察设计是否遵循了以人为本的原则,是否在创新的同时保障了个体权利,是否在设计之初就考虑到了技术使用的伦理后果。这样的评估有助于确保数智设计在推动技术进步的同时,不会损害人类的根本利益。数智设计评论应倡导技术人文主义,即技术发展应服务于人类的全面发展,而不是简单地追求效率和利润。评论不仅要评估技术的先进性,更要关注其是否促进了文化多样性、提升了人类生活质量、增强了人类的创造力和情感连接。未来哲学不仅要求看到技术的工具性,更要看到其在构建人类未来图景中的角色,并通过这样的评估来关注人类的精神需求和文化传承。在未来社会中,设计与人的交互将更加频繁和深入。因此,数智设计评论应当关注设计如何促进人与人、人与环境之间的积极互动,是否提供了足够的参与空间,使人们能够主动塑造

自己的生活环境。

基于未来哲学的数智设计评论,鼓励设计的持续反思与迭代,评论不应止步于对现有成果的静态评价,而应推动设计师、工程师和决策者不断回顾设计实践,并基于对未来的设想进行调整和优化。设计评论应当成为一种促进创新、引导行业走向更负责任、可持续的未来的动力,通过评估,关注其对社会、文化和伦理的长期影响。

米歇尔提出的"图像转向"理论强调了在后现代文化中图像相对于语言的独立性和重要性。在跨媒介融合的艺术体验中,此种转向体现为图像不再仅仅是视觉艺术的专属,而是通过 AR、VR、MR 等技术,与声音、触觉乃至思维的其他感官维度相结合,形成一种超越单一媒介表达的复合经验。耐克在其 Air 系列鞋类设计中展现了创新突破、以运动员为中心、科技与人文融合、迭代精益求精、跨领域合作多元共生的哲学内涵,从突破传统设计观念到深度倾听运动员需求,借助前沿科技融入人文情感,再到持续改进注重细节,整合多元专业知识形成协同创新生态,为产品设计与开发提供了全面而有价值的理念借鉴(见图7-5)。

图 7-5　人工智能生成服饰设计内容

图片来源:https://about. nike. com/zh-Hans/stories/creating-the-unreal-how-nike-made-its-wildest-air-footwear-yet。

融合挑战了传统的艺术分类,体现了米歇尔关于图像与语言相互渗透、"图像—语言混合论"的观点,即图像和语言在新的艺术实践中不再是孤立的,而是相互交织的,共同构成复杂的交流和表达系统。图像影响着人类对世界的认知与对意识形态的理解。参与性模糊了艺术生产与消费之间的界限,让观众的主体性得以体现。图像不只是被观看的对象,它们也作用于观看者,影响其思考和行为。跨媒介艺术正是通过这种互动激发观众的创造力,使他们成为意义生成的共谋者。从"未来哲学"审度数智设计评论,是对设计的一种深度考量和前瞻性展望。它要求超越当前的成就,以更加广阔的视野和长远的视角,审视设计对人类未来的影响,引导设计向着更加人性化、可持续、负责任的方向发展。

(二)未来哲学的批判性与前瞻性

未来哲学作为一种批判性和前瞻性的评价体系,要求不仅关注当前的设计成果,还要预见其对未来社会的潜在影响。未来哲学强调对潜在趋势的预测,这意味着评论家需要具备敏锐的洞察力,能够识别和分析技术发展的趋势及其可能带来的社会影响。随着可穿戴设备和物联网技术的发展,未来可能出现更多智能化、个性化的服饰设计(见图7-6),这些设计会如何影响人们的日常生活和社会交往方式,都需要进行深入探讨。除了预测趋势之外,未来哲学还鼓励探索未知的可能性。在虚拟现实技术应用方面,设计师将新一季的服装系列以高精度的3D模型形式上传至平台,消费者只需戴上VR设备,就能进入一个虚拟的时尚秀场,在那里挑选喜欢的服装并"穿"在自己的虚拟形象上,还能自由切换不同的场景,如繁华的都市街头、宁静的海边度假地等,全方位感受服装在各种情境下的魅力。这一创新举措,一方面促进了服装设计与科技融合的技术革新,另一方面也满足了消费者对个性化时尚体验的追求,为服装行业开拓了新的市场空间,为社会增添了新的价值维度。

在未来社会,设计与人的交互将更加频繁和深入。因此,数智设计评论需关注设计如何促进人与人、人与环境之间的积极互动,是否提供了足够的参与空间,让人们能够主动塑造自己的生活环境。其中包括对设计的可访问性、包容性、教育性和娱乐性的评价,以及它们如何促进社会的共同理解和协作。通过评估关注人类的社交需求和参与感,未来社会中的设计不仅是产品的呈现,更是连接人与人、人与环境的重要纽带。数智设计评论需关注设计如何通过技术创新增强用户体验,促进更深层次的互动(见图7-7)。此类设计不仅满足了用户的健康需求,还增强了社交联系。此外,设计应考虑不同群体的需求,确保

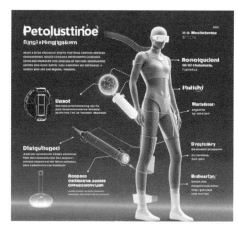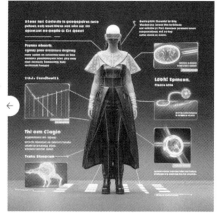

图 7-6　人工智能生成未来设计探索

所有人都能无障碍地使用。例如,智能服饰应具备语音控制功能,方便视力障碍者操作;可穿戴设备应具备多种语言界面,便于不同语言背景的用户使用,以确保技术惠及更广泛的群体,提升社会的包容性。

图 7-7　人工智能生成未来设计交互

（三）参与性和互动性的增强

　　基于未来哲学的数智设计评论,鼓励设计的持续反思与迭代,评论不应止步于对现有成果的静态评价,而应推动设计师、工程师和决策者不断回顾设计实践,并基于对未来的设想进行调整和优化。设计评论应当成为促进创新、引导行业走向更加负责任、可持续未来的动力,通过这样的评估,关注其对社会、文化和伦理的长期影响。设计是一个不断演进的过程,需要持续地反思与迭代。数智设计评论应鼓励设计师和工程师不断审视自己的作品,思考如何改进和完善。通过对用户反馈的分析,可以发现设计中的不足之处,并及时进行调整。持续的改进不仅提升了产品质量,还增强了用户的满意度。设计评论还应成为推动行业创新的动力,通过评估设计的创新性和前瞻性,激励设计师和工程师不断探索新的技术应用和设计理念。智能服饰可以结合生物传感器技术,监测用户的生理参数,为健康管理提供更多数据支持。此类创新提升了产品的功能,为用户带来了更多价值。未来哲学强调设计应具有社会责任感,设计评论应关注设计是否符合可持续发展的原则,是否有助于解决社会问题。如智能设计可以减少资源消耗、环境污染;包容性设计可以帮助弱势群体更好地融入社会。这些设计不仅满足了用户的实际需求,还体现了企业的社会责任感。

从未来哲学的角度审视数智设计评论,需要超越当前的思维框架,站在未来的视角审视当下的设计实践。通过关注设计的可访问性、包容性、教育性和娱乐性,及其如何促进社会的共同理解和协作,能够更好地满足人类的社交需求和参与感。同时,通过鼓励设计的持续反思与迭代,推动行业的创新,引导设计走向更负责任、可持续的未来。

第四节　数智设计的价值"内爆"

一、千人设计:技术赋能的价值疑问

设计,无论是艺术设计还是服装设计,其核心都在于解决问题并创造价值。设计不仅关注视觉表现,更重要的是通过创意和构思来满足特定需求,提升用户体验,甚至影响生活方式。在"千人设计"的语境下,设计更强调通过多元化的赋能手段,将不同背景、技能和视角的个体聚集在一起,共同参与设计。

从设计哲学的角度来看,"千人设计"体现了一种民主化的设计理念。它质疑了传统设计中精英主义的观点,即设计是少数专业设计师的专利。相反,它推崇一种更加包容和平等的设计方法,认为每个人都有潜力参与设计过程,并且多样性可以带来更加丰富、更具创新性的结果。然而,随着技术赋能成为推动"千人设计"的关键因素,也引发了关于其真正价值的深刻讨论。一方面,技术工具如人工智能、机器学习、虚拟现实等为普通人提供了前所未有的设计能力,使非专业人士也能够参与复杂的设计任务,这无疑拓宽了设计的可能性边界,促进了创意的广泛传播。另一方面,技术赋能也带来了挑战。首先是质量问题,当设计门槛被降低时,如何保证输出的质量和一致性成为一个难题;其次是设计伦理问题,技术的进步可能加速了某些不良设计实践,比如快速复制和模仿,导致原创性和独特性的缺失;最后是社会影响方面,大规模参与可能导致资源分配不均或过度竞争,对专业设计师的职业生态造成冲击。

在数智艺术中,软件和算法不仅充当了创作者的工具,它们还成为表达的一部分。这一转变挑战了对艺术创作的传统理解,即艺术家是创作过程的核心,而工具只是辅助手段。当技术成为艺术表达不可或缺的一部分时,它既扩展了人类创造力的可能性,也设定了新的边界。在数智艺术中,图像不再是静态的视觉记录,而是动态的、可参与的内容载体。这不仅改变了观看艺术作品的方式,也重新定义了观众与艺术品的互动模式。通过算法生成、交互体验和虚拟现实等手段,数智艺术打破了传统媒体的时间性和空间性限制,为观众提供了多感官的沉浸式体验。如果艺术不再局限于物质形态,其核心价值是否发生了转移?美国哲学家约翰·杜威在《艺术即经验》一书中强调,艺术是一种体验,它连接着创作者与观众,使两者共同参与一个持续发展的过程。杜威提出,经验既包括人的主观意识,也包括人的活动,还包括自然界的某些部分,自然界可以参与人类的实践活动,自然界与有机体的互动部分包含在经验中,其余没有与有机体发生相互作用、不参与人的实践活动的部分是客观存在[238]。在数智艺术中,图像和体验变得更加流动和互动,使艺术作品不再是一个完成的产品,而是一个不断演变的过程,邀请观众参与并贡献自己的理解和感受。

随着人工智能、大数据、物联网等技术逐渐融入设计领域,设计师获得了前所未有的创作自由度。然而,技术的引入并不意味着它可以取代人的直觉、情感和伦理判断。艺术与设计的根本目的是服务人类社会,提高人们的生活质量。因此,尽管技术可以提高效率并带来创新,但保持对人文价值的关注至关重要。人们需要探索一种平衡,使技术赋能的设计既能体现科学理性,又能反映人性温暖。正如德国哲学家汉斯-格奥尔格·伽达默尔在其美学理论中所提出的,艺术创作是一个对话过程,涉及创作者、作品和观众之间的交流。在这个对话中,技术应当作为促进而非替代交流的媒介,确保作品能够传达出深层次的情感和思想。

面对技术的迅猛发展,一个核心问题是:谁应该掌握设计的方向盘? 是让技术引领设计走向未知,还是坚持艺术自主性,将技术视为辅助而非主宰? 技术确实能提供无限可能,但如果失去了对艺术本质的理解和追求,最终可能会导致设计作品变得机械且缺乏灵魂。理想状态应该是找到两者之间的和谐共存之道,让技术服务于而不是控制艺术创作过程。按照法国哲学家吉尔·德勒兹的理解,在当今时代,哲学并没有终结,该领域的思想实验依然在继续,不过,哲学研究已经抛弃了人与世界之间反映与被反映的模式[239]。在这个背景下,技术应被视为激发新奇事物的催化剂,而不是决定艺术方向的主导力量,从而确保数智艺术不仅能够享受科技带来的便利,同时也能传达深刻的人文内涵,实现艺术与技术、效率与人性的和谐统一。

二、虚无与否:数智设计的价值追问

数智设计,即数字化与智能化设计的结合,不仅改变了服饰产品的形态、功能和生产方式,更触及了人类对于存在意义、价值判断及文化传承的深层次反思。哲学美学家约翰·杜威在《艺术即经验》中指出,艺术并非孤立于日常生活之外的存在,而是生活中不可或缺的一部分,它通过体验的方式将个人与世界联系起来。因此,将技术融入艺术创作时,必须考虑融合如何改变我们对世界的感知及其在其中的位置。

随着数智设计的发展,一方面,它为服装设计带来了前所未有的便捷性和高效性,设计师可以借助 3D 建模和虚拟试衣等工具快速迭代作品,同时利用智能算法来预测趋势并满足个性化需求。另一方面,这种转变也可能带来一种所谓的"虚无"。正如德国哲学家马丁·海德格尔警告的那样,技术的过度使用可能导致人类与自然界的疏离感,甚至削弱对真实世界的情感连接。在数智设计中,虚拟时装秀和数字服装虽然提供了新颖的视觉享受,但它们也减少了实体物品所带来的触觉体验,从而可能让某些消费者感到与实际生活脱节。

此外,数智设计似乎稀释了个别表达的独特性。当算法开始主导设计决策过程时,真正的创新和个人风格可能会被湮没在一个看似无限但实则有限的选择范围内。吉尔·德勒兹强调差异的重要性,认为创造性的力量来自不断打破常规、探索未知。如果数智设计仅仅是为了迎合市场或遵循预设模式,那么它可能会失去激发新奇事物的能力,进而陷入一种表面化的个性展示之中。

从文化角度来看,数智设计同样面临着挑战。快速变化的设计潮流是否能够承载并传递传统文化的价值?传统手工艺和地域特色又该如何在这个充满变化的时代中找到自己的位置?美国哲学家理查德·舒斯特曼提出"身体美学"的概念,主张通过感官体验来重新定义美,并重视身体与环境之间的互动关系。这意味着数智设计不仅要追求视觉上的美感,还应该考虑穿着者与服装的情感交流,以及这些服装所代表的文化背景和社会意义。

面对这些问题,需要对数智设计的价值进行深刻的追问。其美学价值在于能否创造出既保留传统艺术精髓又能展现现代科技魅力的新形式;社会价值体现在是否促进了公平参与,比如降低进入门槛,让更多人参与设计,并增强了文化交流;伦理价值则关注环境保护、工人权益等方面的问题;而人文关怀最终指向的是提升生活质量,而非仅仅满足消费需求。简而言之,数智设计应当成为连接过去与未来、物质与精神、个人与集体的桥梁,为人类生活增添更多有意义的价值。

三、再生设计:技术解蔽的价值跃迁

再生设计(regenerative design)作为技术解蔽的一种价值跃迁,体现了人类对自然、技术和伦理关系的深刻反思。技术不再是单纯为了满足人类需求而存在的工具,而是成为一种揭示和恢复生态系统内在价值的手段。德国哲学家马丁·海德格尔在《技术的追问》中探讨了技术如何既遮蔽又揭示事物的本质,他提出了"解蔽"(unconcealment)的概念,认为真正的技术应该帮助人们更好地理解和尊重自然的节奏与逻辑,而不是简单地将其视为资源库。

再生设计超越了传统可持续发展的概念,它不仅关注减少负面影响或维持现状,更积极寻求修复和增强生态系统的服务功能。通过将生态学原理融入设计过程,再生设计旨在创建一种可以自我维持且不断进化的人类活动模式。在这个过程中,技术扮演着至关重要的角色,它不仅提高了效率,还为设计师提供了新的视角去理解人与环境的复杂互动。例如,在服装行业中,再生设计可能涉及使用可降解材料、循环利用纤维及开发基于自然过程的染色方法等创新实践。

技术解蔽意味着利用科技的力量来揭示隐藏于自然界的智慧,并将其应用于设计之中。这并非对自然进行简单的模仿,而是通过对自然运作机制的理解,找到更加和谐的方式与之共存。价值跃迁也体现在社会层面上。再生设计鼓励社区参与,促进跨学科合作,并培养一种共同的责任感。当人们意识到自己的行为会对地球产生长远影响时,他们更愿意选择那些既能解决问题又能带来正面改变的设计方案。同时,这也推动了商业模式的转型,企业不再仅仅追求短期利益最大化,而是着眼于长期的社会和环境效益。

此外,从美学角度来看,再生设计带来了全新的美感体验,它不仅是视觉上的愉悦,更重要的是心灵层面的感受,即让人感受到自己是更大生态系统的一部分,并为此感到自豪。再生设计创造了一种美的新形式,让使用者与产品之间建立起了深厚的情感联系,因为每个物品都是连接个人与自然界桥梁的一部分。

第五节　数智设计重构的美学与人文

一、设计主体的变迁:后人类主义下的去中心理念

后人类主义作为兴起于 20 世纪的一种哲学思潮,致力于突破传统人类中心主义的藩篱,对人与科技、自然与生物界的关系予以重新审视。其思想渊源较为复杂,部分可回溯至尼采对人类中心主义的批判及他所提出的"超人"理念[240]。不过后人类主义并非简单的继承,而是在现代科技迅猛发展、社会文化深刻变迁等多元背景下,深入反思并探索如何构建适配的伦理道德与价值体系,以及在此情境中个体潜能的挖掘与自由的实现路径。随着时间的推移和人机共生局面的逐渐制度化,人类正在从一种状况转变为一种结构[241]。后人类

主义思想的主旨是促进人类在新兴的技术—文化困境中重新锚定主体位置,在承认所有非人物质拥有现象学和本体论意义上的平等地位的基础上创造可行的生活[242]。后人类主义挑战了真实与体验之间的传统划分,视其为连续统一体,强调体验世界的多样性和主观调控性。

在深入探究设计主体的变迁历程时,必然会触及后人类主义的核心要义。在此语境中,技术已突破了单纯工具的范畴,转化为构建与塑造主体性的核心关键力量。后人类主义的核心观点之一就在于其质疑并超越了传统人文主义中将"人"置于宇宙中心的观念,强调人与非人(包括动物、机器、环境等)之间的边界是流动且可渗透的。随着科技的进步,特别是人工智能、生物技术、信息技术等领域的快速发展,人类的身份、能力乃至身体都发生了深刻变化,促使人们重新审视人性、主体性、创造力及人与世界的关系。后人类主义倡导的是一种多元共生的世界观,其中人类不再是唯一的主体,而是与其他存在形式共同构成复杂网络中的节点。这一从技术工具论向技术本体论的话语转向,提供了一个全新的、充满张力的视角,以理解人与技术间复杂而动态的相互作用。

技术工具论长久以来将技术视为人类意图和目的的外在延伸,是达成目标的手段。在这个框架下,技术似乎是被动的、被操控的,人的主体性被视为独立自主的。随着科技的迅猛发展,特别是进入智能时代,经历了信息技术革命后,技术开始深深嵌入生活,逐渐模糊了内外的界限。技术不再简单地存在于主体之外,而是成为主体性的一部分,内在地影响着思维模式、行为习惯乃至自我认知。技术的演进不仅仅是外在条件的变化,更是内在主体性结构的重构。在此视角下,技术不仅存在于主体之内,还作为外在的力量,通过设定可能性的边界来规范和塑造主体。人的主体性不再是先验给定的,而是技术中介作用的结果,人成为技术环境下的"适应者"。主体性的生成机制使技术拥有了定义人的能力,颠覆了传统的主体—客体二元对立,提出了主体性生成的"第二性"问题,即主体性不再自主,而是被技术所塑形。在技术日益智能化、网络化、分布化的今天,设计的主体已经从单一的人类创造者转变为多元、互动的生态系统,人类、机器、算法等共同参与设计过程,形成了一种新的共创模式,设计不再单纯反映人的意志,而是多个主体交互作用的产物,展现了去中心化的设计生态。

海德格尔[243]和埃吕尔[244]等对技术中介下主体悲剧性存在境遇的洞察,预示了技术对主体性深刻而复杂的影响。与多迈尔[245]笔下理性主体性的黄昏相比,后人类主义视野中的设计主体性变迁更进一步揭示了主体性在技术时代面临的不仅是解构与重塑,还有在去中心化过程中对传统人类中心主义的超越,也要求重新思考创造力、伦理责任及人类在设计活动中的位置,进而探索一种更加包容、多元、可持续的设计未来,其中技术与自然、机器与人类、实体与虚拟之间的界限更加流动与渗透,共同编织出新的主体性图景。

二、技术赋权下的文化再生:数字化转型与文化记忆的激活

智能技术,特别是生成式智能,作为一股强大的赋能力量,正在深度催化文化的再生。通过深度学习算法对历史文化遗产进行细致入微的解析,技术不仅保留了文化的内容,还通过模式创新赋予其新的生命。再生并非对过去的复制,而是一种基于技术理解力的超前诠释与再创造,使传统文化以崭新且贴近现代审美的形式复现,实现从遗产保护到创新表达的无缝衔接。技术既是文化的传承者,也是文化创新的推动者,让文化在智能时代焕发新生。

人工智能图生图技术,即基于生成式人工智能的图像生成技术,其核心原理在于深度学习,特别是扩散模型的应用。在图生图过程中,通常涉及两个关键步骤:一是特征提取,即利用训练好的深度学习模型从输入图像中提取出关键特征;二是图像生成,即根据提取出的特征和目标图像的某种描述或条件,生成符合要求的输出图像。

技术赋权不仅限于对传统文化的简单数字化记录,更在于通过智能化手段对其内在逻辑和美学价值进行深入挖掘与创新演绎。在数字技术,特别是大数据与生成式人工智能的介入下,文化被赋予了全新的生命与语境,转化成数据海洋中活跃的波浪。通过算法的精妙编排,与现代设计理念碰撞交融,构筑起一个人机共创的新型生态美学体系。由此,一个跨越时空的创意生态系统逐步形成,不仅拓宽了对文化连续性和创新性的认知,也为世界文化遗产的保护与活化提供了新思路。

三、文化生产与身份重构:智能共生中的自我发现

智能时代的到来,打破了艺术与设计领域中传统的创作界限,催生了人机

共创的新模式。在这个模式下,人类的创意灵感与机器的学习能力形成了一张复杂的创意网络,每个节点既是创造的源泉,也是接收反馈的终端。艺术家与智能系统不再孤立作业,而是通过紧密协作,共同挖掘创意的深度与广度。人的直觉、情感和伦理判断与机器的精准计算、海量数据处理能力相互交织,推动艺术创作向更加多元、开放的方向发展。范式的转变丰富了艺术的表现形式,促进了艺术生产模式的民主化,让每个人都有可能成为文化创造的参与者。在人机共创的环境中,开放的创意平台成为孕育新思维的温床。平台允许用户利用 AI 工具辅助创作,从音乐、文学到视觉艺术,个性化内容的生成变得高效且富有创意。

在智能技术的驱动下,文化生产的场域已经超越了物理空间的局限,形成全球互联、多维交互的文化生态系统。这种变化不仅影响了文化产品的创造和传播,而且需要更深层次地重新思考个体与集体、人与技术的关系,以及在新型关系中文化身份的构建。在智能共生的框架内,文化身份不再是静态的、固化的标签,而是动态的、流动的探索过程。人们在与智能系统的互动中,不断探索和重构自己的文化认同,也为文化的多样性与包容性贡献了新的视角。身份重构成为智能时代文化生产的重要特征,标志着人类文明正步入一个自我认知与外部环境和谐共进的新阶段。

四、智能时代作者身份的界定与解析

智能技术加速了全球文化的交流与融合,使文化生产跨越地理界限,不同文化背景的人们可以通过网络平台共同参与创作,形成跨文化的合作作品。这一过程凸显了文化身份的流动性与可塑性,展现了在全球化背景下,个体如何在保持自我特色的同时,接纳并融入多元文化。

数智赋能下,创作活动不再受限于物理空间或个体界限,而是通过网络将不同地域、不同专长的创作者联结起来,形成一个协同工作的网络。在这个网络中,每个人或每种技术都扮演着不可或缺的角色,共同推动创作进程。特别是在人机协作的场景下,算法设计者通过编程赋予智能系统特定的创作逻辑与学习能力,系统基于大量数据学习并生成新的内容,而人类创作者则提供创意种子、情感导向、审美标准及对内容的筛选与修订。技术支持人员确保平台的稳定运行、优化创作工具,也是这一生态系统的组成部分。

这种转变让"作者"身份超越了个体属性,成为集体智慧的结晶。人类的灵感、情感和审美判断是创意的源泉,为创作提供方向性和深度,使作品能够触动人心,承载文化价值与时代精神。智能系统的算法逻辑与大数据分析能力也带来了前所未有的创造力与效率。在这样的创作生态系统中,作品的最终形态是各方力量相互作用的结果。人类与机器的合作,不是简单地叠加,而是深度融合。人类的主观意图指导着创作的方向,机器的学习能力则在既有框架内探索无限可能,两者间的反馈循环不断推动作品向更深层次演化。比如,一位艺术家提供一个大致的构想,智能系统根据这个构想生成一系列视觉元素,艺术家再从中选择、调整,甚至受到启发产生新的创意,此过程循环往复,直至作品成型。

人机共创的文化创作场景下的作者身份,是集体创造力的集中体现,这要求人们重新审视创作的归属问题,建立更为包容与灵活的版权和认可体系,以适应新的创作现状,促进艺术与科技的和谐共生。

在人机协作的语境下,原创性概念的边界被极大地拓宽,它不再仅仅指涉那些完全源自人类独立思维的创新,而是涵盖人类智慧与机器智能深度互动所产生的新颖成果。合作模式下的作品往往蕴含了人类的直觉、情感与机器的精准运算、大规模数据处理能力的独特融合,它们共同推动了对艺术与科学边界的探索,开辟了前所未有的创作领域。

五、自然与人工界限的再思考:数字技术与设计边界的重塑

生成式智能技术对文化创作与艺术再生领域的革新体现为一场深刻的认知与实践革命,这场革命超越了传统意义上的人类中心论,倡导一种人与机器智能深度协同的新型创造模式,重构了创造力的本质与边界。

首先,生成式智能通过深度学习与模式识别能力,能够解析、吸收并模拟人类历史上积累的丰富文化资源,从而打破个体经验与时代限制,实现对传统文化的精准提取与超前诠释。它加速了文化遗产的数字化保存与传播,并且通过算法生成前所未有的艺术表现形式,为传统文化的现代表达提供了无限可能,

实现了从"再现"到"创生"的飞跃。其次,生成式智能的介入挑战了传统的创作主体观念,倡导了一种"分布式创意"模式——人类创意者与智能系统共同构成创作网络,各自贡献独特的视角与能力。人类的直觉、情感、伦理考量与机器的高效运算、大规模数据处理能力相结合,开辟了艺术创新的多元路径,丰富了艺术的表现手法和叙事维度,促进了艺术语言的迭代升级,推动艺术进入一个更加开放和多元的共生时代。此外,个性化生成内容技术能够根据每个接收者的偏好定制艺术体验,从而实现艺术欣赏的深度个性化和交互性,增强观众的沉浸感与参与度。

总之,在后人类视角下,生成式智能技术不仅是文化传承与艺术创新的工具,更是推动文化生产范式转型的关键力量。在智能共生框架下,文化身份的建构与艺术边界的拓展,共同塑造了一个充满活力与可能性的未来文化图景。在人机共创的文化创作场景中,传统的"作者"概念经历了深刻的变革,变化的核心在于从个体创造转向集体智慧的集成。以往人们习惯于将创作归功于单一的艺术家或作家,然而在大数据时代,尤其是随着人工智能技术的迅猛发展,创作过程变得日益复杂,参与主体更加多元化,创作边界不断拓展。

第六节　数智设计的适老化

一、数智交互系统隐喻适老化设计

(一)数智交互界面图形隐喻适老化设计

老年用户随着身体机能的衰退,认知系统可能会出现一些障碍,加之对计算机系统使用经验的匮乏,易出现无法理解系统文字语义、无法识别交互图形等认知问题。在面向老年用户的设计中,基于据已有经验的认知框架来把握本体的属性和特点,可以帮助老年用户以一种更容易理解的方式访问并与显示器交互。

文字隐喻和图形隐喻是隐喻的不同表现形式,文字隐喻由预示同一性的语法结构产生,图形隐喻则借助表明同一性的图像或视觉策略,其本质都是借助一种事物来认识和体验当前的事物。在设计中,设计师通过文字隐喻、图形隐喻等设计手法,将设计元素与生活元素建立记忆联系,便于用户记忆与理解。图标已经成为应用程序设计中不可或缺的一部分,其图形大小和文本大小影响着应用程序的可用性,特别是对老年用户来说,他们的视力有所下降,认知能力有所减弱,对图标和文本大小有着特殊的需求。过大的图标和文本可能会占用过多屏幕空间,影响界面的美观性和信息的展示效率;而过小的图标和文本则可能导致老年用户难以识别和点击。

我们要研究不同的象形文字和文本大小组合对老年人的阅读体验和视觉搜索性能的影响,探索适合老年人的文本和图标大小的组合,分析两者对老年人视觉搜索表现的影响,确定图标与文本的视觉优先级①。

操作型功能引导用户在系统中通过动作来获取信息,将动作以图形形式展现会较为抽象复杂,老年用户在认知加工过程中有一定难度。在系统中使用关系相似隐喻表征操作型功能,使一些烦琐并难以理解的操作行为变得易懂和生活化,降低老年用户的认知加工难度,便于老年用户理解和感知。

认知型功能旨在向用户传递信息,帮助用户理解事物概念,将事物以图形形式展现时,老年用户的信息加工效率较高。在系统中使用外观相似隐喻表征认知型功能,能使老年用户在短时间内更准确地完成操作和互动。

(二)数字交互界面图形与文字隐喻适老化设计

文字隐喻包含本体和喻体,两者处于不同的认知域,并基于某种相似性而相互产生联系,其修辞结构的本质就是跨域映射。喻体为源域的另一种表达,通常指用户已有认知中熟悉且具体的概念,比如日常生活中熟悉的各种物品。本体为目标域,指的是用户相对陌生、未知或比较抽象的概念。如在"家是温暖的港湾"这一隐喻表达中,喻体是"港湾",本体是"家",用"港湾"这个具体的概念表达"家"这个抽象概念。文字类型中本义是指文字的原初含义,就是句子的字面含义,例如"平遥是古城"就是一句本义句,而"灯塔是方向"则是一个隐喻句。在这个隐喻句中,"灯塔"是句子要描述的对象,是本体;"方向"是用来描述

① Lu, G & Hou, G. Effects of semantic congruence on sign identification: An ERP study[J]. Human Factors, 2020(5):800-811.

本体的,是喻体。将文字本义和隐喻运用在界面设计中,如"墙纸"的本义是指用于裱糊墙面的室内装修材料,具有装饰作用,设计师将界面中"装饰界面视觉美感"的功能通过文字隐喻为"墙纸",和现实生活中用户熟悉的墙纸本义存在较强的关联性,方便用户理解和记忆。在"文件助手"功能命名中,"助手"的本义指可以帮助别人的人,设计师将系统中的文件夹标签为"文件助手",期望"助手"功能可以在用户整理文件时提供助力,通过隐喻表达给用户提供帮助。

随着年龄的增长,老年用户的文字理解能力逐渐衰退,因此探究适合老年用户的文字类型尤为重要。隐喻有助于促进老年用户思考,使其更容易理解文字所传递的信息。已有研究表明,大脑对不同文字类型的加工过程是不同的。文字隐喻既是一种语言修饰,也是老年用户理解新事物、新概念的重要方法,有助于向老年用户解释新现象或帮助他们理解复杂或抽象概念。操作型功能下适用隐喻文字表征概念,此时老年用户认知加工难度低。认知型功能下适用本义表征概念,此时老年用户信息加工效率高。两种文字类型在不同功能类型下相互匹配,帮助老年用户更好地理解内容。

操作型适用于隐喻认知加工,其加工难度较低。操作型功能所指代的是具体操作,如"复制""上传文件"等,将操作动作以文字形式展现,会显得较为抽象。隐喻作为一种基本的认知手段,使老年用户能够将抽象的或相对非结构化的概念理解为一个更为具体的或高度组织化的概念。操作型功能相对于认知型功能而言,不是一个具体的事物,而是一个抽象的概念。

认知型适用于本义信息加工,其效率较高。认知型功能所指代的对象表示某种事物或概念,如"商城""人工"等,将认知概念以文字形式展现得较为具象。本义文字直接呈现字面意思,而隐喻的理解需要在字面意义理解的基础上对隐喻意义进行理解和再加工。

(三)数字交互图标隐喻设计的语义一致性测量

在图标设计中,隐喻设计指设计师将所要表达的信息通过图形编码,用户以图形为线索进行解码,获取设计师所传递的语义信息。图标的隐喻类型深刻影响着用户对图标的理解。因此,探索用户如何理解隐喻、图标隐喻如何影响用户理解图标十分重要。图标设计师通过图形隐喻传递复杂、抽象的图标语义,其中图标象形图是始源域,映射为目标域的语义。图标借助象形图(始源域)与语义(目标域)之间的固定关联,建立隐喻映射关系,以视觉化方式编码图标语义,提高用户的交互效率。

图标中的隐喻可分为感知隐喻、概念隐喻和代表隐喻。感知隐喻主要通过象形图与图标语义的感知特征相似性来构建隐喻映射关系,包括颜色、轮廓、纹理等视觉感知特征。如使用抽象简化的手电筒图案作为手电筒图标,主要涉及轮廓比对等感知加工。概念隐喻主要通过象形图与图标语义概念特征上的相似构建隐喻关系。概念特征是人们通过学习和思考形成的对事物的理解与总结,是事物的语义特征。该类图标的认知以概念加工为主,如使用闪电图案作为快速充电的图标。代表隐喻将图标语义中的代表性操作(认知)行为或对象作为构成象形图的依据,如使用餐具作为美食图标。

概念隐喻类图标的构建依赖于象形图与图标语义在概念上的相似,由概念驱动的认知加工过程具有更深的认知加工深度,因此用户对语义匹配的判断反应时间长于感知隐喻类图标。代表隐喻类图标较为特殊,一方面,其依赖于用户对代表性事物与图标语义之间的联想关联,需要调动较多的认知资源;另一方面,其语义抽象程度更高,一定程度上影响了图标的认知与识别速度。因此,代表隐喻类图标的理解速度最慢。在语义匹配情况下,感知隐喻类图标有着最高的判别准确率,其次是概念隐喻类图标与代表隐喻类图标。而在语义不匹配的情况下,不同隐喻类别之间的判别准确率无明显差异,这表明语义匹配关系对不同图标隐喻下的语义判别准确率具有调节作用[1]。

二、图形与文字数智适老化设计

(一)数智交互界面中的文字字号、间距适老化设计

认知负荷理论建立在对注意和工作记忆的研究基础上。手机应用的快速发展,导致了老年人打车难、春运购票难、公交卡充值难等一系列社会问题,部分原因是界面交互复杂导致认知负荷超载,迫使老年人放弃学习和使用手机App。在外部因素方面,文字字号、间距、界面布局、在线帮助、加载时间、图案

---

① Hou, G & Yang, J. Measuring and examining traffic sign comprehension with event－related potentials[J]. Cognition, Technology & Work, 2021(3):497-506.

背景等都会对阅读体验产生影响①。

在理论层面，基于文献研究，研究者们选取了适用于阅读体验的测量维度，运用认知负荷的测量指标，通过控制实验，发现认知负荷与阅读体验具有显著的负相关性，阐明了字号、间距的变化对阅读体验、认知负荷的影响趋势，分别从可用性、舒适度、阅读时间等三个方面，探讨了适合老年人阅读的字号、间距的合理取值范围，为无障碍交互提供了理论基础。理论研究发现，首先，认知负荷应适当控制在合理水平，保持认知负荷既不高也不低，才能提升老年人的数字阅读体验。其次，字号、间距对认知负荷、用户体验的影响是不同的，应区别对待。当字号增大，认知负荷降低，阅读体验会有所提升，但随着字号的不断增大，认知负荷降低与阅读体验提升的趋势都明显减缓。字间距增大尽管降低了认知负荷，但会降低阅读体验，因此在实践中，字间距的增幅不宜过大。

在实践层面，研究者通过实验提出了适合中老年人数字阅读的文字设计最优组合：字号为 17 磅，字间距增加 0.5 磅，行间距是单倍间距的 1.2 倍。在不同阅读环境中，根据老年人对可用性、舒适度和阅读时间的需求，选取合理的字号、间距，例如说明书设计侧重可用性，推荐选择字号 20 磅，字间距增加 0.5 磅，采用 1.0 倍行间距。

（二）数智交互界面图标尺寸与文字适老化设计

随着移动互联网的普及，越来越多的中国老年人成为智能手机的用户。数字化移动阅读已经渐渐走进老年人的生活。但是目前移动阅读 App 的界面设计主要以认知行为能力和视觉能力正常的年轻人为设计对象，极少考虑老年人群体的特殊使用需求，导致老年用户体验较差。

加强移动阅读 App 界面的适老性设计，提升老龄用户的用户体验，变得日益重要。图标作为移动阅读 App 交互界面的重要元素，直接影响界面的可用性和易用性。不合理的图标设计会导致老龄用户在使用移动阅读 App 的过程中产生图标理解障碍，降低操作效率。因此，针对图标，对影响老龄用户视觉搜索绩效的相关因素展开研究，以提高其搜索效率，具有积极意义。

---

① 侯冠华，宁维宁，董华. 字号、间距影响数字阅读体验的年龄差异研究［J］. 图书馆，2018（8）：97-102.

图标大小和熟悉度对于老龄用户的视觉搜索绩效和舒适度都有不同程度的影响①。图标大小是视觉搜索中引起视觉注意的关键因素，对于老年人来说，较大的图标能够便于他们快速搜索和判断。此外，熟悉的大图标能显著提高老年人使用手机 App 的视觉搜索效率，而图标越小、越不熟悉，越容易使老年人的视觉搜索效率降低，并使其产生畏难情绪。因此，设计师在对老年人的手机 App 界面进行设计时，应该采用较大的、老年人熟悉的图标。同时为了提高设计的适老性，在通用的手机 App 界面设计中，设计师应该适当增大图标的尺寸，同时采用熟悉的图标样式。但是一味地增大图标并没有意义，72×72px 的图标已经足够满足老龄用户的视觉搜索需求。

(三)数智交互界面适老化设计

近年来，老年人信息行为呈现逐年递增的趋势。数字界面是用户与信息系统交流的通道，良好的数字信息界面设计能提升老年人的信息行为体验，增强老年人持续开展信息行为的意愿。界面布局是信息组织呈现的基本要素，其清晰性、美观性、合理性对信息呈现和识别非常重要。针对老年人的数字信息界面设计，应注重界面布局的简洁性和直观性。可以通过使用大号字体、清晰的图标和直观的操作流程，来降低使用难度。同时，保持界面信息的一致性和连贯性，避免信息过载或混乱，也有助于老年人更好地理解和使用数字界面。此外，美观的界面设计不仅能提升老年人的使用体验，还能激发其对数字技术的兴趣和热情。

信息检索是用户与信息系统交互的过程，"以用户为中心"的理念正在成为信息检索交互研究的主流。将用户认知特点纳入信息行为研究的重要性不言而喻，在信息检索交互过程中，界面布局会影响老年人的注意力分配。良好的界面布局会促进老年人的信息检索。在无图界面中，信息检索的速度最快，但信息检索的体验最差。在有图界面中，虽然信息的呈现更为丰富，但过多的视觉元素也可能导致老年人的注意力分散，进而影响信息检索的效率。因此，设计者需要权衡信息呈现丰富度与界面简洁性的关系，以优化老年人的信息检索

---

① Hou, G, Dong, H, Ning, W. et al. Larger Chinese text spacing and size: Effects on older users' experience[J]. Ageing & Society, 2020(2): 389-411.

体验。

关于老年人信息检索时间长短,需要从两方面进行深入讨论。一方面,设计师应关注数字界面的友好性,简化导航结构,降低认知负荷,以减少老年人在信息检索过程中的压力。例如,通过合理的布局、清晰的标识和直观的交互方式,帮助老年人快速找到所需信息,减少不必要的操作步骤和时间消耗。另一方面,虽然老年人在生活中拥有较多的闲暇时间,但这并不意味着他们可以无限制地在信息检索上花费时间。因此,在界面设计中,还需考虑如何在保证信息检索效率的同时,提升老年人的使用体验,如通过增加趣味性、互动性等方式,让信息检索过程变得更加轻松愉快。

三、数智科技的老年人接受度

(一)提升用户体验:促进老年人持续使用数智科技产品

大量移动数字交互 App 的开发为老年人开展数字交互活动提供了重要渠道[1]。如今日头条、网易云阅读等阅读软件,通过大数据分析老年用户的阅读偏好,提供定制信息推送、好友分享等服务。然而,用户的信息行为既受社会信息环境的制约,也受个体的信息意识、能力及认知心理因素的影响。此外,信息服务平台的有用性、易用性、信息质量及用户体验,都是影响用户接受和持续使用移动网络信息的重要因素。数字交互内容质量参差不齐、软件设计的包容性差、操作复杂等用户体验问题,可能会对老年人持续开展信息行为的意愿产生影响。

愉悦的体验是提升老年人对信息产品的期待度的直接因素[2]。为了增强老年人对信息产品的期待,应从内容质量、信息质量、系统质量和界面质量四个方面入手,提升他们的使用体验。在内容质量方面,需要确保信息的准确性、丰富性和实用性,以满足老年人获取信息和知识的需求。在信息质量方面,需要注

① Hou, G, Anicetus, U & He, J. How to design font size for older adults: A systematic literature review with a mobile device[J]. Frontiers in Psychology, 2022(13):931646.

② Hou, G & Lu, G. Semantic processing and emotional evaluation in the traffic sign understanding process: Evidence from an event-related potential study[J]. Transportation Research Part F: Traffic Psychology and Behaviour, 2018(59):236-243.

重信息的时效性、清晰度和易懂性，让老年人能够轻松理解并吸收信息。在系统质量方面，需要保证系统的稳定性、安全性和易用性，以减少老年人使用过程中的困扰和风险。在界面质量方面，要设计简洁明了的界面布局、直观易用的操作方式和符合老年人审美偏好的色彩搭配，以提升他们的使用愉悦感和满意度。

现实中，虚假信息、谣言等在信息系统中传播速度快，老年人容易上当受骗，从而降低了他们对持续开展信息行为的意愿，因此确保信息系统内容可靠、权威至关重要。功能性信息设计是否清晰，系统是否会提示如何操作，对老年人能否学会操作、熟练使用信息系统有着重要作用。此外，美观的界面能带给老年人愉悦的阅读体验。良好的阅读体验意味着老年人的信息需求得到了满足，信息系统操作没有障碍，以及自我效能有所提升，有助于老年人对信息系统有用性的感知。自我效能是指老年人对使用信息产品的自信心。在实践中，信息产品开发应以提高内容质量为首要目标，在保证内容质量的前提下，通过设计优化信息系统的信息质量和系统质量，帮助老年人轻松地学会使用信息产品，提升他们的自我效能。在设计信息产品时，充分考虑老年人的认知特点，精减操作流程，有助于提升他们对产品有用性的感知。

除此之外，老年人身体机能下降，退休后参与社会活动的机会减少，但他们仍有强烈的社会参与意愿，信息产品为他们提供了便捷的途径，满足了他们参与社会活动的需求。研究表明，感知有用性和满意度在数字阅读体验和持续行为意向之间起到了完全中介的作用。老年人的数字阅读体验对持续使用行为有多方面的影响。首先，数字阅读体验会显著正向影响期望确认程度，即提升体验有利于他们对产品预期的确认和对有用性的感知，从而提高持续使用意愿。其次，数字阅读体验直接影响感知的有用性，进而影响持续使用意愿。最后，数字阅读体验显著正向影响满意度，好的用户体验有助于提升满意度，而满意度又显著正向影响老年人的持续使用行为。因此，用户体验设计应确保老年人能顺利使用产品，在信息平台中实现与社会的交互，通过满足信息需求提升满意度，从而提升持续使用意愿。

（二）叙事与临场感：老年人对 AI 智能科技产品的接受意愿

智能健康代理 App 通过倾听与沟通的方式与用户建立牢固的医患关系，然而现有的研究大多关注技术专业能力对用户接受度的影响,忽略了健康代理的医患关系属性。叙事医学是指具有识别、吸收、解释并被其故事感动的叙事能力的医学实践。具有叙事能力的医生不仅能倾听患者的故事,还能引导患者讲述患病的过程,从而更好地了解患者的状况,做出准确的诊断①。

良好的医患关系属性有助于提升老年人对智能健康代理的使用意愿,感知医学叙事、就医临场感和主观规范是三个与建立医患关系相关的因素。就医临场感能为老年人带来良好的健康咨询体验,沉浸在良好体验中的老年人能逐渐建立起对智能健康代理的信任。社交临场感会影响用户的信任,这可能是因为具有更高社会临场感的智能健康代理能在沟通中带来更多的社交线索,包括语言、听觉、视觉线索和不可见线索(如等待时间)。缺少社交线索的交流更容易掩盖不诚实的行为。反之,更多的社交线索会让老年人认为整个健康咨询过程是透明的,从而信任智能健康代理。能带来高就医临场感的智能健康代理表现出的行为更容易符合老年人的预期,使其感知到智能健康代理的有用性。就医临场感并非影响使用意愿的直接因素,其重要性在于能让老年人更加信任智能健康代理,建立牢固的医患关系,并沉浸在健康咨询的体验中。

叙事医学的理论可以解释感知医学叙事与感知易感性之间的联系。在健康咨询中,表现出更强叙事医学能力的智能健康代理会让老年人觉得它更容易使用。在实际的医疗诊断过程中,医生更愿意相信自己的专业经验和检查报告,而较少回应患者讲述的内容。所以,患者经常感觉医生并没有真正理解自己。具有叙事特征的智能健康代理能倾听老年人的疾病故事,鼓励老年人讲述,让老年人感受到被倾听。智能健康代理在倾听与沟通中能表现出对老年人的同理心,让老年人感觉自己是被理解的。老年人不需要耗费太多精力去解释、重复自己的病情,因此会感觉智能健康代理是易于使用的。

使用智能健康代理时,主要有两个占用老年人认知资源的过程,一是老年人不断向代理提供信息,二是老年人理解代理反馈的信息。因此,老年人对智能健康代理的感知易用性来自这两个方面。当老年人感觉既不需要花费太多

① Hou, G, Li, X & Wang, H. How to improve older adults' trust and intentions to use virtual health agents: An extended technology acceptance model [J]. Humanities and Social Sciences Communications,2024(1):1-11.

力气讲述自己的病情,又能理解智能健康代理提供的健康信息时,就会认同自己与智能健康代理的医患关系,从而建立信任感。

　　感知有用性直接影响老年人的使用意愿,提升有用性是让老年人接受智能健康代理的关键因素,但是仅仅提高智能健康代理提供信息的准确性并不足以增强老年人与代理的情感联系。老年人关注智能健康代理的有用性,智能健康代理能否带来如预期一样有用的信息是他们使用代理沟通的主要目的。另外,老年人不像年轻人一样熟悉新兴技术,所以更加关注自己是否能学会使用智能健康代理。如果老年人能迅速掌握这项技术,那么他们会对技术产生情感共鸣,并通过与智能健康代理的沟通,建立牢固的医患关系。

第七节　本章小结

　　在对数智化设计进行艺术审视时,不可避免地要跨越传统的审美边界,步入一个由数据驱动智能创新的新纪元,探寻新兴技术领域如何在技术洪流中重新界定存在与本质、真实与显现的关系。在大数据与人工智能时代的设计实践中,软件、算法成为新型的"器具",不仅服务于创作过程,其本身也成了艺术表达的一部分,蕴含着创作者的思想与情感。因此,我们不仅要关注图像的表面内容,更要深入探究其背后的技术逻辑、文化编码和社会影响。智能"器具"超越了单纯的实用功能,成为开启新感知维度的钥匙,引导人们反思人与技术、自然与文化之间的微妙平衡。数智化设计作为技术与创意的交汇地带,不仅是文化生产与社会变迁的镜像,更是技术进步的展示窗口。在数智艺术中,图像不再单纯是静态的视觉记录,而是通过算法生成、交互体验、虚拟现实等手段,成为动态的、可参与的,甚至具有智能属性的内容体。

　　在数智化设计的领域,艺术不再是孤立的物体或纯粹的视觉表现,而是一种动态的过程,是技术、创意与人类意识相互作用的场域。算法生成的图像或人机交互的过程,都是存在显化的例证,体现了技术时代艺术的本质,即在数字化的世界图像中,寻找和表达存在的真谛。数智艺术作为技术与艺术交融的前沿,挑战了关于真实的固有认知,正如海德格尔所言,"真理的发生方式是去蔽",在数智艺术的创作过程中,艺术家与智能系统共同揭示了隐藏于数据之下的新现实,让不可见变为可见。作品不再是对现实存在物品的再现或模仿,而且是通过技术手段创造出前所未有的感知体验,以直面技术时代存在的多维面貌。数智作品往往是虚实交融的产物,它们创造的不仅是视觉上的新奇体验,更是对现实世界的再想象与重构。通过算法生成的无限可能性,数智化设计展现了超越物理限制的虚构世界,同时又深刻地反映并影响着人们的现实经验,比如数智适老化设计理念不仅丰富了数智化艺术设计的内涵,也为技术的未来发展注入更多的人文温度与社会责任感。

第八章　大数据牵引下技术异化的服饰设计伦理反思

本章将技术伦理作为工具与方法引入大数据服饰设计的价值判断中,通过对该领域伦理维度的细致审视和剖析,旨在揭露大数据技术在服饰产业全链路中所隐藏的技术伦理挑战和潜在的道德物化风险,进一步探究这些技术伦理危机产生的根本原因及其具体表现形式,以求在服饰设计伦理及设计价值判断等理论研究领域去粗取精,并为服饰产业的生态发展提供切实可行的应对策略,推动大数据在服饰设计领域的健康、可持续应用。

第一节 大数据牵引下的技术哲学和设计伦理研究

一、大数据牵引下的设计和技术伦理研究

由于大数据技术在服饰电商、直播电商、跨境电商和人工智能设计模式等领域的应用日益广泛,为行业带来了显著的创新和效益,且大数据牵引下服饰设计的技术伦理问题研究具有交叉学科属性,故本章对大数据服饰设计模式的伦理审视主要从设计伦理和技术伦理两个理论视角展开,已有的相关研究的研究主题和内容如表8-1所示。

表 8-1　设计伦理和技术伦理相关研究

研究主题	研究内容和视角	代表学者
设计伦理学的提出和初步理论基础的奠定	明确设计伦理的概念及基本的伦理视角和思想开端	帕帕奈克[246]、马克思[247]
设计伦理的学科体系构建和理论发展的研究	确定并完善设计伦理学的学科分类,以及多主体视角在研究方向上的展开	李砚祖[248]、陈宇虹[249]、赵江洪[250]、席卫权[251]
大数据技术带来的隐私伦理问题的研究	大数据技术下的隐私权的特点、分类和具体可供应用的技术功能	薛孚 等[252]、邱仁宗 等[253]、Helbing 等[254]、唐凯麟等[255]
大数据技术带来的异化伦理问题的研究	大数据技术异化的现象和对人的主体危机的揭示	安宝洋[256]、胡子祥等[257]、黄欣荣[258]

（一）设计伦理研究

美国设计理论学家维克多·帕帕奈克[246]首次明确提出了设计伦理性的概念,并在《为真实的世界设计》(1971)一书中,明确提出设计具有伦理学属性的观点。此后,诸多国外学者从各个视角出发对设计伦理学进行了探究和论述。同时,马克思[247]的劳动异化思想(1844)在马克思主义社会经济学和哲学的基础上,为马克思主义设计伦理学的研究带来新的思想基础,开辟了崭新的研究视野和空间。

21 世纪以来,国内外设计学家和理论研究者在设计伦理领域进行深耕,不断探索新的研究方法和研究视野。例如,学者李砚祖[248]编写的《设计之仁——对设计伦理观的反思》、陈宇虹[249]的《设计造就道德》、赵江洪[250]的《设计的生命底线——设计伦理》、席卫权[251]的《设计伦理及教育问题之辩》等,都从多元化视角对世界及我国的设计伦理问题展开了深入的研究。

在目前的服饰设计研究领域,虽然存在不少因相关科学技术发展而引发设计模式改变的研究个案,但并没有建立起科学的研究体系。国内关于科技伦理背景下设计模式的研究也处于发展状态,几乎都围绕经典设计方法论而开展材料研究和科技试验,具有一定的学科局限性。因此,将技术伦理的相关理论作为研究工具和方法引入现代服饰的设计和应用中,具有超学科协同发展的创新性研究价值。

（二）技术伦理研究

大数据技术的渗透力已深刻触及并重塑着人类日常生活的每个细节。它是对事物间微妙联系的探索，同时也代表着对实现精准预测和个性化服务的坚定追求。大数据技术为现代设计带来了前所未有的创新风暴，颠覆了传统产品设计的陈旧思维模式，注入了多元化的创新活力。然而，在当下的服饰设计领域中，大数据技术的应用面临着严峻的挑战，其中，由大数据技术应用衍生的异化和伦理问题尤为突出，需要深入思考和审慎应对。

薛孚等[252]从大数据时代与旧数据时代的隐私权差异进行分析，就大数据技术中的隐私权问题展开阐述。根据隐私权问题的具体类型，邱仁宗等[253]界定了三种不同的隐私权：躯体、空间和信息。Helbing 等[254]认为，现代社会必然需要信息隐私才能发展，一旦没有了信息隐私权、安全性、多样化、文化多元化等因素，人们的基本权利将陷入危机。大数据技术下的隐私权在很大程度上区别于传统意义上的个人隐私权，技术本身及其应用的复杂性使大数据背景下的隐私权问题更加复杂。唐凯麟等[255]也从主体视角对隐私问题展开了研究。在大数据分析技术所引发的个人隐私权与伦理问题探究方面，胡子祥等[257]从主体意愿入手，对个人隐私权问题做出了定义。黄欣荣[258]从大数据技术的抓取、使用、过滤三个角度入手，就隐私保护问题进行了讨论。

在大数据技术所产生的异化与伦理问题研究方面，学界虽然关于"异化"的探讨尚有争论，但在既有研究中，许多学者运用异化理论来阐释这一现象——在人类自主发展科技的进程中，为实现推动自我及社会发展的大数据技术等技术工具转变为"异己"力量，转而压制人类自由意志和自我发展。目前有关大数据设计异化的理论研究，主要有信息异化、唯数据主义、大数据独裁等研究方向，安宝洋[256]曾针对互联网时代的数据安全问题，指出信息异化现象。

（三）技术具身研究

从潮流趋势主导的风向标指南到大数据算法下的"千人千面"时代，再经由以人工智能技术为核心推动下的"群智"设计时代，新兴技术的层层突破促使人类的设计模式和传播模式革故鼎新。Web 3.0 的兴起标志着一种全新的技术范式与互联网景观，若以关键词概括，Web 1.0 和 Web 2.0 分别强调"网络化"和"数字化"，而 Web 3.0 则着重强调"智能化"[259]。最初，"人工智能"是指"利用智能设备来开发相关程序，从而延伸和扩展人类智能的技术"。与人工智能同样作为前沿科技产物，大数据技术和算法程序共同塑造新环境下的产业模式，重新构建人、技术和社会三者的联结结构和交互模式。算法社会是一个以算法决策为主导、广泛应用机器人技术与人工智能的社会。在这个社会中，算法逻辑成为核心组织结构，推动整个社会的运转，不仅普遍采纳算法程序进行决策，更依赖于这些智能化技术来维系其日常运作[260]。得益于大数据技术的持续迭代，大数据算法已深入当今服饰行业的基层生态，消费用户根据各项指数选择热门单品，设计师根据数据大屏对当季服饰品类进行销售分析，并根据模拟趋势制定下一季度的计划。在产业园区层面，算法程序也不断深入管理系统，以其精准性和及时性的优势智能管理工作流程。技术的深耕植入使服饰产业的数字化进程由数据的细碎采集向程序的整体协同迈进，大数据算法凭借其对技术手段的颠覆性改革，广泛渗透至设计师和消费用户的工作和生活，对于技术及受其影响的产业变迁，正是如今学术界聚焦的核心议题。

大数据算法最初是计算机领域为应对特定难题或实现特定目标而专门设计的程序，旨在通过处理和分析海量数据，提供高效的解决方案和有效手段。在服饰时尚领域，基于大数据技术的智能算法的趋势预估被广泛应用于设计师的工作流程。得益于大数据的高速运转效率和精确匹配数据的能力，传统设计师自主观念下的选择权和决策权受到技术的影响。站在消费平台的角度，大数据算法应用下的商品推荐机制已经成为主流的商品分发方式。对于消费用户来说，大数据技术下的推荐机制使用户得以享受互联网生态个性化的定制推送服务，由技术驱动的数字文本构成了 Web 3.0 时代用户感知、认知及理解时尚的主要途径。因此，从这个角度观察技术，大数据算法此时充当着"中介"的角色，有效地连接了人与外界的感通路径。

在技术哲学领域，人、技术和世界之间的交互结构一直是学术研讨的焦点。值得注意的是，后现象学学者唐·伊德在胡塞尔的现象学基础上，进一步追溯梅洛-庞蒂的身体现象学和海德格尔的技术观念，并吸纳了美国实用主义哲学思想，将技术现象学的研究焦点拓展至探讨人和技术如何相互塑造、彼此通达的关系理论。从人与大数据相互作用的视角出发，技术被界定为人与世界的联系的中间项，即人与世界的关系始终以技术为中介，同时阐释人与技术之间存在的四种基本关系,分别为具身关系、解释关系、他异关系和背景关系。伊德颇具识见地指出,前三种关系共同构成了一个处于技术前景的连续统一体。此体系的两个向度中,既存在着使技术与个体紧密相连、融为一体的具身关系,也存在将技术作为独立实体的他异关系,而介于这两者之间的便是技术作为特殊情景的解释关系。与此同时,背景关系与前景中的三种关系形成鲜明对比,通常指技术与环境的关系。

二、大数据牵引下服饰设计伦理审视研究

在梳理设计与技术伦理的联结基础上,进一步探讨大数据服饰设计的伦理审视及其理论基础是重要且必要的。对于大数据服饰设计应用而言,其技术本身就具有一定的复杂性,这使它在具体应用过程中会产生复杂且多样的伦理问题和矛盾,需要理论的基础支撑。因此,面对大数据应用于服饰设计的伦理问题研究,首先需要提出伦理审视的理论参考。

在深入探讨大数据在服饰设计领域的运用时,不仅要将其视为一个前沿技术问题,更要视其为一项涉及伦理道德的考量。这一应用区别于其他领域,其因独特的人、物与环境等要素,构建了大数据服饰设计的伦理基石,并衍生出一系列与之相关的基本伦理观念。深入探索技术在服饰设计中的内在精髓,一方面需要认识到其贯穿于整个设计流程的方方面面;另一方面需要明确,理解其独特价值的关键是清晰界定大数据技术在服饰设计中所展现的特异性,因此对大数据服饰设计的应用进行伦理层面的研究显得尤为必要。本部分将围绕技术伦理的基础理论、马克思技术批判思想及现代服饰设计的伦理内涵,对大数据牵引下服饰设计应用中的伦理问题展开全面而深入的探讨,旨在为这一领域的未来发展提供坚实的理论支撑和伦理指导。

（一）服饰设计的伦理理论

服饰设计是技术和艺术的呈现,更是一种深植于"以人为本"理念的创造性活动。因此,当大数据技术与服饰设计相结合时,其承载的人文精神自然而然地聚焦于"以人为本"的核心。这一核心不仅体现着服饰设计伦理的精髓,更是其最本质的展现。在此背景下,大数据在服饰设计中的应用不仅要对技术伦理给予充分的关注,更需对服饰设计伦理给予高度重视。技术伦理确保了数据应

用的合规性和高效性,而服饰设计伦理则确保了整个设计过程能够真正符合人的需求、尊重人的体验、体现人的价值。

在大数据服饰设计应用中,设计师应自觉接受并遵循服饰设计伦理的规范,这是对技术的尊重,也是对人文精神的坚守。这种坚守不仅构成了大数据服饰设计应用的人文立场,更是其价值追求的基础,能够引领服饰设计向着更加人性化、更加尊重人的方向发展。

(二)服饰设计的伦理意蕴

设计源于人类生活需求,始终围绕着人类的生活方式,服务并影响人类。设计物原为实用而创造,深入生活各领域,具有多重属性。如鼎,从食器演变为礼器,象征着权威,反映出人际关系与人类伦理关系的变迁。由此可见,设计作为一门艺术学科,其精髓不仅在于物质层面的技术运用,更在于深刻反映了人的情感、精神及价值观。在日常生活中,不同的环境对设计提出了多样化的要求,而设计本身也激发着人们对日常生活的深入反思,这些思考的成果和精华构成设计伦理研究的核心议题。

设计伦理从思辨的角度出发,对设计中的复杂问题进行深入的反思,探讨设计背后的道德和经济属性,审视设计在个人利益与社会利益之间的平衡,并提出具有实际意义的建议。设计伦理基于一般伦理学的逻辑起点,从丰富的设计伦理现象中提炼出合理的判断,构建起设计伦理学的理论框架。它不仅有助于设计师增强道德感和责任感,还有利于建立一个正确、有效的价值评价体系,引导设计实践向更加健康、和谐的方向发展。设计伦理学与设计逻辑学、设计价值论、设计辩证法共同构成了设计哲学的完整体系,是设计科学形而上思维的体现,也是设计学科成熟的重要标志。

(三)服饰设计的伦理体现

当下,服饰设计已超越外观与材料的探讨,将核心转向体现产品的深层价值与意义。因此,设计伦理成为设计师关注的焦点,即强调设计不仅是作为装饰,更旨在推动社会进步,优秀的设计应赋予消费用户实用功能并有益于社会。在现代服饰设计中,应注重在设计全流程融入设计伦理思考,以服务于人类和社会。同时,设计师需审视产品与消费用户、社会、环境之间的伦理关系,重视人性化与生态化,坚持"良心"设计。

　　设计不仅要满足不断变化的世界,更要投射"你是谁"和满足"你"的多样化的功能性需求。帕帕奈克曾提出一个问题:产品设计要追求更多的功能性,还是要使产品设计看上去更有美感？这强调了设计中人性化和生态性这两个方面[246]。因此,服饰设计需从功能出发,兼顾实用价值和伦理情感价值,并提升原材料的生态性。设计作为一种文化现象,是以人为对象的艺术活动,涉及工程技术、心理学、美学等,具有社会性、艺术性和经济性的多重交叉属性。在这样的设计认知下,服饰设计首先要有明确的目的,即怎么设计,怎样迎合服饰消费用户,如何使服饰更人性化,更贴近消费用户,进而促进消费。

　　现如今,许多消费用户在购买产品时为了得到中意且价格合理的产品,即使知道公司在设计生产过程中存在违背道德伦理的行为,例如大量聘用未成年人、使用不人道的加工手段处理动物皮毛、因新兴的化学染料而加剧破坏自然环境等,也往往会视而不见。然而,设计师处于服饰产业链中触及消费用户的核心位置,假如仅将自己归类为投资者的依附体,那服饰本身也将因此丧失其伦理本性,既不再为人类服务,也不再为社会服务,而单纯是商品营销和资本活动的工具。所以服饰设计师必须维持符合伦理道德的设计立场,不应堕落为一个只为赚钱而生的工具。亚当·斯密在《道德情操论》中指出:"当他人的幸福或苦痛在各个方面都取决于我们的行动时,我们恐怕不敢像自爱可以向自己暗示的一样,偏爱自己的权益更甚于一些人的利益。"[261] "人心"会影响人们的行动,即使是今天的"经济的人",他的心灵也会受到人们共有的同情心和怜悯心理的影响。服饰设计在道德伦理的基础上,也可理解为一种改变世界的手段,其目的就是让服饰消费用户在穿着过程中,不断增加幸福感指数与消费价值。占据设计师心智的,不仅仅是服饰设计的技术难度,还包含改造服饰产业中不合理状态的道义高度,并将这种社会良知和综合性思想融入服饰产品,所以,伦理道德高度在整个服饰设计行业中具有着关键性意义,是其发展的内部原动力,更是大数据时代服饰生态向智造阶段迈进的平衡指标。

三、大数据牵引下技术双重价值属性研究

(一)技术与伦理的辨证关系

　　大数据贯穿于数智时代服饰行业的设计流程,是设计行业、设计活动发展

和市场消费用户行为的产物。它反映出设计活动中的主客体关系、交互体系和运行模式等，是具体设计活动的反馈。因此，大数据也承载着一定的价值，与传统数据相比，大数据具有结构多样、种类丰富、更新迅捷、价值承载复杂全面的特点。从大数据的价值判断角度看，其承载的价值必然不仅包括积极性、正面性、肯定性的，也涵盖消极性、负面性和否定性的。

数据承载着多元化、丰富化和杂糅性的价值特性，也给大数据库设计的应用带来旧技术条件下未曾有过的挑战。在大数据库设计应用的主要过程中，选择什么样的价值导向、规避什么样的价值风险是一个不可回避的问题。因此，大数据设计应用下的伦理问题研究必须依靠相关技术伦理理论来分析和处理，这也为从技术哲学和伦理学的角度对大数据服饰设计的应用进行研究提供了出发点。

技术与伦理的关系可以从技术价值中立和技术负载价值两个论断来探讨。技术价值中立论主张技术本身超脱于伦理价值之外，纯粹作为工具存在，不附带任何价值判断。换言之，技术在其本质层面上不涉及价值倾向或价值负载。然而，技术负载价值论则持不同观点，它认为技术不仅是一个工具，更承载着社会功能，旨在服务人类，满足各种需求，并助力人类实现对自然、社会乃至自我的掌控。鉴于技术与价值之间的内在关联，技术负载价值论在伦理层面绝非中立的，它强调技术在设计、应用及影响中均蕴含着深刻的伦理意义。而技术伦理审视的立场是要认识技术负载的价值，基于此，大数据同样蕴含着丰富的伦理价值，不仅是数据处理与分析的工具，更是社会进步、人类发展的助推器，其背后所蕴含的伦理考量，值得我们深入探讨和重视。

（二）大数据的技术价值

大数据的技术价值体现在技术应用层面，如商业价值提升、决策支持优化、运营效率提升、创新驱动发展和社会治理改善等多个方面。大数据技术能够帮助企业进行精细化的市场分析和客户分类，从而制定更具针对性的营销策略和服务方案。通过对海量数据的深度挖掘，企业可以发现市场趋势、预测客户需求，进而优化产品设计和生产流程，提升竞争力。大数据作为一种准确、全面的数据支持，有助于企业做出更明智的决策。无论是产品定价、库存管理还是市场拓展，大数据都能为其提供有力的数据支撑，降低决策风险，提高决策效率，从而优化运营流程,提高管理效率。此外,企业通过合理利用大数据,也能优化供应链管理、物流配送等环节。

大数据作为创新驱动发展的重要引擎,能够推动产业开辟更多元化的商业模式和新增长点,推动产品和服务的完善与创新。同时,大数据也正在促进跨界融合和协同创新,为设计产业发展注入新的活力。除了产业层面的价值,大数据在政府和社会治理领域的应用也具有重要意义。将大数据应用于社会治理可以更加精准地因地制宜,优化资源配置、提高公共服务水平。显然,随着技术的发展和深入应用,大数据的价值将在产业和社会的多个层面进一步得到提升和完善。

(三) 大数据的伦理价值

技术的伦理价值在于,一方面为人类提供认知世界、改造世界的手段;另一方面也带来新的道德困境,即如何处理好技术与人之间的关系以及由此引发的伦理道德问题。技术始终是一种历史和社会的设计,大数据技术作为社会发展的表现形式,本身就承载着伦理价值,代表着社会、文化、政治和经济价值的结合,而不是毫无价值或价值中立的。因此,大数据技术在服饰设计中的应用容易出现很多由自身伦理价值所带来的问题——大数据服饰设计应用的主体可能会成为大数据的受害者而非受益者。要应对这些问题,就不能忽视大数据技术的伦理价值,也不能认为大数据技术具有绝对中立属性。

目前部分研究者认为大数据只能作为辅助设计的工具,而无法彻底改变设计模式。大数据本身并非设计中的重要影响因素,尽管这种影响力可能会随着时间而不断发生变化。因此,他们指出,一些研究人员仅关注大数据在设计中应用的积极方面,甚至过分夸大了其积极效应。这些持消极态度的研究者还认为,大数据在设计中的作用是有限的,即使有一定可能性,也很难应用到设计中。因为服饰设计本质上是一项研究消费用户的工作,在关注消费用户消费行为的同时,更加关注消费用户的潜在需求、文化认同和人文基调等。虽然大数据的使用可以使这一目标在效率层面实现得更快,但是设计师人文价值观的研究和培养,主要依赖设计师对文化价值的挖掘和引领,这一过程难以在质量层面通过大数据进行衡量和观察。

大数据本身具有两面性,一方面它能促进设计行业的创新,另一方面也可能会带来一定的负面影响。因此,作为一种技术手段,需要辩证看待大数据在设计中的作用。大数据技术在设计中的应用面临着技术局限、伦理困境、思维观念等诸多问题,所以其在设计领域中的应用必须谨慎。大数据设计应用的价值在技术操作、价值取向、伦理选择等方面都需要被审视和斟酌,这些理解最终会体现在设计师和消费用户的主体行为上。持积极态度的个体在实际生活中往往对大数据过于乐观,容易忽视大数据存在的诸多问题;而持消极态度的个体则不敢也不会将大数据应用到实际生活中,拒绝接受大数据带来的诸多好处。不管是哪种态度,都不利于大数据技术在设计中的应用。即使把关于大数据设计应用的争论和讨论暂时搁置,在大数据具体的应用推广过程中仍然存在许多问题,其中不仅包括认知问题,还包括伦理价值和技术操作问题。设计行业可以等待新兴技术的发展和操作模式的完善,但在推进大数据设计应用之前,学界不能忽视需要研究和解决的技术伦理价值问题。

第二节 大数据牵引下服饰设计的"人—技"关系迭代

在数智交互的时代背景下,大数据技术已然成为人类的新型技术伙伴,其与人的数据具身关系已成为人工智能背景下数字化发展的必然趋势。驯化理论的提出者罗杰·西尔弗斯通[262]认为,技术的运用实质上是一种驯服和适应的过程,在这一过程中,人类与技术之间并非只存在单向影响,而是存在着一种相互构建、互相塑造的动态关系。在设计师尝试驯化大数据技术并将技术融合于设计工作的博弈过程中,大数据技术也正通过转译数字文本、借助技术平台所带来的"数据焦虑",反向规训设计师的感知结构和认知路径,亟待被使用者更深层次地驯化。鉴于此,从"人—技"关系的视角出发,分析大数据技术在深度融入服饰产业并与用户互驯互构的过程中,人与大数据技术之间关系所经历的"具身—解释—他异"三个层级的迭代:在具身关系中,大数据技术隐退至背后,变成一种几乎无形的存在;在解释关系中,大数据扮演"中介"和"界面"的角色,其固有的负面影响激发了"数据焦虑";而在他异关系中,大数据成为一种"准他者"或"座驾",迫使人们成为陷于技术统治"圆形监狱"中的"囚犯"。

一、具身关系:技术透明的感知满足

(一)大数据牵引下服饰设计的技术具身体验

法国技术哲学家斯蒂格勒[263]指出,技术的诞生源于人类天生能力的局限性。每当有新兴技术问世,它通常会赋予使用者新的权利,并有可能对现存的秩序和结构造成挑战和冲击,进而改变传统格局。Web 3.0时代剧增的自媒体与直播模式,促使服饰信息的指数性泛滥与受众大脑的接收能力之间的冲突日益加剧,导致使用者所受到的主要挑战从以传播者为中心的"数据匮乏"根本性地转变为以受众为中心的"数据过载"问题。同时,人工智能、区块链等先进技术的崛起,为大数据和算法程序的广泛应用奠定了坚实的技术基础。大数据技术在服饰产业的深入应用正推动着服饰生态圈发生前所未有的变革,其中设计师和消费用户之间的数据交互机制主要分为两种:一是产品内容预估程序,其原理是由平台采集消费用户基本信息,储存历史行为数据,精确绘制目标群体画像,深度挖掘并构建用户全貌,并基于这些分析为消费用户推荐与其兴趣匹配度高的产品信息,同时生成消费趋势动态服饰产品报告,及时反馈给设计师。二是协同过滤推荐程序,其通过识别与特定消费用户类似的用户群体,将此集群所青睐的服饰产品推荐给目标消费用户,并向设计师提供潜在热门服饰产品的洞察报告。

这种大数据技术下的算法匹配机制,主要目的在于实现信息供应和需求两端的精确对接,从而为传统服饰产业和消费用户带来显著的赋权效益。对于传统服饰行业来说,基于大数据技术的个性化算法显然提高了信息筛选的效率,使设计师团队从烦琐低效、信息滞后、主观臆断的产品趋势劳动中解放出来,专注于技术无法复制的细致化、精准化、深度化的服饰设计工作。对于消费用户来说,大数据技术引导下的算法机制有效降低了获取内容的成本,推动了从"人找服饰"到"服饰找人"的关键转变。在"传者本位"的被动境况中,消费用户受众仅能选择有限的文本选项,其丰富的个性化需求无法被满足;而人工智能时代的大数据算法将用户的消费行为和兴趣习惯转化为数字化信息,并以此为依据来精准投放服饰,从庞大的数据库中筛选出符合消费用户偏好的类目。此时用户的个性化需求由原本的遮蔽状态变得清晰可见,从而推动"受众本位"在服饰链路中的复兴。

(二)大数据牵引下服饰设计的具身关系阐明

在大数据技术嵌入初期,消费用户和设计师主要沉浸于新兴技术所带来的诸多优势之中,这时人与大数据技术的关系结构可视为一种"具身关系"。首先,在梅洛-庞蒂的知觉现象学视角下,身体不仅是活着的实体,更是一个能够主动感知并深刻体验周遭环境的主体。这种身体在与周围情境的交互中,能够不断获得和丰富其内在意义。此外,身体也是社会文化建构的产物,深受社会文化影响[264]。伊德基于其身体理论深入探讨了当前技术具身状态下技术对人类的深远影响,并指出在赛博格空间使用技术时,应从技术身体维度引申出对新型身体结构的解读:技术不仅重新定义了人体的感知和认知链路,更是从"行为—经验"的框架中构建出全新的身体体验,与技术紧密联系、融为一体。例如梅洛-庞蒂以"盲人手杖"表述的感知延伸和"帽沿羽饰"的身形塑造为例证,揭示出技术物与身体的深度交融。因此,当用户习惯性地长期使用大数据技术时,该技术的信息捕捉和内容推荐就逐渐弥合成身体的知觉体验结构,成为自身不可或缺的"器官"。

大数据技术下的算法程序已成为搜集信息的机能代表,正逐步替代用户独立搜索和选择服饰信息的能力,化身为用人们感知与认知世界的智能化媒介。借由人工智能与大数据技术的数字化构建,人们与外部世界的联系得以加强,也因此深深沉浸于技术提供的精准信息匹配、满足个性需求和优化感官体验之中,如将服饰品牌在短视频平台通过图像、文字和声音等多种视听元素的表述方式,既为服饰品牌拓宽了全新的展示途径,也拓宽了消费用户的整体感知范围。当前阶段,大数据技术呈现出一种"隐退"的透明境界,"它们'悄然离场',纵使极少受到关注,甚至完全不为人所察觉"[265]。设计师和消费用户主要通过算法程序的界面与外部世界进行知觉交互,同时大数据技术与用户自身紧密融合,无形中在行为层面自发塑造了数字化的身体体验。然而在这个过程中,人们尚未明确关注到技术的"在场",更多是沉溺于大数据算法所带来的精准信息获取、个性化服饰内容服务,以及由此产生的多样感官联觉体验。

二、解释关系:"数据焦虑"的"信息茧房"

(一)技术"中介"呈现的数据依赖

大数据技术和算法程序的应用显著地改善了海量数据与用户角色之间的配给矛盾,使大数据服务下的数据推荐机制变得愈发精确和迅捷,但"技术进步在带给社会便利的同时,也将不可避免地产生社会和文化的副产品"[266]。正是其极度满足使用者兴趣和偏好的算法机制,导致用户对大数据技术筛选的信息推荐产生依赖乃至成瘾的趋势逐渐加剧。站在消费用户角度,在以抖音、小红书为代表的应用大数据技术算法的视频平台中,消费用户沉溺于使用推荐机制所产生的精准式、沉浸式的信息采集体验,在感知层面沉迷于在此过程中产生的弥合服饰偏好的愉悦感,在认知层面形成被动化、打靶式的依赖性思维方式和行为习惯。对设计师而言,他们在使用匹配机制的程序的同时,也广泛采用淘宝、知衣等软件通过大数据服务所形成的服饰趋势算法图谱,并以此代替服饰潮流信息采集和服饰模块化要素分析流程,从而在经验层面形成机械化、排他性的设计决策模式。上述机制逐渐成为用户"感知、认知、行为、经验"链路的"精神鸦片",亦促使大数据技术的潜在破坏性开始逐渐引起学术界的审视。

若认为大数据算法的推荐匹配机制因极力贴合用户的偏好而导致使用者对技术的成瘾性和依赖性是外化显性的,则可以将位于界面背后的算法黑箱和技术自身的偏见视为内化隐匿的。大数据技术借助广泛推广及对技术中立属性的宣扬,加之公众普遍将技术认作客观公平的认知,使人们误以为由大数据技术产出的结论必然秉公无私。但表面公正的大数据算法在研发过程中实则蕴含了开发者的隐性意见,同时大数据的运行基础是庞大数据的信息采集与逻辑归纳,包含消费用户偏见的数据将在大数据程序运算中激化矛盾。大数据以一种极难以察觉的方式加强和固化了当今环境之中的偏见[267]。作为人工智能的重要组成部分,大数据技术凭借其关键性的算法程序,为使用者打造了一个既闭塞又排他的数字化信息传播生态。正如凯文·凯利[268]所指出的:"人们在将自然逻辑输入机器的同时,也把技术逻辑带到了生命之中。"为了提升大数据服务使用者的活跃度和忠实度,数据平台持续推送符合消费用户时尚偏好的服饰资讯和商品,这些由技术驱动的高度定制内容不但塑造了设计师和消费用户感知层面的信息来源结构，也促成了信息流的高度同质化，最终形成被过滤后的"信息气泡"，出现"信息茧房"现象[269]。

(二)大数据牵引下服饰设计的解释关系

被誉为"精准匹配"典范的大数据技术在实际应用中并非一直保持着精确无误的技术水准。尽管大数据算法设计的匹配系统致力于满足不同用户的信息需求和个性化偏好，但它并不能全面覆盖用户深层次、潜在化的信息需求。研究针对大数据算法下今日头条构建的健康信息环境进行了深入探讨，揭示了在大数据技术主导的时代，即便数据匹配推荐机制能够提供多样化的信息，却依然无法完全满足人们的信息需求。而面对深入根植于服饰企业的大数据技术，设计师长期置身于数据感知技术造就的新型服饰产业生态，在依赖数据量化优势的同时，也不可避免受限于数据服务所带来的信息偏差。大数据技术的匹配推荐机制所引发的变革性影响，使其与人类的原有融合关系被打破，技术不再隐于幕后而转为显性，成为人们观察和解读的重点。伊德认为，截然不同于具身关系中技术的"透明性"特征，即使用者几乎意识不到技术物①的"在场"，此时技术物也已成为个体进行感知和认知的重心，人们通过技术中介来深入探寻和把握环境。由此，人与大数据技术的关系已然转为解释关系，在解释关系中，技术成为构筑环境界面的一部分，不再与使用者的物理身体相融合。换言之，展现于人们周遭的世界实质上是由技术塑造的，技术不仅成为世界进行表达的媒介，更是人们理解世界的桥梁。

与之前完全沉浸于大数据推荐的潮流趋势和服饰单品不同，步入大数据解释关系的用户逐渐意识到群体正通过大数据技术这一界面来获取和理解服饰产业的动态信息，而用户所接收的产业面貌，是以大数据作为中介，基于设计师需求和消费用户兴趣筛选出的"预期世界"。因此，大数据技术本身成为使用者意识关注的重心，用户们也开始对由此技术可能带来的美学感知弱化、时尚认知限制、误导趋势信息、服饰类目同质等负面影响产生忧虑与警觉。

---

① 在技术哲学中，技术创造的物体被视为一个区别于人类存在的物质性的客体，称为技术物。——作者注

三、他异关系:"硅基智慧"的技术宰制

(一)大数据设计激发决策困境

由大数据技术所驱动的匹配推荐机制,旨在桥接多样化的用户需求与纷繁复杂的服饰产品及趋势信息之间的差异。该系统实质上充当着用户与海量产品信息之间的精准筛选工具,为服饰产业中的不同参与者提供定制化的数据服务。这种大数据技术所搭建的"数字化环境"初期主要在认知和理解层面影响用户群体。然而,随着大数据技术对服饰行业的深耕,其对设计师等产业内人士的影响已超越简单的信息提供,深入产业决策层面。如今,大数据技术不仅辅助服饰行业在各个阶段和场景下做出决策,甚至在某种程度上取代了决策者执行关键的设计和管理任务。这与贝尔[270]的观点不谋而合——大数据正在逐步成为我们的生活代理人。从这个角度看,大数据技术所驱动的推荐机制不仅是一种信息筛选方式,更在某种程度上替代了消费用户的主动搜索行为,帮助他们做出内容选择,从而成为一种新型的决策工具。设计师根据各项趋势指数确定服饰产品的设计风格,而非依靠自身的美学灵感。由大数据技术做出决策判断的情况在人工智能设计流程中会更加普遍,技术从呈现数字化信息的中介逐步显露其决策的独立性和主体性。

在大数据技术应用中,大数据服务中难以窥见的算法黑箱成了隐形的掌控者,设计师的工作流程已被数据化度量。尽管大数据技术的智能化与程序化特性使设计师能更迅速地洞察市场走向,但这种效率的提升却带来了更为严苛的工作负担。服饰企业的数字化系统与数据面板,将设计师的管理"从有形的机械和计算机设备,转变为无形的软件和数据操控"。隐藏于平台背后的数据算法,通过对设计师产出的数据进行收集与分析,利用这些数据反馈来监督设计师的工作,从而在大数据环境下构建一种新型的由数据驱动的劳动规则。这种数字化的控制手段不仅削弱了设计师的抗争意识,侵蚀其自主性创新空间,还在无形中使其成为自我规训的参与者,导致其自我物化,被迫受制于"硅基智慧"的指标游戏。

(二)大数据设计引诱自我促逼

在大数据驱动的网络销售和内容平台中,算法通过跟踪点击、收藏、停留、

销售数据及偏爱等多项指标,已将流量数值确立为评估准则,进而对设计师形成实质性的引导与控制。消费用户的直接评价和产品反馈被有效地数据化,然后被整合进评价和监督系统,从而将消费用户的行为数据转化为对设计师工作表现的量化指标。在这一过程中,技术与设计师之间的博弈无形中转变成消费用户与劳动者之间的对立。当数据被确立为衡量设计优劣的唯一标准时,设计师为了符合大数据环境下的职业规范,在设计生产中自然以消费用户的偏好和需求为核心考量。因此,大数据技术以此种方式实现对设计师的促逼——设计师独立的专业判断被大数据引导的市场逻辑和流量逻辑所取代,其行动完全变成执行技术"座驾"指令的机械性动作,进而遭到彻头彻尾的物化。可以说,促逼不仅掩盖了劳动者的本质,更进一步地导致了设计师的异化。

大数据算法运用特定数据和模型建立的量化评估体系,以一系列机械化的数据作为评估设计师工作成效的依据,并通过简单明了的行为量化过程,进一步加重了设计师的劳动强度和被规训程度。至此,大数据技术对于设计劳动的介入并未在他异关系中实现设计师的主体解放,反而使其陷入大数据构筑的"圆形监狱"之中,成为被技术深刻裹挟的"劳动囚徒"。技术打造的这一"圆形监狱"并未止步于对使用对象的监督功能,而是试图对人类进行全面的宰制。作为第一代媒介环境学派的代表人物,麦克卢汉[271]深刻地指出,每一种感官的扩展都会对我们的思考和行动方式产生深远影响,改变我们理解和接触世界的方式。一旦这种感知的比重有所调整,人类自身也会相应地发生变化,"任何发明或技术都是人体的延伸或自我截除",因而大数据技术的角色已经远超出单纯作为身体机能的延伸,甚至在某种程度上"窃取"了人体的功能。由于大数据服务的广泛渗透迫使人类做出改变,这往往需要参与者让渡部分自身能力为推动技术变革而加码。这种技术驯化下的人类变迁实则是人类异化的显著标志。在这一阶段,大数据技术的模仿能力已不再局限于单一的感官或功能,而是扩展到对"人"这一"准我"的模仿,甚至包括"碳基智慧"的协同意识和控制意志。正是大数据算法的模仿行径,使技术从上层的视域展现于世,彰显"硅基智慧"的独特魅力。

(三)大数据设计致使隐私消解

大数据技术依赖于庞大的数据量级支撑,其广泛应用使人类逐渐经历了更深层次的数据化进程。这些数据来源多样,通常包括主动提交的基本信息,但更频繁地涉及被动收集的数据,甚至不乏个人并不愿意分享的隐私数据。加之虚拟时尚领域中生成式现实技术的日益更迭,人类的数字化数据范围已广泛延伸至个体的心理状态。行为数据化在一定程度上赋予了用户新型权益,例如在使用增强现实(AR)技术的服饰平台或软件时,通过分享一定的个人肖像数据和形体数据,用户能享受到量身定制的服饰穿着服务,甚至在虚拟现实的技术情境下,数据化成为不可或缺的一环。

然而,核心问题并非单纯聚焦于数据化这一过程,而是在于当个体将自身的数据隐私交由大数据技术处理后,用户将无法完全掌控自己的数据隐私,从而丧失对自身信息的控制权。此外,为了让大数据技术能够提供更贴合个人需求的个性化服务,消费用户不得不牺牲更多的个人数据和隐私,以便技术呈现能更精准地理解和满足用户需求。但是,正如赫胥黎在《美丽新世界》中所描述的,"人们会渐渐爱上那些使他们丧失思考能力的工业技术,变得日益麻木和被动",这反映出一个现实问题,即算法对人类行为的预测越来越精准,对人的洞察愈发深入,因而对人的潜在监控与操纵力度可能正逐渐加强。当设计师沉溺于技术所提供的舒适与便捷时,未曾意识到自己正被数据所束缚。同时,大数据算法通过收集用户群体越来越多的个人信息,逐步将人在技术面前塑造为一个透明的存在,而隐私的流失不仅意味着使用者自主权的消解,更在深层次暗示着人作为主体的尊严和自由被逐渐侵蚀。

显然,当前设计师和消费用户正处于被大数据技术全面渗透的数智服饰生态圈之中。设计师通过技术驱动的匹配推荐系统来感知和理解服装产业,数字化参与者对服饰行业的认知愈发依赖技术中介,且将传达个体主体性和独立地位的决策权让渡给大数据算法,用于产业链路的智能化管理和自我优化分析。技术在权力日益扩张的过程中,也在无形中影响和操控了行业的劳动秩序,并促使设计师进行逼迫性的自我规训,在机械性的重复劳动中实现自我物化。同时,以海量数据为基础的大数据技术也对个人隐私权益构成挑战。在此情景下,技术已经不再是单纯实现目标的工具,而是变成了行动主体。在人与大数据形成的他异关系中,技术已演变为一个对立于身体的准他者,或者以他者的身份与个体交互。此外,大数据算法依据其自有逻辑自主发展,不再局限于传统的主客体二元框架,技术作为准他者和行动者已深刻融入我们的世界,从而打破了传统的主客体界限,人类、大数据及数字化世界之间的关系转变为一种相互构建、相互驯服的新状态。

四、背景关系:技术互嵌的"数据共生"

(一)大数据牵引下服饰设计的背景关系阐明

在人与大数据算法的紧密交织下,人与技术之间的关系有望步入"背景关系",技术将塑造数智时代数字化的生存环境和栖身之所,其无所不在却同时隐匿于周身。在此关系下,人们将重新探索与技术和谐共存的方法,既不应将大数据技术视为可怕的宰制之物,也不能完全被其所束缚,个体的独立自主性依旧是此阶段必须重视的核心要义。需将大数据技术理性纳入数字化社会的生产要素,使人类的境地由被技术所驱使向有效利用技术而转变,实现人与技术的和谐共生。

大数据技术作为一种潜移默化的科技要素,已全面融入服饰产业链的各个环节,对产业产生了深刻的影响。其影响之深远,使设计师在追求创新的过程中也不自觉地成为大数据技术宰制下的"俘虏",人类的中心地位受到严峻挑战。尽管如此,必须正视一个事实:以大数据技术和人工智能技术为基础构建的新型产业环境已成为一股势不可挡的发展潮流。数据技术将进一步深入社会肌理,与数字化参与者的日常生活和工作流程产生更加紧密的交织。由技术哲学的演变视角看,技术的演进虽非一往无前的直线发展过程,但其前进的步伐始终未曾停歇,而大数据技术的崛起也将遵循这一规律。如今,大数据已然成为服饰产业中的重中之重,而人与大数据技术的关系也终将步入"背景式"的常态。

在"背景关系"下,技术悄然隐匿,精妙地渗透于社会之中,在潜移默化中发挥影响力,为消费用户和设计师提供从技术环境角度再次审视世界的整体视野。当大数据技术渗透了服饰产业的基层设施甚至数字化参与者的生活基础时,人类以技术为关键纽带,构建由技术作为生产要素所构筑的数智化世界。因而,个体与大数据技术将上升至更为广阔的关系结构,与数据共生将成为每个数字化公民必须面对的现实课题。

（二）从"轻视排斥"到"尊重理解"

对于大数据技术的背景下人类与数据的共生关系，诸多学者都指出，为适应数据社会的发展，人们应当树立培养"数据素养"的观念意识。对数据程序机制的深入认识和理解为数据素养的培养奠定了基础。设计师与大数据技术在现阶段可能主要处于他异关系中，技术作为准他者，对使用者产生宰制影响，使劳动者面临身陷"圆形监狱"的严峻局面。但即便如此，大数据技术也不应被视为"洪水猛兽"，以免引起不必要的排斥和抗拒。换言之，数智时代的大数据技术无疑已成为核心技术要素，"背景关系"与"数据共生"的理念将是人与大数据技术最为适宜的交互状态。"背景关系"昭示着"人—技术"关系架构的演进路径，代表着未来人与大数据技术关系的发展方向，亦是大数据技术这一技术物的最终迭代形态。未来，大数据技术会愈加深刻地嵌入服饰产业的前中后端乃至消费用户的消费场景之中，成为企业和用户不可或缺的一部分。

在人与数据相互嵌入、共生及融合的背景下，首要任务是从认识论的维度出发，以技术自主性的视角重新审视既有的认知框架。在传统的"人—技术"模式中，技术仅仅被视为达成某些目的的手段。回溯东西方哲学的发展历程，技术长期被置于以身体为主导的社会的次要地位，而数智时代，大数据技术等新兴科技让技术发生了颠覆性的变革。从某种意义上说，新技术主体的出现可以平衡人类主体的无限扩张，其崛起正是对旧有的人类中心主体论的深度颠覆。

因此，大数据技术不应被纯粹以客体相待，而应充分了解技术背后的内在逻辑和工作原理，同时明晰技术在感知、认识、行为和经验链路等多个层面的影响，以及它如何通过个体反馈，进而影响到服饰企业的劳动关系和社会关系。此外，还需警惕大数据技术对设计师的异化和物化可能带来的潜在威胁与挑战。

（三）由"为物所役"至"善假于物"

值得一提的是，尽管大数据占据了重要地位，但这并不意味着人类主体失去了对大数据的掌控和引导能力。学者喻国明曾深入剖析大数据时代的核心议题：人类应如何自我适应，以便与机器所构建的经验世界和谐共生，并再次凸显人的主体性。在大数据技术的强大主导下，个体仍需积极展现人类独有的主体特质，因为人的主体性仍具有不可忽视的价值和意义。在当今大数据技术与服饰企业深度融合的数智时代,界定设计师自身的定位并激发其积极创造性,是应对数据困境、避免"圆形监狱"风险,以及面对数据社会不确定性的关键措施。

如前所述,用户群体数据素养的提升,必须建立在对数据机制的深入理解基础之上。同时,提高技术驾驭能力,使大数据技术能够为人类所用而非让人沦为数据的奴隶,这一点至关重要。尽管不少设计师会深陷感官欲望的诱惑,耗费大量时间和精力,甚至沦为数据的囚徒,但仍有设计师将大数据服务转化为高效的设计工具,实现从欲望驱动到理性主导的转变。这种转变目前尚属罕见,却揭示了设计师在技术控制之外的另一种发展前景。长期以来,理性与欲望是构成人的主体性的两个不同向度的要素,并成为西方哲学史上贯穿至今的重要议题。从这个视角来看,大数据技术似乎相对性地满足了人的欲望层面,通过不断激发新的欲望来实现对人的宰制。故而技术的"再驯化"实践表明,在欲望不断膨胀的当下,通过服饰企业和设计师自身的伦理审视,重申理性主体性的重要性对于培养算法素养具有关键作用。在企业制度层面,应将数据素养和伦理责任纳入企业的具体规制,实现对大数据技术应用主体的规范化和适用化;在设计师监督层面,设计师应正确看待技术在设计行为中的辅助地位,凭借自主性发挥大数据技术的精准、动态、高效优势,以预见性抑制技术主导导致的排他、同质、钝化风险,警惕技术规训下的主体异化;在消费用户个体层面,消费用户应自觉端正对大数据服饰产品的辩证态度,拓宽自身的审美标准,以理性的数据应用观面对时尚潮流趋势,避免自身数据同质化的同时,丰富服饰企业后端数据的多样性,反向回馈企业的大数据服务,以期形成"背景关系"下的良性循环。

在大数据技术的影响下,实现由"役于物"至"假于物"的跃进,既符合技术发展的自然规律,也映射出企业对新技术的运用逐渐由生疏到熟练的过程。目前消费者对大数据服务所导致的技术宰制仍带有"数据焦虑",而企业和设计师个体与大数据技术的联结尚处于"他异关系"阶段,但智能化和数字化的进程最终会推进大数据技术与人类活动的融合日益成为一种常态化的"背景关系"——数据深深植入消费用户和设计师的认知语境中,成为智能时代的核心要素。在与技术互驯互构的关系中,目的是探寻设计师、消费用户与大数据技术和谐共生的相处模式,培养数字化参与者与大数据社会相适应的数据素养,将技术转化为推动服饰行业发展的强大引擎,而非成为任何形式的束缚。

第三节　大数据牵引下服饰设计的异化研究

技术异化是马克思劳动异化理论的延伸,是指技术由人创造,却在应用发展过程中违背人类初衷,反向输出支配、控制力量。李桂花[272]在其著作《科技哲思:科技异化问题研究》中将科技异化定义为:"人们利用科学技术改变过、塑造过和实践过的对象物,或者人们利用科学技术创造出来的对象物,不但不是对实践主体和科技主体的本质力量及其过程的积极肯定,而是反过来成了压抑、束缚、报复和否定主体的本质力量,不利于人类生存和发展的一种异己性力量,它不但不是'为我'的,反而是'反我'的",因为"必须是人而不是技术成为价值的最终根源,是人的最优发展而不是生产的最大限度发展成为一切规划的标准。"现实中,人类并不能在科技进步的今天得到更加全面的发展,反而出现了非人道、非人性和非自由。大数据技术的发展和应用是人类作为实践主体本质力量的一次变革,具体到服饰行业,在服饰的设计生产中,促使设计师因其主体被技术束缚而变得去中心化。在某种意义上也可以说,大数据技术异化的产生,正是技术与设计中人文要素逐渐背离的必然结果,因为在科技的发展进程中,技术日趋远离人文世界。

一、大数据牵引下设计异化的根源

(一)人类认知水平的局限

人类对大数据认知水平的局限性主要体现在技术复杂化、个体差异化、群体两极化三个方面。首先,大数据本身的"黑箱"的复杂性和日行千里的更新速度使人们难以全面把握其技术本质。大数据涉及的数据量巨大,处理和分析这些数据需要专业的技术和工具,而这些技术和工具也在不断更新和演变。因此,即使是具有相关背景及专业知识的学者,也需要与时俱进地投入学习成本,以跟进大数据技术的最新发展。其次,个体的立场、方法和知识水平会影响其对大数据的认知。不同的行业、领域对大数据的需求和应用场景各不相同,这导致对大数据的理解和认知存在个体差异,同时使用技术时经验和技能的水平也会限制对大数据的操作和应用能力。最后,在大数据技术普及的过程中,用户对大数据的态度往往呈现出两极分化的趋势,一些用户过度夸大了大数据的作用,盲目认为技术可以解决所有问题;另一些用户则过于谨慎,对大数据的安全性和隐私性持怀疑态度。这些误解和偏见都会导致人们难以理性地认知和正确理解、应用大数据技术。

(二)文化价值观念的激化

李桂花[272]指出,导致科技异化的文化价值观念存在价值观上的个人主义、生活观上的享乐主义、方法论上的科学主义及发展观上的经济主义等。科技价值观中的功利主义难逃其责,即将科技作纯粹的功利主义理解,仅仅将其理解为人们征服自然、获取物质利益的手段。如此狭隘的功利主义不仅容易促使人们为谋求眼前利益而不恰当地使用科技,甚至严重地忽视了科技的其他社会功能,特别是忽视了科技对人类自身发展和精神文明建设的重要意义和作用,从而导致科技的异化。大数据作为数智时代的前沿科技,若以功利主义科技价值观来看待它及其应用,往往会侧重大数据技术的经济效益、产出和对社会的整体贡献,而相对忽略其可能带来的环境负面影响、社会不公现象及技术伦理等问题。由此可见,大数据设计异化产生的根源也可归结于以功利主义科技价值观为代表的诸多文化价值观念偏差。

(三)社会发展条件的制约

一个多世纪前,马克思[247]就深刻洞察到自然科学与资本主义生产的紧密联系。他明确指出,自然科学作为人类知识架构的基石,其迅猛发展的动力源于资本主义生产方式的推动。自然科学被资本所利用,被赋予了追求财富增长的工具属性,这促使科学家竞相探索科学的实际应用。因此,随着资本主义生产的日益扩张,科学因素被有意识地、广泛地开发和应用,并渗透到生活的每一个角落,其规模之大,超越任何历史时期。对此马克思指出,对于劳动者而言,科学往往表现为一种异化的、敌对的和统治的力量。他强调,科技的异化并非源于科技本身,而是源于其被资本主义所利用的方式。科技对人的奴役,实际上是资本主义制度下人与人之间相互奴役的反映。机器本身并无将工人从生活资料中剥离出来的意图,其初衷是缩短劳动时间、减轻劳动负担、增添生产者的财富,但在资本主义的运作下,机器却成了增加工作时长、提高劳动强度、使人受自然力奴役的工具,甚至导致生产者陷入贫困。

同样,现代社会的发展水平制约了大数据技术的应用范围和深度。人们对生活品质和审美多样性的追求随着经济发展而不断提高,这促使设计领域需不断创新以满足人们日益丰富的需求。大数据技术的应用,可以帮助设计师更好地了解用户行为和偏好,为设计提供更有针对性的支持,进而提升设计的品质和效果。科技水平是衡量社会发展状况的重要指标,也是推动大数据应用于设计领域的关键因素。在大数据技术、云计算和人工智能的支持下,数字化、信息化、智能化的快速嫁接为服装设计增添了创新性的服务与趣味性的体验,同时通过用户行为分析和市场趋势预测等应用,为设计提供科学精准的数据支持[273]。社会发展状况还会提升设计领域对大数据技术的应用需求。各行各业都面临着科技变革所带来的市场竞争和压力,设计领域也不例外,这就需要借助大数据等先进技术来赋能,以提升产业竞争力和创新能力。

二、大数据牵引下设计异化之主客体转换

大数据牵引下的主客体异化,是从设计师视角出发,探讨人与物之间主客体关系的演变,也是设计行为由主体到客体的转换。虽然高效的数字化手段已经在各个方面给设计师的设计活动带来了便捷体验,但是在设计作品的包围下,设计师与消费用户究竟是被大数据科技的创新技术所服务,还是在不知不觉中被技术所驯服?技术的使用是否充分体现了人之于物的主体性尊严?这些问题需要进一步的审视与探讨。不可否认,大数据技术的应用赋予了服饰产业诸多优势,比如,大数据技术海量精准地采集消费用户信息和市场趋势数据,它们取代了以设计师为中心的服饰产品开发体系,通过大数据牵引的设计流程在整个行业架构和市场环境中充分发挥了自身的便利性和智慧性。但同时,技术异化的副作用也引发了许多矛盾和困境。

（一）被规训为客体的设计师

大数据技术异化的直接后果,就是使设计师成为被物化的客体。服饰设计师在未提高自己相应的基础专业知识和技能的前提下,将专业工作依附于大数

据平台,这是一种人本应作为主体的主动"退位",且因这种"退位"并非出于自觉和主观能动的意愿,更呈现出一种被技术裹挟的姿态。换句话说,大数据技术在设计流程中赋权,实际上是设计师的一种"弃权"行为。数智时代以大数据为核心的智造技术,相比传统技术有着更高的覆盖率与渗透率,对设计产业的变革及对设计师和设计方法的影响更为深刻。其带来的智能化、便捷化和自动化操作体系更容易使设计师对技术产生高度的偏爱与依赖,从而无法把握自身在设计行为中的主体作用。这种以技术至上、以数据为重的设计思维一旦被赋予"高贵性",设计师因矮化自身角色定位所产生的心理偏差会在工作中不断深化,使设计师变为大数据技术的"奴隶"。因此,当服饰产业对设计师的评判标准,从是否具备夯实的基础服饰设计专业技能和敏锐的消费用户需求捕捉能力,转变为是否能熟练地掌握和运用大数据生产技术时,大数据便完成了其技术的主体化转变,而服饰设计师的主体设计行为能力则在技术主体的位置转换之下被规训乃至弱化。

(二)被扩张为主体的大数据

从技术铺设的完整性来看,大数据技术之所以能转变为服饰设计行为中的主体,依赖的是其托管全设计流程闭环的协同能力。这种能力必须建立在互联网的技术支撑下,因为大数据的捕捉只能依靠网络与互联的搭建才得以实现,同时互联网在网络媒体和消费市场上的持续深化,也给了大数据技术使用的环境保障。网络流量的井喷式增长为服饰大数据设计前端捕捉调研数据提供了源头,也为后端设计成果的数据量化为流量提供了场地。如此,大数据技术协同网络互联产生的流量池,便使其拥有服饰设计行为中以市场为主导的绝对主体性,技术完全可以自由吞吐和反刍数据,而不需要设计师的创新主体作用,从而使设计师沦为人工辅助的客体。

在大数据技术支撑的设计流程中,闭环的主导中心已经由以设计师为主的研发部门转向以技术服务为中心的大数据平台。在这种情况下,设计师极大地弱化了其市场调研和文化采风的相关基础技能,甚至在流程的中期设计规划和后期市场反馈中,也因为大数据技术的整体市场导向偏正作用而变得去中心化,使传统的设计教育课程已经不再适用甚至显得多余,设计师在整个设计流程中的角色定位完全发生了偏移与异化。

从大数据牵引的设计流程闭环可见,大数据技术的介入会削弱设计师的基本技能。例如,大数据对流行图案的采集功能会让设计师对图案设计的构成方法变得生疏,长此以往,设计师对平面美感的感知力会下降;大数据采集目标消费用户数据的功能,虽然方便了前期的市场调研,但从设计师的职能角度而言,却削弱了设计师对当下服饰市场的掌控程度。设计师各方面技能逐步退化的严重后果,就如同当初被人类驯养的各种兽类最后变成家养的动物一般,对大数据科技的依赖性将使其不能脱离技术而自主工作。从工作流程便捷的视角考虑,以大数据分析为主的新型数字化技术着实让设计工作趋向于简单化、自动化,但技术的本质目的是让设计者对物与环境的认知与感受有更高维度的技术体验,而非单纯地节约劳动成本。生物学的发展进步理论表明,研究对象在生存环境中被保护的程度越高,它应对自然界变化的能力就会越低,甚至感官能力和活动能力都会下降,这正是大自然无情的客观规律。对设计者而言,产品设计工作必须依托对市场文化的深入研究,设计是对人类生活事物的不断反思,如果不加控制地任凭大数据取代设计者的研究和决策能力,将导致设计者思考能力减弱和行为滞后,从而导致的主体性篡夺恰恰是大数据对设计者最为严峻的影响,最终使设计者从设计行为之"主体"跌落至辅助大数据技术之"客体"。

大数据设计以其便捷化、智能化的设计方式和技术理念受到设计师的广泛青睐,但是大数据服务下市场趋势调研等技术的应用,也导致设计师过度依赖技术,用度不符合技术应用原则,从而导致技术异化的现象。同时,在技术应用的过程中忽视了对消费用户真实需求的挖掘和设计的人文教化的本质目的,误解了技术与设计的本质关系。在这种应用场景中,只有少数设计师会深入思考和审视大数据技术应用对市场环境和消费用户的负面影响,但对这些负面影响的关注度一直处于较低的水平,说明设计师只注重技术工具的实用价值,而忽视了市场和消费用户的真实需求。从长远来看,设计师将成为大数据技术的附庸,成为设计技术的"操作工",对技术思维言听计从。设计变成忽视对消费用户的人文关怀的机械流程,就失去了设计应该引导市场、优化服务和教化消费用户的本质属性。

现代数字化技术的广泛应用彻底革新了传统的设计模式,无论是大数据对设计前市场趋势的精准预测调研,还是产品发布后的销售数据回笼后导,在为设计师带来诸多便利的同时显然提升了企业的获利能力。以大数据技术为核心的设计模式甚至可以取代传统设计师的基本素养。虽然大数据的使用在应用价值层面是正向的,但过度使用大数据技术来取代设计师的主导地位的风险是巨大的,这种现象亦促使服饰产业更为直观地审视大数据技术完全取代传统设计师职业技能与素养的可行性。

（三）大数据技术的主客体辩证关系

在服饰设计领域的大数据技术主体"夺权"使设计师和消费用户因自身欲望满足的需求性和时代科技更迭的必要性,受制于被物化的客体化进程。需要明晰的是,人与技术的主客体转换并非单纯的博弈中的夺权,其背后实则是技术"遮蔽"与"解蔽"的持续演绎,大数据技术与使用者间呈现出互驯互构的主客体辩证关系。

大数据技术无疑为技术使用者"解蔽"了新维度的数字世界,让人们得以洞见原本被技术因素或者社会因素所掩盖的矛盾关系。在数据推荐机制下,以往消费用户与设计师之间隐秘的生产关系通过数据化的数字信息直观呈现,随机化、盲目化的消费行为被视觉化、图谱化的趋势报告所取代,滞后性、主观性的设计师劳动重构为预见性、指向性的数据互倚设计模式。技术可以说为数智时代的人类掀开了旧数据时期的数据屏障,使旧关系在新技术环境下得以显现其具象面貌。然而,大数据技术的"解蔽"过程是以其"遮蔽"为前提的,大数据自身无法自明。算法黑箱下的数据机制和隐匿偏见成为设计师新一轮的技术壁垒,原本与消费用户的社会矛盾转变为与大数据博弈的技术矛盾。消费用户沉溺于大数据服务的功能便捷与欲望满足,浑然不知技术正于权力侵蚀中构建起大数据牵引下的象征法则。数智时代的大数据服饰从物理实体和文化蕴含中重塑人类的行为经验,数智空间内的数字服饰在虚拟设计和可视化技术的作用下,呈现出与现实物理世界截然不同的感知体验。同时,人工智能技术的展现使设计师从传统纸媒设计进阶为新型数据设计,大数据视觉和算法语言在桥接设计师与新兴科技的同时,也带来了难以消除的技术隔阂。设计师囿于大数据牵引下服饰设计的数据化要素和算法化路径,而无法清晰洞见大数据服饰与传统设计观的审美文化演变,沦为大数据技术下数字文化自我发展和完善的工具客体。在符号化的大数据语言构建中,设计师面临技术"他者"规训的分离感和主体权力消解的孤立感,欲望和权力的矛盾碰撞进一步激发了设计师的个体内省和自我意识,使其成为与大数据不断协商、斗争和批判技术体系的力量来源。因而,在大数据营造的"遮蔽"之下,人类与技术无法突破主客体二元的辩证关系,进而导致数智时代的设计师陷入自我再次审思、认知再次构建和技术再次"解蔽"的多重责任之中。

三、大数据牵引下设计异化之人物场异化

(一)大数据对消费用户的物化和奴役

大数据作用下的人物场异化,即从消费用户角度出发,设计价值出现由"人本"到"物本"的异化。市场和消费用户享受着大数据技术带来的设计产品,却鲜少主动反思技术的超便携性所带来的负面影响。消费用户和市场应该清醒地认识到群体在大数据产品体验过程中所呈现的习惯性信赖,恰恰源于自身审美意识与人文认知能力的逐步弱化而表现出来的不自信。这种不自信主要来源于人们对当下社会和市场文化的不甚了解,以及关于物的审美评价上的无能。虽然其中也有社会的审美教育水平和个人审美层次等原因,但是从设计的主要属性来看,设计在技术与营销中处于核心地位,这也反映出其在社交产品产生之前就是一种创意规划流程。商品需要通过对设计艺术的构想与加工才能完成制造,但是由于科技发展带给人类的异化,使设计在很大程度上并不能推脱自身所应当承担的社会责任,包括形状、色彩、图案、构造等都属于设计的一部分。如果服饰产品无论从形式还是功能上都顺从于资本掌权下市场和消费用户薄弱的人文感知力,而放弃自身承担的审美教育功能,将产生不符合人类真实的着装需求,忽视消费用户和市场的潜在隐性需要,违背设计价值中"人本"理念的背德设计产品。这将使作为生产人造物的服饰产业,非但不能承担发展市场经济与传播社会文化的任务,反而假借各种"糖衣"不知不觉地对消费用户实施物化奴役,从而构建起阶层间审美和文化的隔阂。

(二)消除设计价值的物化指向性

大数据技术的应用使设计的流程和产物随之改变,亦同样作用于人们的生活方式。这些深层次交叉关系的变化,迫使人们在更高的维度上看待人与科技

之间的关联,以保证设计师在设计产品时形成良性循环。设计者必须努力地探寻和体现设计与当下社会文明的关联,也就是让技术的受用者充分享有物服务于人的尊严,表现在消费用户身上,就是消费用户不应被大数据的技术所裹挟和奴役,迷信数据权威,认为其抓取分析能力能取代自身的真实需求,数据知识传输能取代自身真实意志的传达,从而削弱人在物质世界的主体地位。

跨境电商品牌 SHEIN 利用大数据技术在社交网络上精准抓取流行时尚风潮,并在其配套的供应链上发掘只有热销产品 1/4 价格的原材料。设计师在大数据服务的协助下整合了潮流数据和供应链资源,便能在趋势热度的上升期创造出颜色、款式和细节都与热销产品极为相似的复制品。显而易见,大数据技术驱动下的 SHEIN 设计模式,从资本运营的角度呈现出绝对的盈利局面和设计链路的技术主导性(见表8-2)。

表 8-2　SHEIN 的大数据整合手段

大数据整合	具体内容
自建大数据追踪系统	可抓取各类大小服饰零售网站,总结当前流行颜色、价格变化、图案风格等趋势
谷歌引擎等工具	借助 Google Trends Finder 等工具爬取不同国家和地区的热词搜索量和上升趋势
设计师与买手	将大数据追踪系统、谷歌等工具搜索到的信息进行归类整理,并将各类元素进行调整组合,设计出款式

但 SHEIN 的大数据库设计模式无疑涉及技术应用的伦理道德争议。英国议会下院外交事务委员会主席汤姆·图根哈特曾指责 SHEIN 模式为"监控资本主义"的典型范例,指出 SHEIN 的大数据采集分析系统可以与世界上许多智能情报机构相媲美,通过使用其终端移动应用程序来监视并分析用户的选择。

此外,这种大数据算法会在主页展示最新的设计产品,并根据趋势的变化极快且精准地迭代更新页面,这些推送伴随着折扣弹窗和销售倒计时,极大地吸引了用户的注意力。因此,SHEIN 的大数据设计模式强化了消费用户的忠诚度和购买意愿。设计师通过分析 SHEIN 应用程序网站页面的界面设计,可以明晰是何机制促使"addicted to SHEIN"(沉迷于 SHEIN)词条在 Twitter 等各种社交网站处于爆炸增长的状态,亦可明白是何原因激化了 SHEIN 消费用户的焦虑状态。当消费用户登录 SHEIN 时,主页面将呈现瀑布式的款式刷新,还有丰富的视觉搜索选项,并且允许消费用户在识图功能中通过大数据搜索到相似的设计。SHEIN 已经成功地在界面上复制了实体店的在场体验,让消费用户不断追求多巴胺式购物的快感。可见,SHEIN 所布局的大数据服务成功地将线下购物的感官冲击体验迁移至线上虚拟空间,甚至刺激消费用户的感知链路,使消费用户在消费平台中处于高度的感官满足之中,呈现出所谓的"addicted to SHEIN",即 SHEIN 上瘾现象。

根据英国公司 Rouge Media 的数据统计,在 TikTok(国际版抖音)上,♯SHEINhaul(被 SHEIN 诱捕)这一话题标签已经有超过 25 亿次的浏览和讨论量。这些视频和现象都强调,消费用户能以超低的市场价格获得大量新潮的设计产品,并由此获得社交关注度,因此 SHEIN 的大数据设计模式可以有效地培养消费用户的社交依赖性和购物上瘾性,且这种危机正朝着低龄化的方向渗透发展。

由此可见,消除设计价值的物化指向性,必须让大数据技术真正为人所用,而不能只是靠大数据机械地量产服饰产品,使消费用户迷失。应当用更理性和规范的技术伦理准则要求自身充分内省,从而向传统朴素且本质的造物思想靠近,形成现代技术环境下均衡技术和人本问题的设计哲学,确立大数据牵引下服饰产业应有的设计准则和立场。

四、大数据牵引下设计异化之设计造物观的嬗变

(一)"重己役物"与"己为物役"的传统设计造物观

"重己"指人是事物的主人,所有事物都应为人所用、服务于人;"役物"指人必须具有支配和驾驭物质功利的能力和自觉性,在物的面前拥有绝对的主体性。中国传统造物活动中诞生的各种产品器物或设计艺术作品,其功用价值或审美价值无外乎为人所用,旨在便利人的生活、陶冶人的情操。荀子最早提出"重己役物"的思想,而关于物反制于人而产生的技术异化现象,最早出现在《庄子·外篇·天地》中:"有机械者必有机事,有机事者必有机心。机心存于胸中,则纯白不备;纯白不备,则神生不定;神生不定者,道之所以不载也。吾非不知,羞而不为也。"文中记述了提水桔槔,桔槔是一个利用杠杆原理制作的浇水工

具,在省时省力的同时极大地提高了劳动效率,却有人不敢使用,因为担心使用之后会对工具产生依赖,一心只想投机取巧而再也无法安心劳作,宁愿使用最简单的陶器盛具一点点地浇水。此外,庄子还提出了"物物而不物于物"的观点,主张人在设计造物活动中应居于主体地位,技术使用不应让人的官能、技能弱化,既要使用技术,也要制约和驾驭技术。然而庄子认为想要到达此种理想的境界是十分困难的,因为人自出生起就被各种外物所包围,始终离不开物的制约和控制,终生为物奔波劳碌。相较之下,荀子的"重己役物"思想更贴合现实,主张人在摆脱外物制约的同时也应注重实际情况,不要抛弃主体意识。这种观念反映在服饰设计行业中,我们可以看到,大数据等新兴数字化技术与服饰产业的赋能融合已是大势所趋,但设计师和消费用户更应该认识到技术所带来的双重影响,辩证反思大数据所导致的设计师技能退化的危害性、对消费用户审美和需求带来的侵蚀,不应轻易放弃能为产业和市场带来发展的便利化、智能化工具,但依然要在"重己役物"的传统造物思想下进行伦理反思,既重视设计的社会属性,又不盲目摒弃技术进步,以寻求人本价值与技术创新的平衡[274]。

"己为物抑"是"重己役物"的对立面,指人的主体性被物所裹挟、所支配。但在荀子的造物思想中,并不是一味地压抑对物的追求从而达到庄子"无物无我,物我两忘"的理想境界,而是主张用理性和规则来遏制物对人的裹挟,并强调人的主观道德,这与现代研究的设计和技术伦理理论相契合。《尚书·周书·旅獒》中有"不役耳目,百度惟贞。玩人丧德,玩物丧志",说的是迷失心智而沉迷于对物欲的追求,就会失去道德、丧失自我。以庄子为代表的道家无为哲学思想对物之于人的压迫和摧残明确表达了强烈的反对,《庄子·杂篇·天下》提出"君子不为苛察,不以身假物",倡导人不应该计较纠结于物、被外物挟制。如庄子在《应帝王》《天地》和《秋水》篇中所言"胜物而不伤""不以物挫志",同时也要"不以物害己"。只有这样,才能实现"无物无我"的理想境界,彻底消除人和物的矛盾,成就不被物欲和名利熏心而自在豁达的自然"无为"境界。此即《齐物论》所说的"不从事于务,不就利,不违害,不喜求,不缘道",以及《天地》中所说的"不乐寿,不哀夭,不荣通,不丑穷"的境界。

庄子的无为思想比荀子的造物观更追求抑制物欲而产生内心的宁静淡泊

的状态,而荀子主张的是协调人与物的对立统一关系。虽然两人在处理人与物的关系上对物的处理态度有本质区别,思想也来自不同的学家背景,但对人超越物质功利需求,不为物所役的态度都基于对人基本尊严的重视。

（二）大数据牵引下服饰设计对传统造物观的审思

在中国传统的造物思想中,设计作为一个开放、包容的完整文化体系,贯穿了中华民族的文明发展进程。它既反映了不同时代、地域的社会生产力和生产关系,又凝聚了人们在材料、工艺、审美与制式等方面的智慧结晶。这种以"物"的价值为核心、强调人类创造行为的造物模式,生动展现了中华文明兼容并蓄的特质,既扎根于日常生活实践,又蕴含着深厚的文化内涵[275]。这与近现代西方的设计体系有着本质的区别,后者是以"商品"作为创造目的和创造规范的造物模式,两者在设计思维和方法存在根本区别,同时造物模式产生的成果也有着本质的差异。

自服饰成衣工业化体系建设以来,服饰产业在加速商品的循环更替周期、推动外观和功用创新及丰富服饰社会化生产要素等方面飞速发展,也积极推动着社会生产力的变革。但是持续性刺激生产和消费的新自由主义经济模式和单边主义生产体系已经显露出对设计产生异化的端倪。现代主义设计相关理论和思潮在适应市场的过程中不断调整,催生了众多前卫的设计观念体系,却逐渐向商业化属性靠近,舍弃了历史发展中积累的传统造物思想,包括不停吸收历史中的着装理念而形成的传统设计造物体系。审视这一现象所造成的损失,应从传统造物思想的角度,对现代新兴技术在没有出现适配的伦理边界的情况下,过度融入甚至主导设计产业的现象进行反思,思考大数据技术催生的商业单边主义式的设计价值思维在伦理上是否合理正当,是否能够替代人类在历史长河中积累下来的造物经验。这些造物经验包含了对人事物和技术关系进行实践的丰富内涵,是不能以现今的消费文化、市场规律、技术功利来简单替代的,也不能单凭设计成果的合理性来倒推设计过程的应然性。因此,设计产业需要在深入理解传统造物思想的基础上,借助计算机辅助技术等创新手段,积极探索既能满足当代消费需求,又能遵循"朴素致用"造物规律的新设计思潮[276]。

当前各种新兴数字化技术充分赋能下的设计,比以往任何时候都需要反思和权衡人与物、人与技术之间的伦理关系,因为现代设计不能仅仅从人类的消费需要和商业需求中寻找造物的价值,更应该吸取传统设计文化中蕴含的造物理念,那是一种更朴素和本质的完整造物思想体系,蕴含着对物的充分把握和情感转化。即便在当下服饰成衣产业的充分市场铺设下,大部分人在日常生活中选择购买批量生产且款式丰富的品牌服饰,但人们的人文感知力仍然能区分工厂流水线下的成衣与传统服饰文化之间的本质差别,传统的服饰造物理念保留着更多的人文价值,更符合自然的造物规律和人性化的着装需求,对重新塑造当下的数字化技术设计方法有着重要作用。

而对于传统造物观中以"役于物"和"假于物"作为精神导向的矛盾选择,服饰设计师应该仔细审视大数据赋能下的服饰设计模式:是为了依赖技术创造出大量的流水线服饰商品充斥市场、抢占市场份额,还是为了利用技术了解和优化优秀服饰设计作品的影响要素,同时提升自身作为设计师的专业技能,让设计师的职业发展在数智时代拥有新的前景,显示出自身作为服饰设计师在社会化生产角色中的尊严与价值?作为消费用户也应认识到,大数据通过流程化和机械化的数据抓取分析,并不能取代消费用户自身真实的着装需求。一味追求大数据分析下的流行趋势,究竟是以市场为导向还是以人文为导向,其实就是作为造物创作中精神导向的"物欲"与"尊严"的选择问题,需要产业和大众共同进行深度反思和追问。

第四节　大数据牵引下服饰设计的伦理要素变革

探讨大数据牵引下服饰设计模式中伦理要素的变革,可以发现,以往由设计师及其研发部门主导的设计流程闭环,现已经逐步让位于以技术服务为核心的大数据平台(见表8-3)。在这一转变中,设计师的传统角色和职责发生了显著变化,他们不再过分依赖市场调研和文化采风等基本技能。更进一步,在设计流程的中期规划及后期市场反馈阶段,由于大数据技术的市场导向作用,设计师的中心地位被削弱,呈现出一种去中心化的趋势。这一转变不仅使传统的服饰设计教育课程显得不再适用,设计师在整个设计流程中的角色定位也因此发生了偏移和变革。因此,通过分析社会生产关系转变背景下的伦理要素变革,可引申出大数据在服饰设计应用中的伦理问题及其成因分析。

表 8-3　大数据介入前后服饰设计模式要素的差异

要素	传统服饰设计流程	大数据介入后的服饰设计流程
驱动方式	设计驱动:设计—数据—设计	大数据驱动:数据—设计—数据
设计主体	以设计师为核心的研发部门	以大数据技术为核心的数据分析人才
设计周期	全生命周期	全生命周期
数据周期	较短,以季度和系列为阶段	较长,递归回笼重复消化
检验方式	以市场和社会反响为依据	将数据量化成流量为依据

一、大数据牵引下的责任要素缺失

大数据技术的广泛应用为服饰设计行业注入了前所未有的活力,极大地推动了行业的创新与发展。然而,技术的赋能也带来一些伦理层面的挑战。在服饰设计模式的演进过程中,一些技术应用行为逐渐脱离了伦理的规制与监督,导致技术应用主体的伦理责任出现淡化现象,主要表现在三个方面:服饰企业的伦理责任淡化、服饰设计师的伦理责任淡化、服饰消费用户的伦理责任淡化。

（一）服饰企业的伦理责任淡化

由于大数据技术具有技术风险的属性,其应用主体时常面临不可预见的风险挑战,其中人为因素的干扰使风险责任界定变得模糊不清。当前,大数据采集与分析平台在服饰产业中的应用日益普遍,而网络消费环境的虚拟特性进一步加大了行业对技术应用主体实施有效伦理监督的难度。例如,淘宝等电商平台在收集消费用户大数据时,存在隐私泄露的潜在风险,众多服饰企业在运用大数据技术的商业化平台进行生产管理时,往往因内部监管不足而对潜在的伦理风险缺乏足够重视。

在推广大数据技术和平台的过程中,企业和技术供应商往往更侧重于技术的实用性和功利性,从而忽视了技术背后的人文关怀、教育意义及社会责任的践行。因此,大数据技术应当被赋予更多的人文教化属性,而企业管理者也应承担起相应的技术伦理责任,以优化企业管理,推动服饰设计师的成长。当前,大数据技术在企业应用中缺乏必要的行为规制和伦理监督,这恰恰是企业技术伦理管理责任弱化的明显体现。

(二)服饰设计师的伦理责任淡化

大数据技术在服饰设计领域的深入应用,使消费用户得以置身于一个开放、共享的时尚数据海洋。线上消费的崛起不仅是对传统服饰设计模式的革新,更促使企业在技术监管上形成了一系列新的伦理规范和标准。技术驱动下的服饰设计模式已然不再局限于线下市场的小数据样本,设计师能够借助愈发丰富和多元化的渠道获取海量的消费用户大数据。然而,这些碎片化数据的涌现,无疑对服饰设计师的信息甄别能力提出了新的挑战。

服饰设计师在利用大数据技术时,对于应遵循的伦理规范和道德准则认识不足。在企业对设计师的能力评估中,销量绩效往往成为主要的衡量标准,而对于技术使用的规范性和潜在的道德风险则关注不足。当出现与消费用户真实需求或市场合理环境相悖的伦理问题时,往往缺乏明确的责任主体来承担后果。此外,大数据技术的应用在服饰设计领域明确呈现出技术功能性的属性本质,但在道德物化属性层面,缺乏引导设计师对消费用户和市场进行深入的人文关怀与教化。在这种设计模式下,设计师考核往往过分侧重于市场占有率和爆款产品的打造,而忽视了更深层次的伦理责任。这些指向都凸显出在大数据时代技术应用下,服饰设计师在伦理责任方面的淡化甚至缺失。

(三)服饰消费用户的伦理责任淡化

大数据技术的应用使线上消费用户的数据日渐膨胀,消费用户可以自由地通过海量的时尚资讯和多元化的网络渠道获取时尚资源,这导致消费用户的伦理规约意识不足。在大数据的引导机制下购买时尚热销服饰时,消费用户时常存在购买到侵权服饰而不自知的尴尬局面。此外,由于大数据技术应用存在失范行为,当消费用户购买了侵权或抄袭服饰时,由于对技术应用伦理问题的关注度较低,即便发现自己购买了侵权服饰,也会因自身伦理道德审视不足,缺乏主动将情况反映至相关部门的主观意愿,从而未能承担起消费用户的伦理责任,这也表明了消费用户伦理责任意识的缺位。

二、大数据牵引下的技术要素异化

技术异化的表现形式可以从生态、社会、主体性等方面进行阐述。技术异化现象不仅触及人的内在本质，更对人类的生存与发展构成潜在的威胁，因此，必须对技术异化问题给予高度的关注和重视。大数据牵引下服饰产业的异化焦点集中在设计师和消费用户两大核心群体：对于运用大数据技术于服饰设计的设计师来说，他们正面临由技术异化所引发的一系列负面效应，比如技术要素在不知不觉中取代了传统设计师的角色；消费用户则面临审美和需求因技术的过度介入而导致的惰性效应等显著问题，亟待深入探讨和寻求解决之道。

（一）设计师职责和能力的定位偏移与钳制

在大数据技术介入服饰产业的设计流程中，开发前端的调研采风、中端的设计研发、后端的市场反馈和评价，都是以大数据技术为主体、设计师作为人工辅助的方式进行的。在大数据智能制造平台上，设计师的工作和定位已经和传统设计师有很大的不同，虽然大数据极大地改变了设计师的设计思维和设计方法，但是目前技术协同的机制并未达到合理标准，因此也钳制着设计师的人文感知力与创造力，从侧面反映出设计师的角色和定位在这个过程中发生了极大的偏移和转变。

1. 从需求挖掘到市场追随

从设计方式看，传统服饰设计师需要以敏锐的前瞻视角挖掘市场上还未被满足的消费用户的隐性需求，这些需求往往预示着消费用户消费观念和消费行为升级的方向，也是前沿市场的发展方向。设计师应主动挖掘这些隐性需求，从而帮助企业尽快发现未被占领的市场空间。而现在利用大数据技术的采集分析方式，设计师只需关注并接收市场上的现行流行趋势并追随风潮，将趋势数据涵盖的设计元素转化为设计作品推向市场，以获得潮流趋势下的剩余市场空间。因此，设计师的定位从市场需求的挖掘者偏移为潮流的追随者。

2. 从创意引领到偏好投喂

从设计观念看，传统设计师往往要利用富有创意的设计手段，将前卫的服饰设计理念推向大众，并开拓新的市场，探索新兴服饰设计理念在当下人文环境和消费市场中应用的可能性,引发市场广泛反响,得到或好或坏的市场反馈,从而进一步深化和完善创意。然而消费用户购买和浏览的相关大数据介入设计流程之后,服饰设计师的设计观念变成对当前消费用户数据反映出的固有偏好倾向进行深度的满足和投喂,因此,设计师的定位从消费用户喜好的引领者偏移为投喂者。

3. 从文化转化到流量聚合

从设计变现的角度来看,传统设计师若要使方案脱颖而出,可以通过可视化技术手段将文化内涵进行恰当且深度的转化呈现。这种融合文化基因与现代可视化表达的设计方式,既能赋予产品独特的文化价值,又能精准对接市场和文化环境的新需求,实现传统设计语言的当代创新表达[277]。这要求设计师对设计主题、设计对象和相关文化背景进行深度调研与理解。但是在大数据的牵引下,设计师往往只要通过从数据到流量的营销转化,就能为产品提供更多的曝光和利润。对企业来说,设计师角色的改变,也使时尚品牌变成基于数据收集的设计生产流程下的产品,设计定位侧重于爆款打造和超快速的货品更新,难以杜绝设计抄袭和质量不过关等问题,使消费用户的购物体验无法得到保障;而以流量带货为重心的营销手段,也进一步削弱了品牌的文化内涵和核心竞争力。因此,设计师的定位从产业链中的文化转化者偏移为流量操作者。

4. 从教育启迪到审美固化

从设计影响看,传统服饰设计模式下的设计作品往往因其功用或审美的独创性和反映时代的文化内涵属性,引领市场、民众和社会审美升级,给予消费用户大众人文启蒙和审美教育。而在大数据的投喂下,服饰设计师的设计要素产出因为最大限度地迎合了消费用户以往固有的审美倾向,将导致消费用户审美进一步固化,每一个个体消费用户都会被困于大数据编织出的"审美茧房"之中,并延伸到群体和社会层面。因此,设计师的定位从社会大众的教育启迪者偏移为愚民者(见图8-1)。

(二)消费用户审美和需求的惰性效应

如今大部分消费用户都有过网络购物、线上支付的行为。在实际的线上购物平台服饰购买体验中,绝大多数消费用户会有意识或无意识地通过大数据智

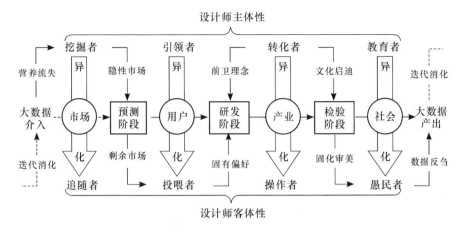

图 8-1　大数据介入后服饰设计师的异化和定位偏移路径

能算法推荐、大数据图案识别索引和大数据关键词检测等技术手段,选择或购买自己心仪的服饰产品。这表明,消费用户普遍且容易过度依赖大数据的采集和推送功能,而技术应用没有合理价值观导向的加持。消费用户对时尚发展的注意力由市面上设计师推出的创新创意产品,转到关注自身浏览和消费轨迹的残留数据,对时尚审美和着装需求的整合与把握能力下降。长此以往,将导致消费用户个人对创新审美的自主接受能力降低,衍生出审美和需求的惰性效应。企业驱使市场与消费用户在社会生活中的审美活动变得商业化、浅表化和符号化,其核心是促使消费用户成为自身欲望的享乐主体。数据的智能推送使审美主体趋于惰化,并从设计内容、传播方式、用户价值三个方面推动审美固化的出现。

在服饰行业传统设计模式被大数据技术裹挟冲击的严峻形势下,设计师应顺势转变自身的定位。大数据牵引的设计流程始终是以消费用户的浅表需求和"需求反刍"为导向的,在这种模式下,消费用户的审美固化主要有三大成因:一是设计内容审美商业化,淡化主体的独立性;二是传播审美趋于浅表化,主体反鉴赏能力薄弱;三是主体审美品位同化,审美消费价值符号化。另外,网络购物的普及化加上大数据个性推送技术的深入应用,使消费用户对服饰的选择更局限于依据自身的浏览轨迹和购买行为所产生的数据痕迹进行迭次"反刍"。服饰产品设计的创新因素会在这种循环过程中不断被重复消化,在逐层逐级地增加设计创新时间周期的同时,削弱了个体设计师的创造动力和能力。

以往,时尚产业中创新性的时尚产品和潮流趋势是由各层次的设计师共同引领的。按最普遍的流行传播模式,产业顶端的风潮往往随着秀场和时装周的影响逐步向下扩散,全球最具有创造力的设计师和时装工作室在这个模式中起着主导作用。但同时,从下至上和平行的流行传播也说明了创造力在每个阶层和圈层设计行业中的重要作用,潮牌的壮大就是底层街头潮流向上传播的经典案例。而在现今环境下,大数据技术在设计行业中滥用所导致的创造力低下现象,引发了阶层和圈层间流行传播的停滞问题,因而审美茧房不仅局限于个体,也会由个体延伸至群体,加剧群体圈层间的割裂。因此,反牵制甚至主动牵制数据成为大数据环境下对设计师能力的新要求,唯有明确地将设计师创造力作为服饰产品开发流程的核心,将个体创意传播作为群体文化沟通的重心,才是服饰设计产业回归人性化的重要通道。

三、大数据技术应用下的人文要素式微

在服饰产业的数智化演进过程中,大数据技术的价值并非孤立存在的,而是深植于服饰设计本身所蕴含的丰富伦理价值之中。服饰设计不仅为消费用户的着装选择带来了多样化的可能,更在潜移默化中促进了消费用户审美能力的提升,并深入挖掘他们对服饰的个性化需求。然而,随着服饰设计领域向数字化转型的浪潮袭来,纵然传统的服饰设计模式曾高度强调设计师的人文关怀素养,但现代设计师在运用大数据技术时,往往过于追求技术工具所带来的直接市场效益,使他们在一定程度上忽略了设计中人文关怀的核心价值,这也间接导致服饰设计文化属性的逐渐式微。大数据技术的广泛应用,在服饰市场中引发的人文关怀要素缺失的伦理问题,主要体现在以下几个方面。

(一)设计师对消费用户人文关怀的淡漠

在传统服饰设计模式中,产品开发前端涉及的设计理念研究、市场调研和技术工艺研究是烦琐且耗时的过程,而基于大数据技术的开发架构能够迅速在网络上捕获和整合这些信息。尽管大数据在缩短研究时间、提升市场数据收集效率方面具有显著优势,但在设计理念研究和人文采风方面,其作用主要停留在关键词和概念层面。在数智时代,虽然大数据产品融合了人工智能的学习与生成能力,但设计前期的人文调研绝非简单的文化概念拼凑或数据计算,有效

的文化符号转化建立在设计师亲身体验的基础上，需要其对文化现象和人文理念进行深度解读与重构。这种融合量化研究与质性分析的设计方法论，既体现了技术精准性，又保持了人文温度[278]。

大数据技术在服饰设计产品开发流程中占据主导地位，主要集中于开发前端的流行元素预测采集和开发后端的市场反馈数据分析。流行元素预测侧重于视觉体系下的设计元素，如流行图案、流行色和流行款式，这些元素在表达方式上更为直接、更有冲击力，但也更容易在大数据的驱动下变得泛滥和同质化，进而引发感官疲劳。当这种趋势在特定群体圈层中传播并被其他圈层审视时，可能会导致大众审美向审丑偏移。除了视觉体系下的设计元素，服饰产品开发还包括面料趋势采集、工艺细节趋势采集等偏技术类的设计元素，这些元素同等重要。然而，由于企业和设计师在技术开发层面的条件差异，这些设计元素的参考和采用往往不如视觉设计元素那样简便和直观。即便如此，它们更能从硬件层面展现设计观念的人文内核，并在功能层面符合人本和人文主义的设计原则。作为产品开发主观层面的核心，设计师在开发前端的调研阶段应主导人文与数据的平衡。因此，大数据的应用应侧重于市场消费数据分析，而设计元素的采集和创新开发则应更多地依赖于人文研究和设计师的创造力。但设计师并未以其自身理性的技术应用观审视大数据技术的介入层级，致使囿于大数据牵引的服饰设计涵盖了以上双重向度的工作模式，由技术主导的智能化设计流程将消费用户人文关怀要素隐于科技表象之下，使其处于被数据掩盖的不可见状态。

（二）大数据设计与传统服饰设计文化的异化

在大数据的引导下，服饰设计的营销模式与市场反馈主要依托流量导向的策略进行，这构成了大数据设计流程的终端环节。实际上，在"数据—设计—数据"的闭环中，大数据的采集与收集就深深根植于市场，其中，流量化的商业信息因其易于捕获与整合的特性，成为大数据技术的核心要素。大数据技术的广泛应用离不开网络商业模式的支撑，因为缺乏网络环境就无法积累流量池，而丧失流量池这一环境条件，数据便无法沉淀积累。因此，大数据驱动设计流程所诞生的服饰产品，其最终归宿必然是回到流量的循环中，为后续产品开发收集新的反馈资料。流量与设计产品之间的紧密联系，虽为后端产品的营销推广提供了强大支撑,但这种方式本质上仍是数据驱动下的"需求反刍",即通过数据喂养用户并产生新的数据。虽然其执行效率极高,但数据价值会在迭代的过程中逐渐流失。

相较之下,传统"设计—数据—设计"模式下的服饰设计并非如此强烈地绑定于流量,更易于在实体商业空间和文化圈层中自由传播,呈现出多样性和竞争性的局面。因此,脱离流量属性的服饰设计在传达设计美学、传播文化理念等方面,具有更为显著和持久的社会价值,能有效避免设计美学和文化理念的同质化与单一化。反观受制于流量池驱动的大数据设计模式,由于美学元素和文化要素在数据链闭环中循环往复,数据集呈现出排他性和趋同性的递归属性,进而加剧了大数据牵引下服饰设计与设计审美文化之间的鸿沟。

第五节　大数据牵引下服饰设计的设计伦理审视

一、大数据牵引下服饰设计的伦理问题成因分析

(一)大数据牵引下服饰设计的伦理规制缺陷

在服饰产业的数字化转型时代,大数据和 AI 技术虽然提升了设计效率,却也带来了技术创新与伦理责任失衡的挑战[279]。这一现象的根源在于服饰企业技术伦理规制的缺失和不健全,对企业相关技术应用主体的伦理责任承担能力培养缺乏重视,对服饰设计师工作场景的伦理监督机制缺乏建设和完善。

1. 服饰企业缺乏对大数据技术的伦理规制

在数智时代,服饰企业在衡量大数据技术的伦理限度时,往往因缺乏系统性的伦理规制而显得力不从心,这主要源于技术主体在伦理责任上的疏忽。当下只有少数企业致力于开展技术伦理教育和对技术应用进行规范化指导,这种伦理规制的不足,不仅表现在对大数据技术应用缺乏详尽的规范化操作指南,也反映出对服饰设计师技术伦理教育的忽视。多数服饰企业尚未针对大数据技术的运用制定明确的规范标准,未能为服饰设计师提供正确的技术应用指导,也未在技术应用的风险评估与监督中体现公平、公开的原则。为了改善这

一现状,企业应建立并完善大数据技术应用的伦理规则体系,从而加强对设计师伦理行为的约束。作为大数据技术的关键使用者,服饰设计师在设计过程中承载着重要的伦理责任,他们不仅要设计出满足消费用户需求的产品,更要引领市场环境的正向发展。因此,若企业缺乏对设计师的伦理规制建设,那么技术背德的责任将无法找到承担载体,设计师在面对伦理规制时可能采取忽视甚至违背的态度,进而影响整个企业的伦理形象和市场竞争力。

2. 服饰企业忽视对设计应用主体伦理责任的培养

当前企业伦理规制的不足,导致对技术应用主体责任的关注度偏低,进而造成设计师在承担技术伦理责任方面的主体缺失。由于缺乏有效规避技术伦理风险的能力,企业的伦理责任意识逐渐淡化,这成为大数据技术应用中主体责任淡化的关键因素之一。设计师在运用大数据技术工具时,往往难以预先察觉和评估潜在的伦理风险与危机。因此,为了完善伦理规制,首要任务是增强技术应用主体对责任的认知。同时,企业在引进大数据技术时,也鲜少就与技术工具相关的伦理风险问题进行深入解释。这种伦理规制的不完善,直接阻碍了技术主体之间的伦理责任交流,导致各主体在伦理责任上的沟通不畅。对相关技术伦理学知识的了解不足,致使他们在面对具体的伦理挑战时难以承担相应的责任,尤其是服饰设计师在技术伦理责任能力上表现出明显的匮乏。

3. 服饰企业忽视了对设计师工作的伦理监管

处于数字化转型期间的服饰企业,在设计师利用大数据技术进行设计时,普遍忽视伦理层面的监管,且关于大数据在服饰设计领域应用的伦理监管与指导,尚未形成专门的规范章程,这导致设计师的伦理素养普遍不足。大数据技术的应用使设计工作逐渐转向人机交互的模式,在数字化技术和虚拟形态的掩盖下,服饰设计师在工作过程中容易忽视主体意识的积极参与。在评价设计师的工作时,对大数据技术应用规范化的忽视,以及对设计工作过程中潜在伦理风险问题的忽视,往往导致对大数据技术的过度依赖,进而可能引发产品抄袭、侵权等问题,阻碍了原创设计的创新与发展。同时,网络购物的虚拟性也使设计师难以与市场进行直接有效的互动。若服饰企业缺乏对设计师伦理道德的制约与监管,将直接削弱设计师承担伦理责任的能力。由此可见,构建并完善伦理规制,强化对服饰设计师工作过程的伦理监管,规范技术应用主体的伦理行为,是解决大数据技术应用中主体责任淡化问题的关键手段。

(二)大数据牵引下服饰设计的应用观念偏差

从设计师和消费用户的不合理技术应用角度出发,大数据技术的群体应用层面呈现出过度依赖技术、背离适度原则、无法避免道德风险、过度重视应用价值等现象,从中可窥见,用户缺乏臻于至善的技术应用观是技术异化形成的主要原因。

1. 大数据应用引发技术依赖困境

在当下的服饰设计领域,对大数据技术的过度依赖及缺乏对其合理适度的应用,已成为技术异化的显著诱因。原本技术应当作为辅助工具存在,然而,服饰设计师在利用大数据进行设计时,沉溺于技术带来的便捷与高效,却忽略了服饰消费用户的多样性及其对服饰文化属性的渴望,导致产品呈现出一种流量化的趋势。虽然大数据技术的引入为传统的服饰设计模式注入了新的活力,但过度依赖和机械化的操作逻辑,使设计元素往往只是被简单地拼贴,而非基于创新和艺术性的融合。这种缺乏新颖性的技术参与,难以推动市场和消费用户审美需求的升级,也难以有效促进服饰设计师专业素养和职业技能的提升。

对于消费用户而言,大数据推送的产品虽然在购物时看似有效,但线上获取的时尚资源难以转化为个性化的审美和着装风格。在这种情况下,消费用户仍然选择依赖大数据推送的购物建议,缺乏独立的审美判断和选择能力。长此以往,这种技术的应用模式不仅不能实现其数据良性循环的合理性与灵活性,反而可能固化消费用户的着装需求和审美能力。

2. 大数据应用忽视技术伦理风险

在从事大数据设计活动时,设计师往往呈现出"数据至上"的思维倾向,导致将大数据技术融入传统服饰设计过程中时,未能充分预见技术可能对服饰市场及消费用户产生的负面效应。这一现象的根源在于,服饰设计师对技术伦理风险的防范意识相对薄弱。从消费用户的视角,每位消费用户都是独具个性的主体,他们对技术的理解和驾驭能力各异。尽管服饰市场和消费用户对新兴数字化技术展现出了高度的敏感性,对大数据等先进技术有着良好的理解和应用能力,但在对新技术应用所伴随的伦理风险进行预测时,却显得力不从心。以在线购物平台的大数据推送功能为例,若消费用户仅凭大数据推送来选购商品,而缺乏深入的自我思考和选择,那么他们的着装审美风格将难以在递归的行为量化数据集中获得个性化特征,而这种技术应用模式不仅单调乏味,更潜藏着不可忽视的隐私数据风险。

3. 大数据应用囿于技术工具的价值

当服饰企业用大数据技术嵌入设计流程和管理架构时,往往忽视了新技术潜在的伦理影响,而过度聚焦于其在设计和管理层面的实用性和智能效益。这种对大数据技术的过度推崇,不仅放大了其在实践过程中的作用,甚至给使用主体一种错觉,认为大数据能够解决服饰产业生态的所有难题,且毫无负面效应。这种近乎依赖数据思维的技术功利主义,反映出服饰企业技术应用观的片面性、对大数据价值审视的不合理性,以及未能辩证地看待技术应用中伦理与价值的联系。

对于消费用户而言,大数据的快速推送虽然提供了丰富的时尚资源,但也容易使他们丧失对个人审美和着装风格的独立思考。由于缺乏合理合法的线上购物监管机制,大数据的采集和推送泛滥,进一步强化了消费用户的惰性购物思维。同时,大数据服务下消费用户的选择受制和主体性沦陷,亦可视为服饰产业过度强调大数据技术价值所引发的社会负面影响。消费用户过于依赖大数据推送的产品,对技术的合理性和技术工具的价值过度认同,影响了他们对自身着装需求的理性判断,难以在技术与自我主体性之间找到平衡,最终成为时尚资源的被动追随者。

(三)大数据牵引下服饰设计者的伦理素养不足

大数据技术在传统服饰设计领域的运用,已然成为产业数字化进程中的显著标志。随着大数据调研和数字化设计等新兴模式的涌现,对设计技术环境下如何更好地关怀消费用户面临新的挑战。设计师的技术伦理素养,在很大程度上决定着他们与消费用户、社会及文化环境交流的质量,然而不少服饰企业和设计师在大数据驱动的设计活动中,缺乏深入的市场调研,较少针对市场和社会文化展开深度研究,对伦理风险的认知也存在不足,这些都是大数据背景下设计人文关怀伦理问题日益凸显的重要原因。

1. 大数据服饰设计模式缺乏消费市场的在地性

在大数据驱动的设计模式下，服饰设计师缺乏深入且贴近市场的"接地气"研究。他们在利用大数据进行市场分析时，往往局限于表面的数据解读，而忽视了服饰市场环境、消费用户群体及服饰本身的人文属性。这种设计模式与技术伦理的背离，暴露出设计师在技术认知和实践能力上的不足。特别是在大数据定制服务盛行的线上购物平台中，服饰设计需要更加贴合个性化消费的需求。若设计师拘泥于单一的设计模式，不仅容易引发市场的审美疲劳，还可能失去对消费用户兴趣偏好的捕捉能力，进而影响设计成果的市场推广。同时，服饰设计师在运用大数据技术时，过于依赖简单的数据分析来指导设计，虽然能够迅速反映市场趋势并设计出符合潮流的产品，但这种机械化的操作抑制了设计师探索新创意的热情，无法满足消费用户对服饰多样化、个性化的潜在需求。因此，提升设计师对大数据技术的掌控能力，同时强调技术与消费市场的在地性结合，是当下服饰设计领域亟待解决的问题。

2. 大数据服饰设计模式弱化了数字社会的人文性

人文关怀的本质在于对人类主体所持有的深切关怀与尊重。当服饰设计师运用大数据技术时，可以通过对文化标识的语义解构、用户认知习惯的精准把握，在每一个设计决策环节注入对人性的尊重。这种融合数据理性与人文感性的创作过程，既保持了技术精准度，又实现了"设计为人"的本质回归，使服饰成为连接技术与情感的文明载体[280]。这种人文关怀的融入，不仅能让大数据技术实现可持续的发展和应用，更是大数据技术真正价值的体现。然而，在数智时代大数据技术深度植入的数字社会中，一个不容忽视的现象是，社会文化交流和人文关怀在某种程度上出现了淡化趋势。许多服饰设计师过于依赖大数据分析出的消费用户普遍性特征，而疏忽了对消费用户个体需求与社会文化背景的深入研究。这种设计倾向不仅限制了消费用户审美需求的提升，也导致企业与市场之间的文化交流变得浅薄。大数据的统计分析替代了传统的文化调研，虽然数据的整合速度与时俱进，但在反映市场真相和潜在需求方面却显得力不从心，与传统服饰设计模式相比，这种基于大数据的设计方法缺乏对市场真实情况的深刻洞察。同时，设计师在人文引导方面的积极性不足，也加剧了消费用户审美和需求的结构性失衡，长此以往，将加深服饰企业与市场在文化观念上的隔阂。

3. 大数据服饰设计师欠缺技术伦理风险意识

如今,大多数服饰设计师在使用大数据时缺乏技术伦理素养,在引进智能设计的新兴技术后,对其可能存在的伦理风险问题未给予足够重视,在面对可能对服饰市场及消费用户产生负面效应的技术应用时,大多数设计师亦未能与监管部门保持紧密的沟通与协作,以共同应对潜在的挑战。这种现象不仅凸显出服饰设计师在技术伦理风险意识上的不足,也暴露出设计师群体对技术伦理责任理解的欠缺。而对技术伦理风险的认识不足,直接影响了大数据技术在服饰设计领域的有效应用,致使技术应用过程中,服饰设计师对于应遵循的伦理道德标准感到迷茫,缺乏明确的指导。这种缺乏技术伦理素养的状态,将影响他们在面对技术伦理风险时的判断力,对大数据设计工作中蕴含的伦理要素视而不见,从而失范于大数据技术带来的伦理风险,未能给予服饰市场和消费用户必要的技术关怀。

二、大数据牵引下设计师主体问题的重构策略

(一)回归设计的主体价值

人类改造自然物质的造物活动,本质上依托于与生俱来的基础认知与肢体能力——这些能力构成了前技术时代设计师最核心的劳动禀赋[281]。然而,服饰设计师的能力有其局限性,面对产品企划调研与后续规划阶段中的种种效率低下和决策失准的挑战,现代服饰产业已转向利用大数据技术这一高效便捷的途径。尽管服饰设计师的能力本质上属于自然与物质层面的能力,但大数据技术的运用,如同一种外在的工具,客观上起到放大这些能力的作用。然而,若过分依赖这种技术工具来克服设计师的局限性,智力将进一步物化,人脑的功能也可能被大数据所替代。这一趋势使服饰设计师在一定程度上被"物化",即他们越来越依赖于外部技术来超越自我。虽然技术的"物化"程度越高,设计师所展现出的能力就越强,但实际上,设计师作为设计主体的创造价值和自身价值也被技术所掩盖了。人们往往只关注产品本身的物质价值,而忽视了背后设计师的辛勤付出。然而,我们必须认识到,服饰设计人才是服饰产业内化输出的核心价值所在,人的价值应当高于物的价值,服饰设计师的创造力应当超越大

数据技术的工具性。

在中国传统的造物思想中,造物者始终强调人在设计活动中的主体地位,认为人应发挥主观能动性和创造力。正如古人所言,人的历史是一部伟大的史诗,其造物活动就如同一支贯彻始终的琴弦,弹拨出最美丽的音符。在人与自然的交互中,人的能动力得以体现;在人与物的关系中,人的创造力得以展现。在大数据引领下的服饰设计领域,设计师应清晰地认识技术与自我的协同与制约关系,不应因大数据的便捷而丧失自我,沦为技术的附庸。设计师应从市场需求的挖掘者转变为引领者,从审美偏好的迎合者转变为创新者,从文化价值的拼贴者转变为传承者,从设计美学的教育者转变为启发者。这要求服饰设计师在具备专业技能的同时,还要深入理解消费用户的真实需求和市场的人文要素,充分发挥主体创造性,为消费用户提供既满足需求又反映时代文化的服饰产品。这种造物思想与现代设计理论中的"以人为本"理念相辅相成。

(二)重塑技术应用目的

当下,服饰设计师应仔细斟酌:大数据时代的服饰设计模式,是应沦为流水线生产的商品,以数量取胜,抢占残余的市场份额,还是应作为技术之翼,洞察优秀设计的核心要素,同时磨砺专业技能,展望更辉煌的职业前景,彰显服饰设计师在社会生产中的尊严与价值? 而消费用户亦需明了,大数据虽能精准捕捉市场趋势,但无法替代每个人独特的着装需求。盲目追逐数据所指引的潮流,实质上是市场导向与人文精神的博弈,即"物欲"与"尊严"的抉择,值得产业与公众深刻反思。

技术创新在带来便利的同时,也加速了物欲的无序膨胀。当技术缔造的人工自然物通过视觉符号和语义引导双重刺激,持续激活消费欲望时,其产生的市场效应已远超天然资源的有限性范畴。这些人为创造的"需求—供给"闭环,不仅通过算法填补潜在市场空白,更在认知层面重塑着消费心理,持续刺激着物欲的再生产[282]。新技术催生新物欲,大数据技术亦是如此,它如同服饰市场物欲膨胀的加速器。大数据在服饰设计行业的广泛应用,其背后的驱动力在于追求设计成果与经济效益的最大化。在这种动力的驱使下,企业和技术人员不断创新,力求满足并刺激消费用户的物欲,使设计师在辅助大数据设计过程中创作出各式各样的服饰,最大限度地迎合并刺激消费用户的低级物欲。

熊彼特的创新理论指出,科学技术的发明和手段并不是创新本身,而只有把技术和手段投入生产,用于新产品的开发、制造并抢占潜在市场、获得市场回报,才是创新。市场经济学界把技术视为生产力的创新源头,并把高新技术定义为能为市场带来更高效益的工具。只有利用人对物欲无限制的盲目追求,技术才能同市场协同,展现它的最大价值。这种创新理论与传统的造物思想有着截然相反的内核,却也是大数据在介入服饰产业后渐渐冒头并主导设计生产模式的现状。虽然大数据在服饰设计的方方面面助推着服饰市场价值的蓬勃发展,但其为了追求最大商业价值的应用本质,使当下的大数据牵引的服饰设计产品编造了太多靡费的谎言。服饰消费用户的物欲因被大数据技术无限制地满足而激活,吞噬了服饰设计应当具有的理性使用价值、高级审美价值和人文主义信仰。因此,服饰设计行业应深刻地审视大数据技术应用过程中对消费用户物欲膨胀的负面效应,认识到大数据技术不是无条件应然的,它是一把双刃剑,它的技术创新性不代表其应用于服饰设计过程的合理性,以及产出的服饰设计成果对社会带来的应有价值。因此,如果大数据技术能够在人文内核的主导下被理性、科学、合理地运用,必定会给设计行业带来巨大的良性变革和发展。

三、大数据牵引下设计伦理问题的消解对策

通过分析大数据技术对设计师的异化路径可以看到,大数据技术异化下服饰设计师角色定位的偏移程度之深,已无法使人文要素在服饰设计的应用中深度铺展。因此,为了深入研究和强化大数据服饰设计方法的协同机制,产业界亟须明确设计技术应用与人文要素的核心关联。这要求从以下三个维度来审视设计师在设计流程中的核心作用,以消解技术异化带来的挑战。

(一)数据牵制:个体设计创造力的再发挥

在服饰行业面临传统设计模式挑战的背景下,设计师们不得不重新审视并调整自己的角色定位。大数据引导的设计流程,愈发聚焦于消费用户的直接需求和所谓的"需求反馈"。然而,在这种模式下,由于消费用户对设计原理的有限了解和个人认知的局限,他们往往只能以最直接和表面的方式表达自己对服饰的功能和审美需求。此外,随着网络购物的普及和大数据个性化推送技术的

深入应用,消费用户的选择往往局限于其浏览历史和购买行为产生的数据轨迹,导致服饰产品设计的创新元素在数据流量池的递归过程中被不断重复和消化,进而延长设计创新的时间周期,削弱设计师个体的创造力和动力。

以往,时尚产品和潮流趋势的引领者是来自各个阶层的设计师,他们通过秀场、时装周等场景,将最新的设计理念逐步传播至整个行业。全球最具创意和影响力的设计师和时装品牌在这一过程中发挥着引领作用。同时,自下而上和平行传播的方式也凸显了创造力在不同阶层和圈层设计行业中传播的重要性。然而,在当前的大数据环境下,技术滥用导致设计行业的创造力受到抑制,进而影响阶层和圈层间的流行传播,审美茧房现象不仅影响着个体,还加剧了群体间的割裂(见图 8-2)。因此,设计师需要在大数据的洪流中反制甚至主动引导数据,强调设计师创造力在服饰产品开发中的核心地位,并认识到个体创意在群体文化交流中的关键作用,这是服饰设计产业重归人性化发展的重要途径。

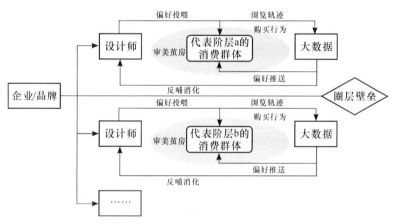

图 8-2　大数据作用下圈层间审美壁垒的形成原理

(二)数人合一:设计审美体系的再构建

在人机关系日益紧张的时代,设计师更应致力于协调技术与人的自由发展。所谓"赋能",并非指技术的全面替代,而是旨在优化辅助设计过程,使对用户需求的理解更加科学化、精细化和智能化。在设计美学的探索中,需充分考虑消费用户的需求、功能的实现及社会文化背景的多样性,这些宏观因素往往会引发审美差异。因此,设计师应追求多元化的审美,展现宽容与自由,同时确保设计审美的完整性,即一方面需要摆脱对传统设计方法的过度依赖,让数据真正成为服务用户的核心资源;另一方面需完善信息机制,妥善处理人与机器的关系,避免陷入技术路径的单一依赖,克服对技术的盲目崇拜。要让数据分析与市场发展紧密结合,找到工具理性与价值理性之间的平衡点,使数字设计美学的新时代更具温度与人性,真正服务于以人为核心的数字化设计优化之路。

数字技术的人机互嵌系统构建,体现了对技术真善美的追求,兼顾功能性、伦理性与审美性的有机统一,也是在审美固化困境下设计师与消费用户对设计审美体系的重构,旨在为可持续时尚发展提供了"科技向善"的创新范式,实现人、自然和社会的和谐与可持续发展[283]。这一系统融合了人的理性思维、感性认知、情感表达、文明建设、智慧生活及历史文化与数字技术。以知衣科技为例,其基于数据的企划选款工具,构建了从企划、选款、定稿、样衣制作到订单生产的一站式供应链服务。它利用 AI 技术精准匹配款式,提供多场景解决方案,以数据化的方式助力款式设计与柔性供应链的构建。同时,结合数据 SaaS 产品,从决策、设计、生产三个维度提升品牌的设计产能、研发效率与质量,挖掘潜在爆款产品,提升市场感知能力。最终通过数据与算法驱动时尚数据的闭环,平衡用户需求与供应关系,确保产品与用户审美的连贯性(见图 8-3)。这样,才能在人机共融的新时代中,找到技术与人的和谐共处之道。

(三) 流量解绑:设计社会价值的再体现

在大数据库设计模式的导向下,设计成果及其营销与市场反馈主要依托流量引导机制实现,这构成了大数据库设计流程的终端环节。回溯"数据—设计—数据"的初始阶段,大数据的源头与捕获机制深深扎根于市场之中,而流量化的商业信息因其易捕捉、易采集的特性,成为大数据应用的重要支撑。因此,大数据设计流程孕育的服饰产品最终会回归流量循环,为后续的产品开发收集反馈数据。流量与设计产品的紧密联系,虽为后端产品的营销推广提供了强大支持,但实则也是一种以数据喂养用户、再由用户反馈数据的"需求循环"。这种循环在执行上虽然高效,但在迭代过程中可能会损失数据的核心价值。

传统的"设计—数据—设计"模式下的服饰设计并非如此强烈地绑定于流量。它们更易于在实体商业空间和文化圈层中自由传播,展现出多元化的竞争

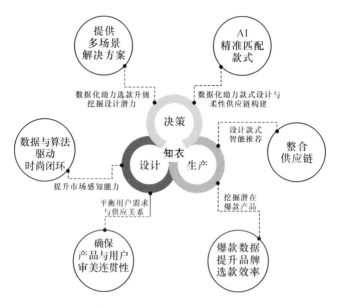

图 8-3　知衣的数据＋算法驱动时尚数据闭环

格局,而非流量池中的单一主导。因此,这类去除流量属性的服饰设计,在传达设计美学、传播文化理念方面,能够产生更为显著和持久的社会价值,有效避免设计美学和文化理念的同质化与单一化。设计师在运用大数据技术工作时,应注重传达自身理念的直接性、实在性和可持续性,而非过度依赖流量追求短期效果。设计师应当致力于通过设计为社会持续输出正面的人文价值,而非仅仅在虚拟的流量池中形成短暂的影响力。

第六节　本章小结

　　本章以当前大数据在服饰设计中的应用为出发点,对大数据服饰设计模式与传统设计模式进行了系统的理论化对比分析,旨在揭示大数据技术在服饰设计中的独特优势和创新点,并全面评估大数据技术的价值及其潜在影响;同时,引入技术伦理理论分析工具和研究视角,对大数据技术进行深入的伦理价值审视。这一过程既聚焦于技术层面的创新与效率,也强调对伦理道德问题的关注与考量。此外,本章还结合具体的服饰企业案例,深入研究大数据服饰设计模式中因技术应用而衍生的具体伦理问题和道德风险,为理解技术如何在实际应用中影响行业伦理规范提供了丰富的实践经验。

　　基于以上研究,本章为大数据在服饰行业中的合理健康应用提供了技术伦理的学术视角——大数据服饰设计在技术和服饰本质属性方面均蕴含着丰富的价值属性和伦理意蕴。因此,在推动大数据技术运用于服饰设计领域的过程中,必须对其进行全面的伦理价值审视,并针对所揭示的伦理问题提出切实有效的应对策略。研究结论表明,大数据技术在服饰设计领域的应用具有显著的潜力和价值,但同时也伴随着复杂的伦理问题和道德风险。因此,服饰行业及相关领域的学者、研究人员和实践者需要共同关注这些问题,通过加强伦理教育、加大监管力度、推动技术创新与伦理规范的融合等措施,共同推动大数据在服饰行业中的健康、合理应用。

第九章　结　论

　　在数字经济飞速发展的时代背景下,大数据作为一种强有力的信息资源,已经深入渗透各个行业领域。在设计研究领域,大数据融入设计环节带来的创新变革颠覆了中心化专家经验主导的传统设计理念和模式——去中心化的群体数据驱动设计模式打破了原本界限分明的设计领域壁垒,跨学科合作带来的交叉知识赋予了数智设计新的价值内涵。

　　创新是设计发展的无尽动力,传统的服饰设计模式在大数据的冲击下亟待转变与重构,大数据带来的设计革新重新诠释着数字时代服饰设计范式的内容构成。为了提升服饰产品设计的竞争力,设计师不仅需要关注设计潮流和审美趋势,还要发挥大数据样本容量大且客观真实的优势,通过大数据分析工具快速获得目标用户消费喜好和身材特点等信息,挖掘消费市场潜在的服饰设计元素和风格动态,从而精准定位服饰产品设计方向,进一步实现跨领域的设计知识系统化整合。因此,设计师如何协调服饰设计与计算机辅助技术的关系、如何从海量数据中提炼有效设计信息,成为目前服饰行业中亟待解决的难题。

　　本书以大数据逆向牵引的服饰设计模式为主要研究内容,围绕大数据驱动设计的结构性认知,首先采用数据驱动设计的新视角剖析大数据技术对服饰设计模式的影响,探讨大数据背景下服饰设计创新的必要性、大数据牵引下设计专业边界跨越和传统服饰设计模式的转变与重构。其次通过梳理数据驱动设计研究现状和走访调研服饰企业管理模式,归纳总结用户洞察的服饰交互设计模式、多维要素的服饰设计创新模式和线上线下动态数据的设计模式,奠定构建大数据交互设计体系的内容基础,从而拓展数字化服饰设计方法论。最后以数字化趋势影响下的数据思维与设计思维联结模式创新为切入点,对大数据逆向牵引的服饰设计优化进行探讨,依据调研实践成果提出大数据逆向牵引的服饰设计模式,构建融合电商女装、跨境电商和人工智能等多维元素的大数据交互设计体系,进而反思大数据驱动下的设计人文精神和设计伦理问题,为数字化服饰设计提供理论依据。

受数字经济发展和数字化转型趋势的影响,电商女装、跨境电商和人工智能等领域的设计发展逐步深化,大数据辅助设计帮助设计师精准定位消费用户和完成设计智能生成等数字化服饰设计工作,完善了大数据逆向牵引服饰设计的设计框架与概念内容。针对电商女装领域,面对从传统到数字化设计趋势的转变,设计师重视大数据在电商女装设计流程中的指导作用,凭借信息数字化完成电商女装款式筛选,利用大数据洞察提升电商女装的设计创新能力,通过设计思维和数据科学的融合,实现电商女装设计的精准化发展。为了加强跨境电商的竞争能力,并借助柔性供应链体系加速设计反应,设计师需要关注大数据在个性化用户需求洞察中的重要性,通过数字化推广营销手段测试服饰设计产品的流量热度和关注度数据,构建基于用户数据体系的流行趋势预测机制,依据大数据收集、传输、存储和分析消费用户需求,从跨境供需端重塑服饰设计知识价值,提高跨境服饰设计的科学水平,赋能品牌精益增长。为了让服饰设计更好地融入人工智能未来趋向,需考虑人工智能大数据在艺术创作中的知识表达创新:设计师应与数据分析师等跨领域专家合作,运用人工智能技术对大数据进行汇集、分析和加工,结合自身审美经验对基于机器学习的算法辅助创意生成方案进行改进和调整,使新的设计形式和大数据不断耦合,多维平衡服饰产品的设计决策;除了聚焦技术的创新与效率,从艺术审美层面审视大数据赋权的数智艺术概念重构、从技术伦理层面对大数据技术进行伦理价值审视同样至关重要。通过解构大数据时代数智艺术的双重意涵,强调人智协同对人工智能艺术创作的影响力,进而剖析大数据牵引的相关性思维对服饰设计思维的影响,反思大数据主导下泛滥化的服饰设计审美疲劳,深度理解并解读大数据时代的设计人文精神,关注和考量大数据逆向牵引服饰设计模式中因技术应用而衍生的具体伦理问题和道德风险,为服饰行业伦理规范提供参考借鉴。

传统的服饰设计往往依赖于设计师的主观创意和经验,而大数据逆向设计则通过对消费用户的行为和反馈进行分析,以客观数据为依据,拓宽人们的认知边界、提升知识能力维度。数字环境的构建使消费用户的数字化生活意识及消费能力进一步增强。从"大数据逆向牵引设计"的视角开展设计模式研究，凭借大数据分析消费用户的需求和偏好，提前预测市场趋势和流行元素，发现新的市场机会和消费用户需求，可使不确定的服饰设计问题获得相对确定的解决程序和方法，明晰大数据在设计中的地位和运用策略，拓展大数据时代的数字化服饰设计理论，对服饰企业数字化转型具有方法论意义。

第一节　从直觉到数据：大数据技术引领服饰设计模式转型

一、大数据在服饰设计领域的潜在价值

数字化技术的加速创新及与经济社会的融合发展，使互联网平台产生的海量数据融入数字信息传播，大数据成为数字化时代的重要生产要素，推动传统生产方式的转型和变革。随着多学科交叉在多个领域的演变和进化，在数字经济蓬勃发展的催化下，数据科学影响着未来的研究范式，大数据成为数字化服饰设计的重要特征。

在大数据浪潮影响下，个体的技能驱动转向群体的数据驱动，数据价值在服饰设计领域展现发展潜力。区别于传统的串形服饰设计流程，以消费用户需求为核心的大数据驱动服饰设计为设计师提供更全面和精准的服饰设计参考信息，重新诠释数字化技术背景下的服饰设计模式；服饰企业凭借大数据洞察服饰设计，有利于进一步挖掘潜在消费用户，抓住消费市场机遇，强化消费用户与服饰品牌的价值共鸣；将群智创新设计概念具体应用于服饰设计实践，利用服饰设计资源数据化增加服饰设计的确定性，提升服饰设计系统化整合能力，进而推动服饰设计管理优化，促进服饰企业数字化转型。

二、大数据支撑的数字化价值协同网络

对比传统的线性服饰设计流程，基于大数据的数字化价值协同网络以消费用户为价值核心，大数据成为反馈用户需求的关键要素，促使消费用户从被动

接受设计成品转变为主动参与设计活动,大数据的引入也使设计师从主观的艺术感知转向依赖数据的科学分析。从形式上看,消费用户画像与数据分析的结合有助于破解服饰设计的数据孤岛问题。从设计流程看,大数据快速反馈推动服饰企业各个部门网状协同,优化服饰设计的协同能力。

在数字化价值协同网络中,数据思维与设计思维的紧密融合填补了设计师直觉经验的局限性,拓宽了大数据驱动服饰设计的发展路径。大数据洞察服饰设计有利于设计师有针对性地剖析用户的服饰消费行为特征,通过多维度数据信息较全面判断消费市场的流行设计规律,利用协同网络增强协同环节主体的反应能力,实现服饰设计资源的最优化配置,推动服饰企业数字化转型。

三、大数据技术塑造服饰行业新思维新模式

大数据技术已经深入应用于服饰设计、生产和营销等多个实践环节,通过数据建模、挖掘、分析帮助服饰企业预判消费市场用户需求、优化服饰设计资源配置,提升服饰设计的科学水平。云计算、人工智能等新兴数字技术的广泛应用催生了新模式新业态,为服饰行业带来了新的发展机遇。

在数字化服饰设计环境的影响下,基于设计师经验和直觉判断的服饰设计决策正在向基于大数据分析的服饰设计决策转变,这充分说明大数据在服饰设计流程中的潜在价值和人智协同处理已成为当代设计师的重要能力。大数据赋能成为服饰行业创新和发展的驱动力,通过对数据的深入分析并应用于服饰设计实践形成的大数据驱动服饰设计范式可以实现更精准的流行趋势预测、更高效率的服饰设计管理和更系统化的服饰设计决策等,以此支撑突破创新的服饰设计商业模式。

第二节　从经验到群智:人智协同作用下的
服饰设计审美

一、人工智能辅助设计师实现审美创新

时代的变迁对设计领域产生了深远影响,设计不再只依赖于设计师的经

验,计算机辅助设计使设计思维焕发出新的生命力,凸显了设计科学的新设计理念,改变了大众对创造力和艺术的认知,促使设计师重新思考设计的本质和目的。数字化服饰设计中的艺术感知从心物二元升维至融合功能与审美等多维感知,但受限于设计师的有限理性,如何利用人工智能技术弥合传统服饰设计活动中设计思维与设计实践的割裂,从而优化设计输出,是设计师在数智时代下亟须解决的问题。①

面对数智时代艺术与数据价值并存的设计思维双重特点,设计师需要掌握一定的数字化设计工具技能,比如 Midjourney 等人工智能生成软件。算法驱动的设计素材智能生成帮助设计师在较短时间内获得多样化设计方案,结合大数据分析细化消费用户的形象感知、佐证用户的审美判断,提高服饰设计个性化水平,增强设计产品的市场竞争力,进而优化服饰市场消费升级情境下的设计师审美能力。

二、计算美学拓宽服饰设计的审美边界

设计观念随着计算技术发展而持续迭代,Sora 和 DELL-E 等人工智能模型的出现,预示着艺术设计尝试跳出"人类中心主义"框架,人、人机和非人等设计因素成为艺术设计的生成主体,强调人智协同在设计领域的重要性,学科知识的跨界探索对设计师提出更高的要求,需聚焦数字智能背景下的社会、人类与设计三者之间的关系思考。

计算美学运用计算机技术和算法来分析、创造和理解艺术与设计,显著拓宽了服饰设计的审美边界。一方面,群智大数据赋能服饰设计推动虚实共生的服饰设计数字生态发展,三维数字化服饰设计突破传统服饰设计框架,交互式的服饰设计加强了设计师与消费用户的联结,凸显审美理性是计算美学的重要组成部分。另一方面,人工智能驱动的服饰设计挑战着传统服饰设计的界限,设计师凭借具有数据密集特征的计算逻辑重新审视服饰设计的美学规律,计算思维与设计思维的多元融合为服饰设计带来了新的审美维度。

---

① Hou G, Lei Z & Wang H. The effect of taillight shapes and vehicle distance on rearward drivers' hazard perception[J]. Transportation Research Part F: Traffic Psychology and Behaviour, 2024 (105):138-153.

三、群智创新推动服饰设计的潜能开发

开放包容的互联网环境推动着群智创新设计的发展,创新设计与数字技术的结合形成了一种综合型创意设计方法。随着数字经济的快速发展和用户审美需求的提升,群智创新设计重视集体智慧的开放合作,不同领域的参与人员通过设计协作,融合多种思维方式与知识经验,激发更多设计创意,从多元视角拓宽设计思路,达到更加全面深入地讨论设计问题的目的。

群智创新鼓励设计师打破传统服饰设计思维框架,将大模型等人工智能技术应用于服饰设计实践,以提高服饰产品的设计效率与质量。大数据分析和智能算法等技术可以协助设计师系统分析多维数据背后的共性问题,促使设计师从传统的聚合思维转变为发散思维,分析数据信息中的关联性,形成新的服饰设计认知方式,进而挖掘消费用户的更多需求信息,推动服饰产品设计概念的深入表达和创新。

第三节　从单一到多元:大数据逆向牵引的服饰设计范式

一、电商大数据驱动的女装设计模式

数据成为服饰设计开发过程中的关键要素。在电商女装行业,数字化设计趋势加剧了品牌、电商平台和工厂等多方之间的竞争,推动电商女装设计模式的变革。数据作为创新驱动力,通过收集、提取和分析等多个数据应用于服饰设计环节,帮助设计师应对快速多变的服饰产品消费需求,多向赋能促进协同价值创造。设计师利用数据深度参与服饰设计开发各环节互动,降低受生命周期短而导致的女装产品库存积压风险,并通过多元化数据构建用户画像,提高电商女装产品设计的差异化水平。该设计模式的核心在于设计师如何将客观数据与主观创造性思维相结合,而设计思维与数据科学的紧密结合成为挖掘电商女装设计潜力产品的必要途径。

二、跨境电商大数据逆向牵引的服饰设计模式

依托互联网技术的普及和供应链的全球化发展,服饰跨境贸易的发展版图不断拓展,数据驱动设计成为跨境电商数字化转型的新方向。受跨境电商市场特点影响,地域服饰文化是服饰产品的重要设计因素。为了尽可能全面贴合市场文化特征,大数据洞察帮助设计师快速、精准地了解消费用户的行为与偏好,通过将大数据融入服饰设计,实现消费用户信息价值向服饰产品设计价值的转移。基于全球服饰跨境电商快速反应的模式运营,以数据驱动为主导的服饰跨境电商充分表明了数据与设计交互的重要性,由趋势、设计和营销等数据构建的服饰跨境电商设计机制,协助设计师完成对地域用户的快速认知和设计策略调整,利用数据算法分析市场流行趋势并结合跨境企业服饰设计数据库对服饰产品进行迭代优化。大数据赋能跨境供需端重塑知识价值,推动服饰跨境品牌的精益成长。

三、人工智能大数据驱动的服饰设计模式

面对人工智能带来的机遇和挑战,相较于注重创意和审美的传统设计模式,数据驱动的设计思维要求设计师将数据和智能技术应用于设计实践。数据智能时代推动设计方法的变革,设计师从手绘设计转变为计算机辅助设计,机器学习等智能算法帮助设计师进行设计创意生成和设计方案评估,人工智能生成技术应用降低了设计师的创作成本。人工智能和大数据在艺术设计领域的逐渐深入并不会完全替代传统的设计形态,而是更多地形成耦合人工智能技术和设计创意的创新设计形式,共同演化出人智协同的设计生态[①]。这也要求设计师与时俱进学习相关数字化设计新技术,积极探索适应智能时代的设计新可能性。

四、大数据牵引下的设计伦理反思

大数据贯穿于整个服饰设计流程,映射出设计活动中的主客体关系和交互

---

① 朱伟明.大数据与人工智能革新设计范式[N].中国社会科学报,2024-08-20(8).

作用模式,兼具技术和伦理的双重价值属性。受人类认识水平、文化价值观念影响和社会发展状况的影响,大数据在设计行为中呈现出主客体转变、设计师定位路径偏移和人物场三者异化的现象,进而使大数据环境下的设计价值观发生异化。在服饰行业,为了消解大数据技术对设计师的异化,需要从数据牵引、智能体协调和流量解绑三方面对设计师的主体性进行重构。设计师需要认识自身与技术之间的协同制约关系,充分发挥主观能动性,重视造物思想中人与物交互过程中人的主体地位重要性,结合"以人为本"的现代设计观念,重新审视大数据技术对服饰设计的正负面影响,思考大数据时代设计人文精神的现实意义。

五、大数据逆向牵引的服饰设计范式

在大数据时代,多学科交叉、跨领域合作和设计师职责重叠等设计现象重新诠释了数字化服饰设计的内涵,艺术与科学的结合赋予服饰设计更多的发展可能性。面对大数据技术应用给服饰设计领域带来的机遇和挑战,需从数据驱动设计的创新视角构建大数据逆向牵引的服饰设计模式,关注大数据牵引下设计专业边界的拓展。通过设计思维和设计伦理等数据驱动设计理念与电商女装、跨境电商等数据驱动设计实践的结合,构建服饰大数据交互设计体系,探究跨学科背景下数字化服饰设计的发展路径。贯通大数据对服饰设计模式的影响、服饰大数据交互设计体系构建、大数据逆向牵引服饰设计模式和大数据牵引服饰设计模式伦理反思四个方面内容,剖析大数据逆向牵引服饰设计的内在机理,推动服饰设计知识管理的系统化整合,形成大数据逆向牵引的服饰设计范式,以期达成设计知识与科学技术的探索性共识。

参考文献

参考文献

[1]王素芬. 信息系统中信息实现过程分析及建模[D]. 上海:东华大学,2007.

[2]胡雄伟,张宝林,李抵飞. 大数据研究与应用综述(上)[J]. 标准科学,2013
(9):29-34.

[3]原建勇. 大数据思维的认知预设、特征及其意义[D]. 太原:山西大学,2018.

[4]吴泽鹏. 语境论视域下的大数据分析方法研究[D]. 太原:山西大学,2020.

[5]宋文婷. 科学哲学视域下的大数据问题研究[D]. 太原:山西大学,2021.

[6]朱铿桦. "互动参与式"服饰设计方法的系统构建研究[D]. 杭州:中国美术
学院,2016.

[7]余从刚,赵江洪. 数据驱动的两种产品设计模式[J]. 包装工程,2016(4):112-
115,155.

[8]王巍. 数据驱动的设计模式之变[J]. 装饰,2014(6):31-35.

[9]刘咏梅,张闪,崔艳. 论服饰设计方法与服饰先进制造的逻辑关系[J]. 纺织
学报,2014(8):81-86.

[10]Dong M,Zeng XY,Kohl L,et al. An interactive knowledge-based
recommender system for fashion product design in the big data
environment[J]. Imformation Sciences,2020(540):469-488.

[11]罗仕鉴,王瑶,钟方旭,等. 创新设计转译文化基因的数字开发与传播策略
研究[J]. 浙江大学学报(人文社会科学版),2023(1):5-18.

[12]罗昊,何人可. 大数据思维驱动下的设计创新思变[J]. 包装工程,2017
(12):136-140.

[13]赵江洪. 设计和设计方法研究四十年[J]. 装饰,2008(9):44-47.

[14]杨焕. 数据与设计的融合——大数据分析导出用户需求洞察的创新路径研究[J]. 装饰,2019(5):100-103.

[15]Townsend K,Kent A,Sadkowska A. Fashioning clothing with and for mature women:A small-scale sustainable design business model[J]. Management Decision,2019(57):1,3-20.

[16]覃京燕. 人工智能对交互设计的影响研究[J]. 包装工程,2017(20):27-31.

[17]银宇堃,陈洪,赵海英. 人工智能在艺术设计中的应用[J]. 包装工程,2020(6):252-261.

[18]李娟,刘涛. 交互设计缘起、演进及其发展趋势综述[J]. 包装工程,2021(18):134-143.

[19]周子洪,周志斌,张于扬,等. 人工智能赋能数字创意设计:进展与趋势[J]. 计算机集成制造系统,2020(10):2603-2614.

[20]Chiou L,Hung P,Liang R,et al. Designing with AI:An exploration of co-ideation with image generators[C]. Proceedings of the 2023 ACM Designing Interactive Systems Conference,2023.

[21]Roberto V,Luca V,Marco I. Design in the age of artificial intelligence[R]. Harvard Business School,2020.

[22]周丰. 艺术能力的发生:艺术起源的神经美学路径[J]. 贵州大学学报(艺术版),2022(1):15-23.

[23]宋武,李艳,陈楚玲,等. 审美因素对数字界面信息可视化体验的影响[J]. 包装工程,2022(20):38-48.

[24]徐千尧,吴琼,宫未. 基于美学计算的智能设计方法分析与启示[J]. 装饰,2022(9):17-22.

[25]范凌,李丹,卓京港,等. 人工智能赋能传统工艺美术传承研究:以金山农民画为例[J]. 装饰,2022(7):94-98.

[26]Gu XL,Gao F,Tan M,et al. Fashion analysis and understanding with artificial intelligence[J]. Information Processing & Management,2020(5):102276.

[27]Liu FY,Liu SR. 3D garment design model based on convolution neural

network and virtual reality［J］. Computational Intelligence and Neuroscience，2022(1)：9187244.

［28］李峻. 基于产品平台的品牌服饰协同设计研究[D].上海：东华大学，2013.

［29］Sharma S，Koehl L，Bruniaux P，et al. Development of an intelligent data-driven system to recommend personalized fashion design solutions ［J］. Sensors，2021(21)：4239.

［30］曾真，孙效华.基于增强智能理念的人机协同设计探索[J].包装工程，2022 (20)：154-161.

［31］王昀，朱吉虹，陈异子. 国际视野下的中国设计智造价值观体系建构[J]. 包装工程，2021(12)：25-31.

［32］鲁晓波，卜瑶华. 信息设计的实践与发展综述［J］. 包装工程，2021(20)：12,92-102.

［33］李泽厚.美的历程[M].北京：生活·读书·新知三联书店出版社,2009：18-22.

［34］李超德. 大数据、人工智能与设计未来[J].美术观察,2016(10):5-6.

［35］王港，陈震.机器之"眼"：视觉技术在智能化产品设计中的应用[J].装饰，2022(9):23-27.

［36］孔祥天娇. 联结性设计思维与方法研究[D].南京：南京艺术学院,2020.

［37］郝凝辉. 设计的本质：约束下的潜能延伸[J].美术观察，2023(2)：20-22.

［38］谷丛，王菲."数智设计"——数字时代的设计新形态[J].装饰,2021(12)：52-65.

［39］宋懿. 数字思维：时尚可持续进程中的一种创新框架[J].艺术设计研究，2022(2)：17-22.

［40］武洪滨.大数据时代美术研究中的三个思维转向[J].美术观察,2017(11)：14-15.

［41］罗建平，蔡军，李潭秋.设计思维视角下的设计问题复杂性探究[J].包装工程,2021(14)：132-138.

［42］罗仕鉴.群智设计新思维[J].机械设计,2020(3)：121-127.

［43］方晓风.实践导向,研究驱动——设计学如何确立自己的学科范式[J].装

饰,2018(9):12-18.

[44]刘妙娟.现代设计范式的转变与多向度发展[J].艺术品鉴,2020(9):80-81.

[45]王国胜.设计范式转变中的权利转移[J].包装工程,2017(10):1-4,10-11.

[46]Kelly N,Gero JS. Design thinking and computational thinking:A dual process model for addressing design problems[J]. Design Science,2021 (7):e8.

[47]刘蓓贝,张融,陈旭,等.基于大数据的产品色彩设计[J].包装工程,2019 (14):228-235.

[48]胡国生.色彩的感性因素量化与交互设计方法[D].杭州:浙江大学,2014.

[49]雷鸽,李小辉.数字化服饰结构设计技术的研究进展[J].纺织学报,2022 (4):203-209.

[50]陈金亮,赵锋.产品感性意象设计研究进展[J].包装工程,2021(20): 178-187.

[51]刘晓刚.基于服饰品牌的设计元素理论研究[D].上海:东华大学,2005.

[52]曹霄洁.基于时尚知识管理的服饰概念设计方法研究[D].上海:东华大学,2013.

[53]Baek E,Haines S,Fares O H,et al. Defining digital fashion:Reshaping the field viaa systematic review[J]. Computer in Human Behavior,2022 (12):137.

[54]Choi Kyung-Hee. 3D dynamic fashion design development using digital technology and its potential in online platforms[J]. Fashion and Textiles, 2022(1):9.

[55]杨小艺.大数据时代的品牌针织服饰设计优化研究[D].无锡:江南大学,2014.

[56]蒋雯忆.海量服饰灵感数据可视化设计研究与实践[D].长沙:湖南大学,2018.

[57]何俊桥."中国李宁"运动时尚产品设计研究及设计信息数据库创建[D].上海:东华大学,2020.

[58]Struwe S,Slepniov D. Unlocking digital servitization: A

conceptualization of value co-creation capabilities[J]. Journal of Business Research,2023(160):113825.

[59]任英丽,范强.大数据在产品设计调研中的可应用性研究[J].包装工程,2015(20):139-142.

[60]李国杰,程学旗.大数据研究:未来科技及经济社会发展的重大战略领域——大数据的研究现状与科学思考[J].中国科学院院刊,2012(6):647-657.

[61]Schaffhausen C R,Kowalewski T M. Assessing quality of unmet user needs:Effects of need statement characteristics[J]. Design Studies,2016(4):1-27.

[62]林园园,战洪飞,余军合,等.数据驱动的产品概念设计知识服务模型构建[J].计算机工程与应用,2018(16):211-219.

[63]Zhao L,Liu S,Zhao X. Big data and digital design models for fashion design[J]. Journal of Engineered Fibers and Fabrics,2021(1):1-11.

[64]朱伟明."互联网+"服饰品牌O2O商业模式[M].杭州:浙江大学出版社,2019:16-17.

[65]朱伟明,侯绪花,邱成奎.数字经济驱动的服饰数字化智能设计定制平台研究:以报喜鸟为例[J].浙江理工大学学报(社会科学版),2020(1):88-95.

[66]许志强,徐瑾钰.基于大数据的用户画像构建及用户体验优化策略[J].中国出版,2019(6):52-56.

[67]彭娜.逆向思维在服饰设计中的运用研究[J].设计,2015(21):54-55.

[68]邓亚当.利用大数据推进政府治理创新[J].辽宁行政学院学报,2017(3):23-27.

[69]贾向桐.大数据背景下"第四范式"的双重逻辑及其问题[J].江苏行政学院学报,2017(6):14-20.

[70]刘宣慧,郗宇凡,尤伟涛,等.数据驱动的可持续设计[J].包装工程,2021(18):1-10.

[71]金晓彤,黄蕊.技术进步与消费需求的互动机制研究——基于供给侧改革视域下的要素配置分析[J].经济学家,2017(2):50-57.

[72]邬贺铨.互联网的新机遇 数字经济新动能［J］.互联网天地，2017(1)：6-10.

[73]朱伟明,谢琴,彭卉.男西服数字化智能化量身定制系统研发［J］.纺织学报，2017(4)：151-157.

[74]罗仕鉴,张德寅,邵文逸,等.群智创新设计研究现状与进展［J］.计算机集成制造系统，2024(2)：407-423.

[75]朱伟明,张净雪.基于用户大数据的服饰设计交互研究［J］.浙江理工大学学报(社会科学版)，2022(2)：222-229.

[76]维克托·尔耶·舍恩伯格,肯尼斯·库克耶.大数据时代:生活、工作和思维的大变革[M].盛杨燕,周涛,译.杭州:浙江人民出版社,2013.

[77]梁道雷,郑军红,杨聪霞,等.基于"互联网＋大数据"服饰定制的精准营销研究[J].丝绸,2018(10):54-59.

[78]沈雷,张竞羽.大数据时代的中国服饰品牌创新策略[J].服饰学报,2016(1):117-122.

[79]Newell A, Simon H A. Human Problem Solving[M]. Englewood Cliffs：Prentice Hall,1972.

[80]赵大勇.艺术设计中的形象思维与逻辑思维［J］.大众文艺，2015(1)：108-109.

[81]王春雷,苏莲莲.大数据时代的设计[J].包装工程，2016(20)：127-130.

[82]何智明.关于服饰的设计思维［J］.东华大学学报(社会科学版)，2011(1)：36-39.

[83]Dorst K. The Core of "design thinking" and its application [J]. Design Studies,2011(6):521-532.

[84]戚孟勇.数字时代的价值共创:服饰品牌的设计营商模式研究[D].杭州:中国美术学院,2022.

[85]罗仕鉴,田馨,房聪,等.群智创新驱动的数字原生设计[J].美术大观,2021(9):129-131.

[86]杨丽丽.基于有限理性视角的体验设计研究[D].无锡:江南大学,2020.

[87]王昀.创新设计思维[M].杭州:中国美术学院出版社,2021.

[88]李娟,刘涛. 交互设计缘起、演进及其发展趋势综述[J]. 包装工程，2021
　　(18)：134-143,171.

[89]尹璐,何人可,郝溽钧. 基于大数据用户画像和 KJ-AHP 法的用户需求研究 [J]. 设计，2022(1)：82-85.

[90]余从刚. 数据驱动的设计问题求解[D]. 长沙:湖南大学，2017.

[91]巴特.流行体系[M].敖军,译.上海:上海人民出版社,2016.

[92]叶明春. 论西方音乐美学"心"、"物"二元论的分界与融合 [J]. 南京艺术学院学报(音乐与表演版)，2013(4)：23-27,221.

[93]西蒙.认知:人行为背后的思维与智能 [M].荆其诚,张厚粲,译.北京:中国人民大学出版社,2020.

[94]林倩倩,孙远波,高婧,等. 设计思维的哲学探究 [J]. 包装工程，2023
　　(22)：25-33.

[95]罗仕鉴,朱媛,田馨,等.智能创意设计激发文化产业"四新"动能[J].南京艺术学院学报(美术与设计),2022(2),71-75.

[96]薛澄岐,王琳琳. 智能人机系统的人机融合交互研究综述 [J]. 包装工程，
　　2021(20)：14,112-124.

[97]刘伟. 关于人工智能若干重要问题的思考 [J]. 人民论坛·学术前沿，
　　2016(7)：6-11.

[98]贾利军,许鑫. 谈"大数据"的本质及其营销意蕴[J]. 南京社会科学,2013
　　(7):15-21.

[99]周爱民. 基于计算美学的产品形态进化设计方法研究[D]. 兰州:兰州理工大学，2020.

[100]任颖,李楠. 科学数据价值共创系统构建及仿真分析 [J]. 数字图书馆论坛，2023(5)：42-53.

[101]吴瑶,肖静华,谢康,等. 从价值提供到价值共创的营销转型——企业与消费用户协同演化视角的双案例研究[J]. 管理世界，2017(4)：138-157.

[102]莫岱青.《2015—2016 年度中国服饰电商行业报告》发布[J].计算机与网络,2017(4):10-12.

[103]马月. 电商经济背景下的服饰行业发展路径分析[J]. 西部皮革，2022

(18)：8-10.

[104]高月.基于买手模式的网红服饰品牌产品企划与设计[D].大连：大连工业大学,2021.

[105]吴小艺.基于数据统计的网络男装品牌产品开发研究[D].无锡：江南大学,2013.

[106]周杰.数字化转型带动服饰产业创新变革[J].中国自动识别技术,2021(2)：51-54.

[107]刘丽娴,王贺林,郑泽宇,等.基于大数据技术的服饰智能制造创新模式[J].针织工业,2024(2)：49-54.

[108]彭光磊.中小型服饰企业存货管理存在的问题及对策探讨[J].轻纺工业与技术,2021(8)：134-135.

[109]刘伟.H电商(公司)女装业务营销策略研究[D].济南：山东大学,2022.

[110]陈君.寻找准确有效的市场切入——论中小企业的品牌定位策略[J].装饰,2009(10)：127-128.

[111]孙强,张雪峰.大数据决策学论纲：大数据时代的决策变革[J].华北电力大学学报(社会科学版),2014(4)：33-37.

[112]王晓慧,覃京燕.大数据处理技术在交互设计中的应用研究[J].包装工程,2015(22)：9-12.

[113]Cukier K. Data，Data，Everywhere：A Special Report on Managing Information[M]. London：Economist Newspaper，2010.

[114]BILL F. Taming the Big Data Tidal Wave：Finding Opportunities in Huge Data Streams with Advanced Analytics[M]. Indianapolis：Wiley Publishing，2012.

[115]吴艳,洪文进,吴小艺.基于大数据时代下的网络男装产品开发模式探究[J].毛纺科技,2015(8)：66-70.

[116]张志斌,刘辉,李鹏.基于互联网的服饰设计与制造协同研究[J].毛纺科技,2016(7)：70-73.

[117]Chan TY, Lee JF. A comparative study of online user communities involvement in product innovation and development［C］. 13th

International Conference on Management of Technology,2004.

[118]霍春晓.大数据背景下的产品开发策略[J].美与时代(上),2016(12):100-102.

[119]覃京燕.大数据时代的大交互设计[J].包装工程,2015(8):1-5,161.

[120]沈雷,许天宇.数字化背景下品牌服饰设计转型[J].服饰学报,2021(2):169-174.

[121]彭慧.3D虚拟仿真技术在服饰设计中的应用[J].西部皮革,2024(2):67-69.

[122]肖人彬,林文广.数据驱动的产品创新设计研究[J].机械设计,2019(12):1-9.

[123]姚锡凡,周佳军,张存吉,等.主动制造——大数据驱动的新兴制造范式[J].计算机集成制造系统,2017(1):172-185.

[124]张洁,汪俊亮,吕佑龙,等.大数据驱动的智能制造[J].中国机械工程,2019(2):127-133.

[125]罗向东,强威,张希莹.数据驱动的鞋楦设计现状及发展综述[J].中国皮革,2024(2):96-104,108.

[126]陈以增,王斌达.大数据驱动下顾客参与的产品开发方法研究[J].科技进步与对策,2015(10):72-77.

[127]赵娟,刘国华,史倩,等.服饰消费数据的分析与可视化平台研究[J].智能计算机与应用,2021(6):82-87.

[128]王元卓,靳小龙,程学旗.网络大数据:现状与展望[J].计算机学报,2013(6):1125-1138.

[129]施琦,胡威,许德骅,等.疫情下电商数据对产品设计决策的影响研究[J].包装工程,2021(20):152-158,217.

[130]曹阳.基于在线评论数据挖掘的用户需求研究[D].长春:吉林大学,2020.

[131]陈广智,曾霖,刘伴晨,等.基于Python的电商网站服饰数据的爬取与分析[J].计算机技术与发展,2022(7):46-51.

[132]胡威.双数据源决策下的智能衣柜设计研究及应用[D].武汉:湖北工业大学,2021.

[133]卢兆麟,宋新衡,金昱成.AIGC 技术趋势下智能设计的现状与发展[J].包装工程,2023(24):13,18-33.

[134]罗仕鉴,张德寅,沈诚仪,等.中国设计产业的分类及发展策略研究[J].包装工程,2023(24):75-83.

[135]罗仕鉴,张德寅.设计产业数字化创新模式研究[J].装饰,2022(1):17-21.

[136]唐红涛,成凯.跨境电商综合试验区政策推动居民消费升级了吗:基于双重差分法的实证检验[J].商学研究,2021(1):42-51.

[137]Zhao L,Feng M Z. Study on the transformation and upgrade of e-commerce application in manufacturing industry[J]. MATEC Web of Conferences,2017(100):20-42.

[138]He WJ,Xu YM. Cross-border electronic commerce development present situation and the innovation research in China[J]. American Journal of Industrial and Business Management,2018(8):1825-1842.

[139]李辉.跨文化视角下我国跨境电商营销策略研究[J].商业经济研究,2020(12):71-73.

[140]Zhang D,Zhang X,Zou Y. Analysis on SHEIN's overseas success during COVID-19 from the perspective of supply chain management[J]. Advances in Economics,Management and Political Sciences,2023(32):137-143.

[141]张夏恒,李豆豆.数字经济、跨境电商与数字贸易耦合发展研究——兼论区块链技术在三者中的应用[J].理论探讨,2020(1):115-121.

[142]黄毅敏,马草原,张乃心,等.高质量发展视域下创新驱动制造业价值链攀升的机理研究——以河南省为例[J].生态经济,2021(5):1-17.

[143]Fu H,Li H,Li Z. Analysis on cross-border e-commerce marketing strategy of small and micro-enterprises in China[J]. World Scientific Research Journal,2020(6):1-19.

[144]钊阳,戴明锋.中国跨境电商发展现状与趋势研判[J].国际经济合作,2019(6):24-33.

[145]王惠敏,戴明锋,赵新泉.跨境电商带动传统产业转型升级路径[J].国际

经济合作,2021(1):33-40.

[146]焦媛媛,李智慧,付轼辉.我国跨境电商商业模式创新路径分析[J].商业经济研究,2018(20):63-66.

[147]Fisher M,Raman A. Reducing the cost of demand uncertainty through accurate response to early sales[J]. Operations Research,1996(1):87-99.

[148]赵崤含,张夏恒,潘勇.跨境电商促进"双循环"的作用机制与发展路径[J].中国流通经济,2022(3):93-104.

[149]李晓霞,刘剑,李晓燕,等.消费心理学[M].北京:清华大学出版社,2010:33-40.

[150]张军,张哲.跨境电商对我国进口贸易发展的作用及优化[J].中国经贸导刊,2012(1):28-29.

[151]马晓君,徐晓晴,范祎洁.在线流量对跨境电商企业溢价能力的双重效应——来自企业微观数据的经验证据[J].中国流通经济,2023(4):60-71.

[152]肖静华,谢康,吴瑶,等.从面向合作伙伴到面向用户的供应链转型——电商企业供应链双案例研究[J].管理世界,2015(4):137-154,188.

[153]孟小峰.科学数据智能:人工智能在科学发现中的机遇与挑战[J].中国科学基金,2021(3):419-425.

[154]张国清.基于电气高压室机器人巡检监控系统大数据分析的应用研究[J].信息系统工程,2020(7):28-29.

[155]贾倩文,柴春雷,蔡蕊屹.数据可视化中的设计美学研究综述[J].包装工程,2022(20):13-25.

[156]王晓慧,覃京燕.大数据处理技术在交互设计中的应用研究[J].包装工程,2015(22):9-12.

[157]吴江宁,郑爽.基于极限学习机及网络搜索数据的快时尚产品预测[J].计算机应用,2015(S2):146-150.

[158]王伶,田宝华,张予琛.数字化技术在设计中的应用研究综述[J].包装工程,2023(4):9-17,453.

[159]马建光,姜巍.大数据的概念、特征及其应用[J].国防科技,2013(2):

10-17.

[160]张瑶,魏东. 从数据属性和设计逻辑再审视数据可视化[J]. 包装工程,
2022(12):234-240.

[161]章钟瑶,朱伟明,顾小燕. 数据算法所致的服饰设计审美固化困境探究
[J]. 服饰设计师,2023(6):43-47.

[162]朱伟明,章钟瑶. 基于大数据驱动的跨境电商服饰流行趋势预测机制研究
[J]. 浙江理工大学学报(社会科学),2023(5):539-548.

[163]Pahl G,Beitz W. Engineering Design:A Systematic Approach[M]. 3rd
ed. Berlin:Springer Science & Business Media,2007.

[164]冯毅雄,邱皓,高一聪,等. N-1 型多面体夹芯结构体胞演化机理与性能正
向设计[J]. 机械工程学报,2020(1):119-131.

[165]侯亮,林浩菁,王少杰,等. 基于运行数据驱动反向设计的复杂装备个性化
定制[J]. 机械工程学报,2021(8):65-80.

[166]王丹丹,任婧媛. 国外主要社会科学数据管理平台建设研究及启示[J]. 图
书情报工作,2023(3):131-139.

[167]张正荣,杨金东. 跨境电子商务背景下服饰外贸企业的价值链重构路
径——基于耦合视角的案例研究[J]. 管理案例研究与评论,2019(6):
595-608.

[168]新华社. 中华人民共和国国民经济和社会发展第十四个五年规划和 2035
年远景目标纲要. [EB/OL]. (2023-03-14)[2024-12-12]. www. gov. cn.

[169]杜雨,张孜铭. AIGC:智能创作时代[M]. 北京:中译出版社,2023.

[170]濮子涵,杨滨. 人工智能辅助技术在包装设计中的应用研究[J]. 包装工
程,2023(12):273-281.

[171]刘雁,耿兆丰. 智能技术在服饰工业生产中的应用研究[J]. 东华大学学报
(自然科学版),2002(4):123-127.

[172]Lee L H,Abernathy F H,Ho Y C. Production scheduling for apparel
manufacturing systems[J]. Production Planning & Control,2000(3):
281-290.

[173]Nissen M E. An intelligent tool for process redesign:Manufacturing

supply-chain applications[J]. International Journal of Flexible Manufacturing Systems，2000(12)：321-339.

[174]Cebeci U. Fuzzy AHP-based decision support system for selecting ERP systems in textile industry by using balanced scorecard[J]. Expert Systems with Applications，2009(5)：8900-8909.

[175] Yi L，Aihua M，Ruomei W，et al. P-smart—A virtual system for clothing thermal functional design[J]. Computer-Aided Design，2006 (7)：726-739.

[176]范聚红，吴临第. 智能化 ERP 技术在服饰企业经营中的应用研究[J]. 商场现代化，2006(22)：50-51.

[177]王立川，陈雁. 服饰零售网站交互系统的原型与功能[J].纺织学报，2009 (1)：127-130.

[178]Kalantidis Y，Kennedy L，Li LJ. Getting the look：Clothing recognition and segmentation for automatic product suggestions in everyday photos [C]//Proceedings of the 3rd ACM Conference on International Conference on Multimedia Retrieval，2013：105-112.

[179]Andhi A，Magar C，Roberts R. How technology can drive the next wave of mass customization[J]. Business Technology Office，2014：1-8.

[180]Wu J，Zhang C，Xue T，et al. Learning a probabilistic latent space of object shapes via 3d generative-adversarial modeling[J]. Advances in Neural Information Processing Systems，2016(29).

[181]杨晓犁. 人工智能背景下的视觉设计方式变革与思考[J]. 美术大观，2020 (10)：131-133.

[182]刘永红，白翔天. 面向智能交互产品的创意服务设计[J]. 包装工程，2022 (24)：20-27,56,12.

[183]李满海，辛向阳. 数据的价值层次和设计模式[J]. 包装工程，2019(2)：134-137.

[184]吴冠军. 从 Midjourney 到 Sora：生成式 AI 与美学革命[J/OL]. 阅江学刊，2024(3)：85-92,174.

[185]项杨雪,陈雪颂,陈劲.服饰流行趋势预测网络技术演进路径:基于科学计量学的分析[J].图书情报工作,2016(S2):119-126.

[186]朱伟明,卫杨红.互联网+服饰数字化个性定制运营模式研究[J].丝绸,2018(5):59-64.

[187]王静,王小艺,兰翠芹,等.服饰个性化定制中信息技术的应用与展望[J].丝绸,2024(1):96-108.

[188]Faruk K H, Baykal G, Arikan E I, et al. Textile pattern generation using diffusion models[J]. arXiv e-prints, 2023: arXiv: 2304.00520.

[189]Rombach R, Blattmann A, Lorenz D, et al. High-resolution image synthesis with latent diffusion models[C]//Proceedings of the IEEE/CVF Conference on Computer Vision and Pattern Recognition, 2022: 10684-10695.

[190]Hu E J, Shen Y, Wallis P, et al. Lora: Low-rank adaptation of large language models[J]. ICLR, 2022(2):3.

[191]Zhang Q, Chen M, Bukharin A, et al. Adaptive budget allocation for parameter-efficient fine-tuning[J]. arXiv preprint arXiv: 2303.10512, 2023.

[192]于鹏,张毅.从特征辨识到图像生成:基于 AIGC 范式的苗族服饰设计[J].丝绸,2024(3):1-10.

[193]郭宇轩,孙林.基于扩散模型的 ControlNet 网络虚拟试衣研究[J].现代纺织技术,2024(3):118-128.

[194]曾建勇,沈晓萍.基于 Stable Diffusion 的虚拟人形象预设计的应用与研究[J].现代信息科技,2024(3):169-175.

[195]陈洪娟.文艺新生态语境下人工智能绘画的创作场域及其价值分析[J].重庆社会科学,2020(8):45-52.

[196]文成伟,李硕.何为人工智能的"艺术活动"[J].自然辩证法研究,2021(4):55-60.

[197]黎学军.艺术就是复制:关于人工智能艺术的思考[J].学习与探索,2020(10):176-182.

[198]张伟.物性、智性与情性——人工智能与艺术生产的技术向度[J].中州学刊,2021(10):145-152.

[199]马草.经验、创作与文本——论人工智能艺术与人类艺术的本质差异[J].贵州大学学报(社会科学版),2022(3):110-117.

[200]潘鲁生.数字时代的设计变革[J].艺术设计研究,2023(4):86-91.

[201]张海柱.专题:算法设计的伦理反思[J].自然辩证法通讯,2023,45(6):1.

[202]吴小坤,邓可晴.算法偏见背后的数据选择、信息过滤与协同治理[J].中国出版,2024(6):10-15.

[203]王帆.人工智能伦理视角下机器非殖民化的批判性设计研究[J].南京艺术学院学报(美术与设计),2024(2):122-127.

[204]王晨.数据"投毒":AI图像生成时代原创作者的主体性重建[J].青年记者,2025(2):35-39.

[205]刘中锦.身份认同与权利归属:定义AI生成式影视作品的两个基本维度[J].当代电视,2024(10):11-16.

[206]Pereira S, Marcos A. Post-digital fashion: The evolution and creation cycle[J]. Zone Moda Journal, 2021(1): 71-89.

[207]Boughlala A, Smelik A. Tracing the history of digital fashion[J]. Clothing and Textiles Research Journal, 2024: 0887302X241283504.

[208]郭广.本雅明"灵韵"概念的辩证意蕴[J].理论月刊,2013(12):42-46.

[209]张昱辰.走向后人文主义的媒介技术论——弗里德里希·基特勒媒介思想解读[J].现代传播(中国传媒大学学报),2014(9):22-25.

[210]Ornati M. A conceptual model of dress embodiment and technological mediation in digital fashion[C]//International Conference on Fashion Communication: Between Tradition and Future Digital Developments. Cham: Springer Nature Switzerland, 2023: 57-67.

[211]杨向荣.反视觉观与视觉中心主义——古希腊模仿论的视觉张力解读[J].复旦外国语言文学论丛,2016(2):27-32.

[212]Miao F, Kozlenkova I V, Wang H, et al. An emerging theory of avatar marketing[J]. Journal of Marketing, 2022(1): 67-90.

[213]杨成立.克莱夫·贝尔的"有意味的形式"思想述略——读克莱夫·贝尔的《艺术》[J].民族艺术研究,2009(2):31-34.

[214]Periyasamy A P,Periyasami S. Rise of digital fashion and metaverse：Influence on sustainability［J］. Digital Economy and Sustainable Development，2023(1):16.

[215]陈学.生命与表现:苏珊·朗格符号形式美学思想研究[D].哈尔滨:黑龙江大学,2023.

[216]邹玉莹.艺术是人类情感符号形式的创造——浅析苏珊·朗格对艺术的新定义[J].剑南文学(经典教苑),2012(6):161,163.

[217]陈迁达.解读黑格尔"客观精神"思想的三个维度[J].探求,2016(4):107-110,120.

[218]楚小庆.技术进步对艺术创作与审美欣赏多元互动的影响[J].东南大学学报(哲学社会科学版),2021(1):111-127,148-149.

[219]刘铮.从两种意向性到两种伦理学:现象学视域下的身体、技术与伦理[D].苏州:苏州大学,2015.

[220]谭广鑫.信息论视域下艺术对体育的映照——兼论奥林匹克的艺术元素[J].北京体育大学学报,2015(12):15-21.

[221]金坚,赵玲.大数据时代信息熵的价值意义[J].科学技术哲学研究,2018(3):117-121.

[222]孙周兴.未来艺术或扩展的当代艺术[J].艺术工作,2023(4):25-30.

[223]孙周兴.未来艺术:几个基本概念[J].文化艺术研究,2021(5):1-7,111.

[224]黎学军.艺术就是复制:关于人工智能艺术的思考[J].学习与探索,2020(10):176-182.

[225]陈洪娟.文艺新生态语境下人工智能绘画的创作场域及其价值分析[J].重庆社会科学,2020(8):45-52.

[226]Goodfellow I J,Pouget-Abadie J,Mirza M,et al. Generative adversarial nets[C]. Advances in Neural Information Processing Systems,2014.

[227]Ho J,Jain A,Abbeel P. Denoising diffusion probabilistic models[J]. Advances in Neural Information Processing Systems, 2020（33）:

6840-6851.

[228]江玉琴.未来艺术的时间想象[N].社会科学报,2024-05-09(6).

[229]顾亚奇,王琳琳.有意义的控制:基于生成对抗网络的AI艺术及其交互方式[J].装饰,2021(8):98-102.

[230]张广超,杨雨晴.AI绘画艺术的形式语言与审美表现——以《太空歌剧院》为例[J].新美域,2023(9):22-24.

[231]张旖文,武金勇.人工智能艺术的现实、前景与美学思考[J].美术,2024(7):50-53.

[232]向帆.以算法作为隐喻——以壁画《仿佛如有》的艺术创作实践为例[J].装饰,2024(5):108-111.

[233]王雪柔,李伟.反思判断力与审美自律:观念艺术的康德美学依据[J].文艺美学研究,2022(1):205-217.

[234]肖伟胜.观念艺术及其批判[J].文艺研究,2022(3):5-18.

[235]杨向荣.隐喻、互图与意识形态:W.J.T.米歇尔的图像叙事[J].文艺论坛,2024(4):112-119.

[236]孙周兴.为什么哲学成了未来之学?[J].社会科学战线,2024(1):20-26.

[237]张伟.算法时代的艺术图式及其审美危机——兼及"艺术终结论"的算法回响[J].中州学刊,2024(7):152-159.

[238]杨珺.约翰·杜威的审美经验理论研究[D].重庆:西南政法大学,2022.

[239]张东来.浅析吉尔·德勒兹的哲学思想[D].延吉、珲春:延边大学,2016.

[240]斯蒂凡·劳伦兹·索格纳,韩王韦.尼采、超人与超人类主义[J].国外社会科学前沿,2019(8):63-70.

[241]常江.媒介尚古主义:后人类状况下的人类文化行动[J].西北师大学报(社会科学版),2025,62(1):57-65.

[242]常江,刘松吟.后人类新闻:内涵、认识论与能动现实主义[J].当代传播,2024(5):11-16.

[243]海德格尔.演讲与论文集[M].孙周兴,译.北京:生活·读书·新知三联书店,2005.

[244]李伦,潘宇翔.从力量伦理到非力量伦理——埃吕尔在技术社会中苦寻自

由[J]. 自然辩证法研究,2018(11):33-38.

[245]弗莱德・R. 多迈尔. 主体性的黄昏[M]. 万俊人,译. 桂林:广西师范大学出版社,2013.

[246]维克多・帕帕奈克. 为真实的世界设计[M]. 周搏,译. 北京:中信出版社,2013:113.

[247]马克思.1844 年经济学哲学手稿[M]. 中共中央马克思恩格斯列宁斯大林著作编译局,译. 上海:人民出版社,2000:136-137.

[248]李砚祖. 设计之仁——对设计伦理观的思考[J]. 装饰,2008(S1):154-156.

[249]陈宇虹. 设计造就道德[J]. 美术观察,2009(2):106-108.

[250]赵江洪. 设计的生命底线——设计伦理[J]. 美术观察,2003(6):12-13.

[251]席卫权. 设计伦理及教育问题之辨[J]. 装饰,2007(9):26-28.

[252]薛孚,陈红兵. 大数据隐私伦理问题探究[J]. 自然辩证法研究,2015(2):44-48.

[253]邱仁宗,黄雯,翟晓梅. 大数据技术的伦理问题[J]. 科学与社会,2014(1):36-48.

[254]Helbing D & Balietti S. From social data mining to forecasting socio-economic crises[J]. The European Physical Journal Special Topics,2011(195):3-68.

[255]唐凯麟,李诗悦. 大数据隐私伦理问题研究[J]. 伦理学研究,2016(6):102-106.

[256]安宝洋. 大数据时代的网络信息伦理治理研究[J]. 科学学研究,2015(5):641-646.

[257]胡子祥,余姣. 大数据载体给思想政治教育带来的伦理挑战及对策[J]. 思想政治教育研究,2015(5):84-86.

[258]黄欣荣. 大数据技术的伦理反思[J]. 新疆师范大学学报(哲学社会科学版),2015(3):2,46-53.

[259]邬江兴,邹宏,张帆,等. Web 3.0 与网络技术发展范式若干问题研究[J]. 科技导报,2023(15):12-21.

[260]Balkin J M. 2016 Sidley Austin distinguished lecture on big data law and

policy：The three laws of robotics in the age of big data[J]. Ohio St. LJ，2017(78)：1217.

[261]亚当·斯密.道德情操论[M].蒋自强,钦北愚,朱钟棣,沈凯璋,译.北京：商务印书馆,1997:66.

[262]Silverstone R. Television and everyday life：Towards an anthropology of the television audience［J］. Public Communication：The New Imperatives，1990：173-189.

[263]贝尔纳·斯蒂格勒.技术与时间:爱比米修斯的过失[M].裴程,译.南京：译林出版社,2000.

[264]莫里斯·梅洛-庞蒂.知觉现象学[M].杨大春,张尧均,关群德,译.北京：商务印书馆,2023.

[265]伊德.技术与生活世界:从伊甸园到尘世[M].韩连庆,译.北京:北京大学出版社,2012.

[266]匡野,向如平.媒介环境学视域下生成式人工智能的社会影响与规制路径[J].中国编辑,2023(10):37-44.

[267]许向东,王怡溪.智能传播中算法偏见的成因、影响与对策[J].国际新闻界,2020(10):69-85.

[268]凯文·凯利.技术元素[M].张行丹,等译.北京:电子工业出版社,2012.

[269]彭兰.导致信息茧房的多重因素及"破茧"路径[J].新闻界,2020(1):30-38,73.

[270]Beer D. The social power of algorithms［J］. Information, Communication & Society,2017(1):1-13.

[271]马歇尔·麦克卢汉.理解媒介——论人的延伸[M].何道宽,译.北京:商务印书馆,2000.

[272]李桂花.科技哲思:科技异化问题研究[M].长春:吉林大学出版社,2011.

[273]朱伟明,卫杨红.不同情景下服装个性化定制体验价值差异研究[J].纺织学报,2018(10):115-119.

[274]侯冠华,沈旭媛.空间与权利:轮椅设计源流考略及其对现代轮椅设计的启示[J].艺术设计研究,2024(4):55-64.

［275］朱伟明，李启正.丝路长安见证和合之美［N］.人民日报，2024-08-09(17).

［276］林剑，朱伟明. 服装设计专业计算机辅助设计课程混合式教学研究［J］.装饰，2021(10)：132-133.

［277］Zhu W. A study of big-data-driven data visualization and visual communication design patterns［J］. Scientific Programming，2021(1)：6704937.

［278］Hou G & Hu Y. Designing combinations of pictogram and text size for icons：Effects of text size, pictogram size, and familiarity on older adults' visual search performance［J］. Human Factors，2023（8）：1577-1595.

［279］侯冠华，李雅雯. 阅读体验影响老年人信息行为持续意愿的实证研究［J］. 国家图书馆学刊，2021(2)：54-66.

［280］侯冠华，卢国英. 标识设计中语义认知事件相关电位［J］. 同济大学学报（自然科学版），2018(11)：1582-1588.

［281］Hou G，Dong Q & Wang H. The effect of dynamic effects and color transparency of AR-HUD navigation graphics on driving behavior regarding inattentional blindness［J］. International Journal of Human-Computer Interaction，2024：1-12［2024-12-10］. https：//doi. org/10. 1080/10447318. 2024. 2400376.

［282］张明明，侯冠华，顾晓玲，等. 基于双重编码理论的儿童信息检索提示效果对比［J］. 图书馆论坛，2021（5）：99-107.

［283］Zhang M，Hou G & Chen YC. Effects of interface layout design on mobile learning efficiency：A comparison of interface layouts for mobile learning platform［J］. Library Hi Tech，2023(5)：1420-1435.

后　记

后 记

互联网、大数据、人工智能与实体经济的深度融合,正重塑服饰行业的传统设计模式,为设计范式革新带来机遇与挑战。人工智能与大数据的价值日益凸显,成为推动社会进步与创新的重要力量。杭州作为时尚产业与数据流量的集聚中心,依托云计算、人工智能、区块链和智能制造设计等前沿技术支持,正引领服饰行业的数智变革,为本书的研究提供了坚实基础。大数据作为数智服饰设计的核心元素,已经深度融入服饰设计全链路,然而对于如何实现科技与艺术的融合交互、从海量数据中提取有效设计信息、突破信息茧房对设计师艺术创作的束缚、洞察数据黑箱的运作机制等问题,仍需我们进行深入思考与探索。

本书聚焦"大数据逆向牵引的服饰设计",以数据挖掘、有限理性学说和艺术创作规律为理论基础,探索"数智驱动设计"的可行性。本书以电商女装、跨境电商和人工智能等领域的创新实践为基础,深度整合大数据资源,构建了大数据逆向牵引的服饰设计范式,拓展了数智服饰设计方法论,展现了学科交叉的创新思维和深刻的行业洞察。同时,本书也对数智设计的艺术价值进行了深入审视,探讨了算法与审美、数据与灵感之间的关系,并对数智设计伦理问题进行了思考,提出了数据隐私保护、信息茧房等方面的建议。

感谢国家社科基金的资助,2021年我主持申请到国家社科基金艺术学一般项目"大数据逆向牵引的服饰设计模式研究"(21BG138),2020年有幸参与国家社会科学基金艺术学重大项目"中国设计智造协同创新模式研究"(20ZD09),尽管有条件开展更为系统的研究,但囿于日常事务繁杂,还是未能深入思考,加之本人学识有限,书中疏漏与不足之处在所难免,恳请读者不吝赐教。

本书部分章节主要内容已在《人民日报》《装饰》《艺术设计研究》,以及《自然》(*Nature*)子刊 *Humanities & Social Sciences Communications*、*Human factors*、*International Journal of Human Computer Interaction* 等刊物上发表过,从期刊编辑、匿名审稿专家及广大读者处获得了不少鼓励与指正,在此谨致谢忱。

本书的完成得益于多方支持。感谢阿里巴巴、凌迪 Style3D 科技、知衣科技、领猫科技、AI 极睿科技等数智企业提供技术支撑,感谢中国服装科创研究院、卓尚服饰、森帛跨境电商、锦惠服饰等企业在数据采集、分析、挖掘和应用场景方面提供便利。同时,感谢王昀教授对课题的指导以及在第八章研究中的部分贡献。感谢包德福博士对本书第七章三、四节的贡献。感谢陈梓瑜博士、赵辰阳博士、章钟瑶、叶金津和于家蓓等在资料查阅和校对方面的辛勤付出。最后,向所有为本书出版提供帮助的专家学者致以诚挚的谢意。

朱伟明

2024 年 12 月